炼油装置技术问答丛书

延迟焦化装置技术问答

（第三版）

主　编　瞿　滨
副主编　刘洛新　胡建凯　王建文

中国石化出版社

内 容 提 要

本书从生产实际出发，以问答的方式详细介绍了延迟焦化装置操作人员应知应会的基础知识、安全环保、操作技术和分析处理生产异常及事故的基本方法。主要内容包括：延迟焦化基础知识、产品质量控制、加工方案和工艺流程、化工原材料的使用、延迟焦化装置的操作、延迟焦化装置的开停工、延迟焦化的设备、事故处理、自动控制及联锁，以及安全环保等。

本书可作为炼油企业延迟焦化装置技术人员、技术工人的岗位培训教材，也可供炼油企业工程技术人员和生产管理人员阅读参考。

图书在版编目(CIP)数据

延迟焦化装置技术问答/瞿滨主编. —3 版.
—北京:中国石化出版社,2023.1
ISBN 978-7-5114-6907-6

Ⅰ.①延… Ⅱ.①瞿… Ⅲ.①石油炼制—延迟焦化—化工设备—问题解答 Ⅳ.①TE624.3-44

中国国家版本馆 CIP 数据核字(2023)第 022983 号

中国石化出版社出版发行

地址:北京市东城区安定门外大街 58 号
邮编:100011　电话:(010)57512500
发行部电话:(010)57512575
http://www.sinopec-press.com
E-mail:press@sinopec.com
北京科信印刷有限公司印刷
全国各地新华书店经销

*

710×1000 毫米 16 开本 19 印张 288 千字
2023 年 4 月第 3 版　2023 年 4 月第 1 次印刷
定价:68.00 元

前　言

为了满足我国炼油事业快速发展的需求，中国石化出版社组织撰写了“炼油装置技术问答丛书”，《延迟焦化装置技术问答》是其中的一个分册。延迟焦化工艺是石油炼制技术的重要组成部分，它使用的原料主要是减压渣油，它是目前炼油厂处理渣油及重质油的主要手段之一。

随着原油资源的减少，其价格也在不断上涨，为提高经济效益，加工高硫、高酸、高金属等劣质原油已成为国内大多数炼油企业的选择。延迟焦化工艺正是能够适应这一变化、处理劣质减压渣油的一种成熟炼油工艺。它可将渣油经热裂解转化为气体、轻质、中质馏分油及焦炭，能够提高炼油企业整体汽、柴油的收率，同时还具有装置投资低、原料选择范围广等优点。其产品也具有较高的经济价值，焦化汽油经过加氢后是较好的乙烯裂解原料，焦化柴油具有较高的十六烷值，焦化干气和富气是制氢的好原料。因此，延迟焦化装置自投产以来一直是我国炼油企业中主要的渣油加工装置。

经过中国石化石油化工科学研究院、中国石油大学和其他大专院校的多年研究，在延迟焦化的基础理论、化工原材料研制、延迟焦化工艺改进等方面取得了比较大的成绩，也陆续出版了一些关于延迟焦化技术的书籍。这些书籍侧重于理论的研究，对实际操作方面讲述较少。《延迟焦化装置技术问答》一书着重实际操作，附带理论知识的学习，以技术问答的形式介绍了延迟焦化技术的相关知识。本书可以满足岗位职工技能培训和一线技术人员学习的需要，也可以作为炼油企业延迟焦化装置的培训参考书。

随着社会对安全环保需求的日益增长，延迟焦化工艺也向着节能降耗、清洁生产等方面发展。近年来出现的焦炭塔顺序控制系统、压缩机CCC系统、凝结水改大吹汽、污油罐和冷焦水罐尾气回收、密闭吹扫、加热炉低氧燃烧系统、先进控制(APC)、含硫污水除油、油雾润滑等“四新”技术，进一步保障了装置安全、稳定、节能、环保运行。为更加突出本书特色，进一步满足读者对提高理论知识和操作技能的需要，编者对本书进行了第三次修订。修订版中增加了近年来出现的新工艺、新举措，装置人员积累的大量操作经验也编入其中。

本书第三版由瞿滨(宁波中一石科)担任主编，刘洛新(浙江石化)、胡建凯(镇海炼化)、王建文(扬子石化)担任副主编，并由金洲(镇海炼化)、师彦俊(镇海炼化)、陈国标(镇海炼化)、傅刚强(镇海炼化)、黄建权(镇海炼化)、龚文斌(镇海炼化)、王世东(镇海炼化)、沈海军(扬子石化)、张立海(济南炼化)、周国平(泰州石化)、申剑(荆门石化)、赖德钰(宁波中一石科)共同编写并审校。

由于编者水平有限，经验不足，知识不够全面，书中难免存在错误，不妥之处敬请读者批评指正。

编者

目　录

第一章 延迟焦化基础知识

1. 含硫或高硫中东原油有哪些性质？

答：中东原油是指出产于中东地区的原油，一般具有以下特点：

① 含硫高，一般在1.5%以上，有些甚至超过3.0%。

② 轻质油收率高，初馏点~350℃馏分一般大于44%，我国有这样高轻质油收率的原油不多。

③ 重金属含量高，镍含量在5.4~25.6μg/g，钒含量在7.6~87.5μg/g。而且钒高镍低，这与我国原油一般镍高钒低刚好相反。

④ 蜡含量低，在3.48%~6.09%；凝点低，在-42~-8℃。

具体的特性如下表所示：

原油名称	沙特阿拉伯			伊朗		伊拉克	科威特	阿曼
	轻质	中质	重质	轻质	重质			
密度(20℃)/(g/cm^3)	0.8598	0.8691	0.8872	0.8553	0.8679	0.8525	0.8647	0.8533
API度	32.35	30.62	27.34	33.21	30.84	33.74	31.43	33.59
酸值/(mgKOH/g)	0.04	0.20	0.17	0.23	0.45	0.05	0.39	0.28
残炭/%	4.25	5.87	7.93	4.51	5.93	4.82	4.73	3.55
硫含量/(μg/g)	2.30	2.80	3.09	1.43	1.80	1.99	1.65	1.12
氮含量/(μg/g)	0.05	0.19	0.09	0.29	0.34	0.12	0.14	0.12
镍含量/(μg/g)	5.40	11.20	22.0	17.20	25.60	4.56	7.69	5.38
钒含量/(μg/g)	18.30	34.70	70.00	52.70	87.50	0.73	18.63	7.56
蜡含量/%	3.48	4.01	4.16	4.43	4.09	3.86	3.85	2.99
初馏点~350℃收率/%	49.98	46.19	40.82	49.51	46.36	50.27	42.63	44.00

2. 原油评价的基本内容有哪些？

答：原油的组成极为复杂，对原油的确切分类是很困难的。原油性质的差异，主要在于化学组成的不同，所以一般偏向于化学分类，但有时为了应用方便，也采用工业分类。化学分类法有关键馏分特性分类法、特性因素分类法、相关系数分类法、结构组成分类法。关键馏分特性分类法：1935年美国矿务局提出了对原油的关键馏分特性分类法，该方法能够较好地反映原油的化学组成特性，我国也广泛使用该法。用原油简易蒸馏法在常压下蒸馏得到250~275℃馏分作为第一关键馏分，残油用没有填料柱的蒸馏瓶在40mmHg残压下蒸馏，切取

275~300℃馏分(相当于395~425℃)作为第二关键馏分。将上述两个关键馏分的密度对照关键馏分密度分类标准，决定两个关键馏分的属性，最后按照原油关键馏分特性分类表来确定该原油属于哪一类。

☞ 3. 油品中各馏分是如何分类的?

答：一般把原油中从常压蒸馏开始馏出的温度(初馏点)到180℃之间的轻组分称为汽油馏分(或称为轻油、石脑油馏分)，常压蒸馏180~350℃之间的中间馏分称为煤柴油馏分或常压瓦斯油(简称：AGO)。由于原油从350℃开始有明显的分解现象，对于沸点高于350℃的馏分，需要在减压下进行蒸馏，在减压下蒸出馏分的沸点再换算成常压沸点。一般将相当于350~500℃的高沸点馏分称为减压馏分或润滑油馏分或减压瓦斯油(简称：VGO)；而减压蒸馏后残留的>500℃的油称为减压渣油(简称：VR)；同时也将>350℃的油称为常压渣油(简称：AR)。

☞ 4. 油品的密度及API度的定义是什么?

答：油品的体积随温度的变化而变化，因此其密度应标明温度。例如，油品在t℃的密度用ρ_t来表示。我国规定油品在20℃时的密度为其标准密度，表示为ρ_{20}。

API度称相对密度指数，其定义为：

$$\text{API}^\circ=\frac{141.5}{d_{15.6}^{15.6}}-131.5$$

$d_{15.6}^{15.6}$(即$d_{60℉}^{60℉}$)是温度60℉(15.6℃)的油品密度与60℉(15.6℃)的水的密度之比，称为相对密度。由上式可见，密度越小的油品其API度越大，密度越大的油品则其API度越小。

☞ 5. 石油馏分中各族烃类有什么分布规律?

答：大体上低于180℃的馏分(汽油馏分)含有C_5~C_{10}正构烷烃、单环环烷烃、单环芳烃，180~350℃的馏分含有C_{10}~C_{20}的正构烷烃、长侧链或多侧链的单环以及双、三环的环烷烃和芳烃，减压馏分(350~500℃)含有C_{20}~C_{36}的正构烷烃、更长或更多侧链和环数的环烷烃和芳烃。

☞ 6. 石油炼制的主要方法有哪些?

答：石油炼制工艺过程因原油种类不同和生产油品的品种不同而有不同的选择，但大体划分为三种：

① 原油蒸馏。这是原油进行炼制加工的第一步。通过常压和减压蒸馏可以把原油中不同沸点范围的馏分进行切割，获得直馏的汽油、煤油、柴油等轻质馏分油和重质馏分油及渣油。

② 二次加工。将重质油进行轻质化，以得到更多的轻质油品。这就是石油炼制的第二大部分，即原油的二次加工。二次加工工艺包括：为增产轻质油品可

以用重质馏分油和渣油为原料进行催化裂化和加氢裂化；为生产润滑油基础油可以用减压馏分油等为原料采用酮苯脱蜡-溶剂精制-白土精制工艺或进行润滑油加氢处理；为提高汽油辛烷值或生产苯类产品可以用直馏汽油等为主要原料进行催化重整；以渣油为原料的延迟焦化、减黏和渣油加氢处理等。因此二次加工工艺是石油炼制的主体。

③ 油品精制和提高质量的工艺包括：为使汽油、柴油的含硫量及安定性等指标达到产品标准进行的加氢精制；油品的脱色、脱臭；炼厂气加工；为提高油品质量添加甲基叔丁基醚(MTBE)、烷基化油等的加工工艺。

☞ **7. 原油是由哪些元素组成的？**

答：原油基本上由五种元素即碳、氢、硫、氮、氧所组成。其中碳的质量分数一般为83.0%~87.0%，氢的质量分数一般为11.0%~14.0%，硫的质量分数一般为0.05%~8.0%，氮的质量分数一般为0.02%~2.0%，氧的质量分数一般为0.05%~2.00%。微量金属元素包括钒、镍、铁、铜、铅，非金属元素包括氯、硅、磷、砷等，其含量虽然极为微小，但对原油炼制工艺过程影响很大。所有这些元素并不是以单质出现，碳元素和氢元素是以烃类化合物的形式存在；硫、氮、氧这些元素则以各种含硫、含氮、含氧化合物以及兼含有硫、氮、氧多种元素的高分子的胶状和沥青质物质存在于原油中，称为非烃类化合物。

☞ **8. 原油中的硫以什么形态存在？**

答：硫在原油中的存在形态已经确定的有：元素硫、硫化氢、硫醇(RSH)、硫醚(RSR)、环硫醚、二硫化物(RSSR′)、噻吩及其同系物。硫醚是石油中含量很大的硫化物。硫醚是中性液体，对金属没有腐蚀作用，但是在高温下会分解成活性硫化物。二硫化物在石油馏分中含量较少，而且多集中在高沸点馏分中。二硫化物也是中性，不与金属作用，但它的热安定性较差，受热后可分解出活性硫化物。噻吩及其同系物的稳定性较高，是石油中主要的含硫化合物。硫醇通常集中在低沸点馏分中，随着沸点的上升，硫醇含量显著下降，>300℃的馏分几乎不含硫醇。硫醚主要分布在中沸点馏分中，300~350℃馏分中的硫醚含量可占到该馏分含量的50%，重质馏分中硫醚含量一般下降。二硫化物一般分布在沸点110℃以上的馏分中，300℃以上馏分则含量极少。杂环硫化物主要分布在中沸点以上馏分中。硫在原油馏分中的分布一般随着馏分沸程的升高而增加，大部分均集中在重馏分和渣油中。

☞ **9. 原油中的氧以什么形态存在？**

答：原油中的氧元素大部分集中在胶质、沥青质物质中，均以有机化合物状态存在，可分为酸性氧化物和中性氧化物两类。酸性氧化物中有环烷酸、脂肪酸以及酚类，总称为石油酸，其中以环烷酸最重要，约占原油酸性氧化物的90%左右。环烷酸在原油馏分中的分布规律很特殊，在中间馏分中（沸程约为250～350℃），环烷酸含量最高，而在低沸分以及高沸分中环烷酸含量比较低。原油中的氧大部分集中在胶状、沥青状物质中，除此之外，原油中的氧均以有机化合物状态存在，这些含氧化合物可分为酸性氧化物和中性氧化物两类。酸性氧化物有环烷酸、脂肪酸以及酚类，总称为石油酸。中性氧化物有醛、酮等，它们在原油中含量极少。

☞ **10. 原油中的氮以什么形态存在？**

答：原油中的氮是以氮化物的形式存在，可分为碱性和非碱性两类，碱性含氮化合物主要有吡啶系、喹啉系、异喹啉系和吖啶系；弱碱性和非碱性含氮化合物主要有吡咯系、吲哚系和咔唑系。所谓碱性氮化物是指能用高氯酸（$HClO_4$）在醋酸溶液中滴定的氮化物，而非碱性氮化物则不能。原油中的氮化物主要由烷烃、环烷烃、芳香烃组成，一般不含烯烃。原油中氮的分布随着馏分沸点的升高，其氮含量迅速升高，约有80%的氮集中在400℃以上的重油中。我国原油中氮含量偏高，且大多数原油的渣油中浓集了约90%的氮。大部分氮也是以胶状、沥青状物质形态存在于渣油中。

☞ **11. 油品的特性因数 *K* 值具有什么含义？**

答：特性因数 K 通常用于划分石油和石油馏分的化学组成，在评价油品的质量时被普遍使用。它是一种说明油品石蜡烃含量的指标，如果 K 值高，说明油品的石蜡烃含量高；K 值低，则油品的石蜡烃含量低。烷烃的平均 K 值约为13，环烷烃约为11.5，芳烃约为10.5。一般来说 K 大于12.1为石蜡基原油，K 在11.5～12.1为中间基原油，K 在10.5～11.5为环烷基原油。油品特性因数 K 值的高低，还能说明该油品的生焦倾向和裂化性能。油品的 K 值越高，它就越易于进行裂化反应，而且生焦倾向也越小；反之，油品的 K 值越低，它就越难以进行裂化反应，而且生焦倾向也越大。

☞ **12. 什么是延迟焦化？**

答：重质油品经管式加热炉加热到焦化反应所需要的温度，并使之迅速离开加热炉管，在焦炭塔内油品进行裂解和缩合反应，生成的油气由焦炭塔顶逸出，生成的焦炭留在塔内。在这一过程，焦化反应被推迟到焦炭塔中进行，因此称为延迟焦化过程。

☞ **13. 什么是石油焦？**

答：石油焦是原料在焦化装置中进行深度裂解缩合得到的残余物。它是一种黑色带有金属光泽的多孔固体，主要成分是碳单质。石油焦的性质与原料有很大的关系，沥青基所得的焦炭，挥发分少、质量好。如果原料含硫量高，则焦炭含硫量大。含芳烃的原料生产的焦炭灰分含量极少。

☞ **14. 什么是针状焦?**

答: 针状焦因其粉碎后颗粒呈细长的针状而得名。针状焦是延迟焦化过程的特殊产品，为多孔固体，有银灰色金属光泽，焦孔略呈椭圆形，孔的定向均匀，表面有针状纹理结构。针状焦的主要物理特点是密度大、纯度高、杂质少，烧蚀量及热膨胀系数均较低。针状焦的含硫量、灰分和重金属含量也比普通石油焦低。针状焦取向性好，导电、导热性能优异，是生产超高功率石墨电极的关键原材料，是制备锂电负极材料的优质原料，是绿色高性能人造石墨材料的碳前体物，也是国家重要的战略物资。

☞ **15. 针状焦是如何分类的?**

答: 针状焦的品质由原料决定，针状焦按原料的不同，分为油系针状焦和煤系针状焦两类。煤系针状焦在产品质量及用途方面存在先天不足，优质油系针状焦生产技术壁垒高、原料要求苛刻，须立足于先进石油炼制技术，获得低硫、低氮、低灰原料和产品。

☞ **16. 延迟焦化的原料有哪些? 各具有什么样的特点?**

答: 焦化原料根据炼油厂的总流程，即上游装置可供的渣油、重油种类和数量，后续装置对焦化液体产品的质量要求和炼油厂对焦炭的质量要求来确定。常用的焦化原料有以下几种:

①减压渣油。原油蒸馏装置中减压分馏塔底油称为减压渣油，一般馏分>500℃，也有的馏分可达560℃以上。减压渣油是原油中沸点最高的部分，也是焦化最主要的原料。原油中所含的硫、氮、胶质及金属，绝大部分都残留和浓缩在减压渣油中，使减压渣油中的非烃化合物大为增加。这些非烃化合物的含量对延迟焦化过程有很大影响。下表是几种国内外渣油的性质:

性质	大庆	胜利	辽河	阿拉伯重	阿拉伯轻	伊朗重	伊朗轻	阿曼
密度20℃/(g/cm^3)	0.9204	0.9869	0.9816	1.019	1.0029	1.004	0.9867	0.9586
运动黏度/(mm^2/s)								
100℃	118.7	1687	1386.6	2723	406.5	983.6	357.6	298.3
80℃	265.4	6328	5986	13741	1445	4397	1123	1021
康氏残炭/%	6.91	14.42	17.31	25.7	18.2	18.8	15.2	12.0
灰分/%	0.003	0.045	0.07	0.07	0.019	0.05	0.036	0.06
碳含量/%	86.85	85.45	86.03	84.28	85.66	85.59	85.86	86.13
氢含量/%	12.67	11.08	10.81	10.24	10.39	10.63	10.92	11.6
硫含量/%	0.18	1.5	0.36	5.1	3.6	3.10	2.8	1.91

续表

性质	大庆	胜利	辽河	阿拉伯重	阿拉伯轻	伊朗重	伊朗轻	阿曼
氮含量/%	0.29	0.66	0.64	0.38	0.35	0.67	0.42	0.36
Ni/(μg/g)	6.6	54.6	105	38.9	19.4	79.2	57.8	25.9
V/(μg/g)	0.06	3.3	1.3	100	67.2	200	0.1	21.7
Na/(μg/g)	7.6	12.6	2.6	200	1.0	2.0	4.3	3.4
饱和烃/%	49.98	12.0	16.0	7.3	13.8	14.9	20.5	25.1
芳烃/%	28.27	34.2	28.3	51.7	53.0	45.1	46.5	46.2
胶质/%	21.75	52.3	54.7	31.1	27.1	33.5	27.8	25.8
沥青质/%	0.0	1.5	1.0	9.9	6.1	6.5	5.2	2.9
占原油/%	45.26	41.3	44.0	30.5	21.7			21.8

② 减黏裂化渣油。减黏裂化是减压渣油的轻度液相热裂化过程，是一种缓和热裂化过程。由于减黏裂化产品方案的不同，减黏渣油的性质有所不同，从沸点范围分类，有>165℃（或 180℃）减黏渣油，>350℃减黏渣油和>500℃减黏渣油。减压渣油先经过减黏裂化处理后可以使渣油中的芳烃和胶质尽可能在减黏裂化反应中发生裂化反应，与减压渣油直接作为延迟焦化原料相比可提高液体产品收率，减少气体和焦炭收率，相对地提高装置处理渣油的能力。

③ 溶剂脱沥青装置的脱油沥青。脱油沥青的收率和性质与溶剂脱沥青工艺采用的原料、溶剂和操作条件有很大关系。脱油沥青与减压渣油比较，碳含量高，饱和烃含量低，胶质和沥青质含量有较大的增加，残炭和黏度变大，金属含量增多。

④ 催化裂化澄清油。除去催化剂粉末的催化裂化油浆称为催化裂化澄清油。与直馏渣油比较，催化裂化澄清油属于高芳烃含量渣油，密度大，一般超过水的密度，芳烃含量超过 50%，是生产针状焦的主要原料。

⑤ 乙烯渣油。乙烯渣油是石油烃类经高温蒸汽裂解生成乙烯后的副产品，乙烯渣油生成的数量和性质与蒸汽裂解原料和操作条件有很大关系。乙烯渣油中的杂原子含量和金属含量比较低，芳烃和沥青质含量比较高。由于在加热过程中，沥青质反应活性高，是快速反应组分，当单独作为乙烯原料时，很容易在延迟焦化加热炉管快速结焦，影响延迟焦化装置的操作周期。

⑥ 炼油厂的废渣（如炼油厂重污油、污水处理的废渣等）。随着近年来环境保护要求的提高，炼油厂的废渣处理难度越来越大，由于延迟焦化的工艺特点，许多废渣都送到焦化装置作为原料进行生产。

17. 延迟焦化的产品有哪些？

答：焦化干气、液态烃、汽油、柴油、蜡油、重蜡油、石油焦等。

☞ **18. 渣油的四组分是指什么?**

答: 饱和烃、芳烃、胶质、沥青质。

☞ **19. 重油/渣油的定义及特性是什么?**

答: 符合以下条件之一的都可称为重油/渣油。

① API 度小于 20(相对密度>0. 9340)的常规原油;

② 原油炼制过程所产生的“桶底油”,如常压重油、减压渣油;

③ 二次采油所得的非常规原油,即所谓“稠油”;

④ 油砂、天然沥青和页岩油。重油/渣油的特性是硫、沥青质、重金属含量高;流动性差、黏度比较大;平均沸点较高、分子量大;低氢碳比。

☞ **20. 渣油的热转化机理是什么?**

答: 热转化机理可用自由基理论来解释:烃分子在高温下键能较弱的化学键断裂生成自由基,H·、CH_2·和 C_2H_5·等较小的自由基可从其他烃分子抽取一个氢自由基而生成氢气或甲烷及一个新的自由基。较大的自由基不稳定,会很快再断裂成为烯烃和小的自由基。这一系列的联锁反应最终生成小分子的烯烃和烷烃。除了甲基自由基外,其他自由基虽然也能从烃类中抽取氢自由基(或甲基自由基)生成烷烃,但是速度很慢,只有约 10%的自由基互相结合终止反应,生成烷烃。

☞ **21. 延迟焦化中渣油热转化反应是如何进行的?**

答: 延迟焦化过程的反应机理复杂,无法定量地确定所有化学反应。但是,可以认为在延迟焦化过程中,渣油热转化反应是分三步进行的:

① 原料油进入加热炉在很短时间内被加热至 450~510℃,少部分原料油汽化发生轻度的缓和裂化。

② 从加热炉出来的已经部分裂化的原料油进入焦炭塔。根据焦炭塔内的工艺条件,塔内物流为气-液相混合物,油气在塔内继续发生裂化。

③ 焦炭塔内的液相重质烃,在塔内的温度、时间条件下持续发生裂化、缩合反应直至生成烃类蒸气和焦炭为止。

☞ **22. 焦炭的生成机理是什么?**

答: 焦化过程中,渣油中的沥青质、胶质和芳烃分别按照以下两种反应机理生成焦炭:

① 沥青质和胶质的胶体悬浮物,发生“歧变”形成交联结构的无定形焦炭。这些化合物还发生一次反应的烷基断裂,这可以从原料的胶质-沥青质化合物与生成的焦炭在氢含量上有很大差别得到证实(胶质-沥青质的碳氢比为 8~10,而焦炭的碳氢比为 20~24)。胶质-沥青质生成的焦炭具有无定形性质且杂质含量较高,所以这种焦炭不适合制造高质量的电极焦。

② 芳烃叠合和缩合。由芳烃叠合反应和缩合反应所生成的焦炭具有结晶的外观，交联很少。与由胶质-沥青质生成的焦炭不同，使用高芳烃、低杂质的原料，例如热裂化焦油、催化裂化澄清油和含胶质-沥青质较少的直馏渣油所生成的焦炭，再经过焙烧、石墨化后就可得到优质电极焦。

☞ **23. 影响焦化过程的主要因素有哪些?**

答: 延迟焦化装置影响生产的因素很多，主要有原料性质、循环比、反应温度及压力等。

☞ **24. 什么是石油焦的真比重、假比重?**

答: 单位体积的焦块在1300℃的高温下煅烧5h后的质量叫石油焦的真比重，其单位是g/cm^3。石油焦的真比重一般在2.0g/cm^3以上，真比重的大小可直接反映出焦炭的强度和质量。假比重是指石油焦的物理性质，即单位体积内石油焦的质量。

☞ **25. 什么是石油焦的挥发分?**

答: 石油焦中油含量称为石油焦的挥发分，用百分含量来表示。

☞ **26. 如何区分石油焦的软和硬?**

答: 通过石油焦的挥发分可以直观地判定焦炭软还是硬，挥发分高则焦炭软，挥发分低则焦炭硬。

☞ **27. 延迟焦化工艺有哪些最新的进展?**

答: 延迟焦化工艺作为炼油厂处理渣油的主要手段，已越来越引起人们的重视。近年来，围绕延迟焦化生产、质量、安全、环保等方面出现了许多新的工艺和方法，具体有以下几方面:

A. 提高焦化液体产品收率。从经济效益出发，延迟焦化装置可在保证产品质量、开工周期等前提下，尽量提高液体产品收率、降低焦炭的产率。为实现这一目标可采取的措施有:降低循环比，降低焦化操作压力，提高操作温度和提高减压蒸馏拔出率等。此外，采用馏分油循环流程也可以降低焦炭收率，提高液体产品收率。

① 降低循环比。循环比降低后，装置内的循环油量减少，气体和焦炭的产率降低，液体收率增加，但焦化重瓦斯油的(HCGO)的干点、残炭值、硫及其他杂质含量会有所增高。

② 提高操作温度。提高焦炭塔顶温度可增加焦化石脑油收率、降低焦炭产率。但是这样需要提高焦化反应温度，需要综合考虑多方面因素，如焦化加热炉的运转周期、焦炭塔清焦和焦炭质量等，所以可调节幅度很小。

③ 降低焦化操作压力。降低操作压力可以达到提高液体收率和降低焦炭产率的目的。但应考虑焦炭塔的油气速度、分馏塔压力降、塔顶冷凝器能力、富气

压缩机能力等多方面的影响。

④ 馏分油循环。采用焦化轻馏分油循环代替重油循环可减少焦炭收率、提高液体产品收率和延长操作周期。焦化石脑油、柴油或重瓦斯油馏分均可用作循环油，但效果不同。生产时可根据焦化产品种类的要求和后继加工装置的能力大小确定采用循环馏分的馏程范围。

⑤ 添加稀释油。焦化原料油添加稀释组分的单程操作技术是一种延迟焦化装置优化操作技术。稀释组分为一类轻烃馏分油。根据焦化原料性质和要求的产品分布，来调节稀释组分的组成和加入量。它可以起到改善产品分布、提高液体产品收率、减缓炉管结焦和延长开工周期的作用。

B. 提高焦化装置的灵活性。主要体现在以下几方面：

① 能加工多种原料油；

② 处理能力有一定弹性；

③ 能最大量地生产馏分油或最大量生产优质焦；

④ 能处理炼油厂废渣、轻污油、重污油等；

⑤ 有时还要求焦化装置具有适应炼油厂总流程变化的灵活性，例如当前按减黏裂化操作，将来再改为焦化操作等。对于这种要求，需在设计上考虑到能在未来以较小的投资和尽量减少对生产影响的情况下改造装置。因此，在装置工艺设计中，应根据实际需要考虑装置的灵活性。

C. 提高装置处理量。主要的手段有：

① 设备大型化；

② 延长运转周期可以提高装置的处理能力；

③ 采用双面辐射、附墙燃烧加热炉和提高炉管材料等级可使加热炉的连续运转周期超过 3 年；

④ 改进操作也是提高生产能力有效的措施。例如降低循环比、减压蒸馏深拔均意味着提高现有焦化装置的渣油处理量；

⑤ 采用焦炭塔自动卸盖和除焦冷却自动化有助于提高安全度和缩短焦炭塔操作周期；

⑥ 缩短焦炭塔生焦周期，从 24h 减少到 18h；

⑦ 减少空高、充分利用焦炭塔高度等，也可以在充分利用其他设备能力下，一定程度上提高处理能力。

D. 生产优质焦。

延迟焦化作为渣油轻质化的主要手段，传统应用是处理减压渣油以提高炼油厂轻质油品的产量，同时副产石油焦。随着焦化技术、冶金技术的进步和石油焦用途的扩大，焦炭已逐步地不再是焦化过程的副产品，石油焦的价格近年来不断得到提升。一些延迟焦化装置需要按照特定的操作条件生产优质石油焦。为此，延迟焦化有两种操作方案，一种是以提高液体收率为主的装置只能生产普通燃料焦；另一种是以生产优质石油焦为主的装置，液体产品收率有一定的下降。

E. 降低能耗。主要手段有：

① 采用带空气预热器的双面辐射加热炉，与单面辐射加热炉相比，热效率可提高5%左右。

② 对一些负荷变化较大的机泵电机如焦化进料泵等可采取变频调速节电技术。

③ 强化高温设备的保温，如焦炭塔的有效保温不仅可减少热量损失，对焦炭塔的防腐也有很好的效果。

④ 优化延迟焦化装置循环比和加热炉注水量，降低炉子热负荷。

⑤ 优化分馏塔各回流取热，降低分馏塔的过程热损失。如通过流程模拟计算，优化调整焦化分馏塔取热，尽可能增大高温位的蜡油循环取热，多产蒸汽。

⑥ 提高焦化分馏塔的换热效率，回收焦化分馏塔轻瓦斯油循环回流的热量，用于发生低压蒸汽、预热工艺物料或用作气体分馏装置的低温位重沸器的热源。在增大蜡油回流取热量的基础上，多产生1.0MPa的蒸汽。

⑦ 注意焦化装置和其他炼油装置间的热联合，增加热输出，尤其是低温热的输出。

F. 生产喷气燃料和扩大乙烯原料来源。

良好的裂解原料要求烷烃含量越高越好，而焦化装置生产的石脑油，烷烃含量较高，经加氢精制后作为乙烯原料比较合适。焦化干气中烯烃的含量高，是乙烯生产中较廉价的气体原料。

G. 处理炼油厂废料。

炼油过程中会生成一定数量的废油、废渣，传统的处理方法都会对环境造成一定的危害，而送入延迟焦化装置处理，对环境基本不会造成影响。具体的手段有：

① 在生焦过程中，把废料加到焦炭塔中，直接与进料混合或加到放空罐之中，使废料与焦炭塔顶的冷凝油混合，然后将混合物送回焦炭塔。

② 在焦炭塔冷却周期内向塔内加入废料。

☞ 28. 为什么在加热炉炉管内结焦的速度会有“拐点”?

答：重油的生焦反应为自由基反应过程，反应开始时热转化率较低，反应过程产生的自由基被重油胶质所“笼蔽”，阻碍了自由基之间的叠合生焦。随着转化率的提高，自由基的浓度增加，胶质的“笼蔽”效应被破坏，自由基叠合生焦的可能性加大，缩合反应速率大幅提高。

☞ 29. 反应温度对延迟焦化反应有何影响?

答：反应温度对焦化反应的影响主要是指焦化加热炉出口温度或焦炭塔内反

应温度对产品收率、质量的影响。当操作压力和循环比固定后，提高焦炭塔内反应温度将使气体和汽、柴油收率增加，蜡油收率降低，焦炭产率下降，并使焦炭中挥发分下降、焦炭质量提高。但是，焦炭塔内反应温度过高，容易造成泡沫夹带并促进弹丸焦的生成，使焦炭硬度增大，造成除焦困难。温度过高还会使加热炉炉管和转油线的结焦倾向增大，影响操作周期。如果焦炭塔内反应温度过低，则焦化反应不完全将生成软焦或沥青。焦化装置操作温度的可调节范围很窄，我国的延迟焦化装置加热炉出口温度一般控制在490~505℃范围之内。

☞ **30. 系统压力对延迟焦化反应有何影响?**

答: 系统压力直接影响焦炭塔顶压力的变化，焦炭塔的压力下降使液相油品易于蒸发，也缩短了气相油品在塔内的停留时间，从而降低了反应深度。压力降低会使蜡油产率增大，而汽、柴油的收率、气体及焦炭的产率都会降低。如果要取得较高的汽、柴油收率，就应采用较高的操作压力，而要取得较高的液体收率则应采用较低的操作压力。一般来说操作中焦炭塔的压力控制在0.13~0.24MPa。

☞ **31. 循环比对延迟焦化反应有何影响?**

答: 循环比对装置的处理能力、产品性质及其分布都有重要的影响。循环比增大之后，可使焦化汽、柴油收率增加，焦化蜡油收率减少，焦炭和焦化气体的收率增加。循环比对装置处理量也有较大的影响。在焦化加热炉能力确定的情况下，增大循环比将使装置的处理能力减小；降低循环比就可加大新鲜原料的处理能力。近年来延迟焦化工艺的发展趋势是尽量降低循环比，其目的是通过增产焦化蜡油来扩大催化裂化、加氢裂化的原料油量，降低生焦量，提高处理量。

☞ **32. 原料性质对延迟焦化反应有何影响?**

答: 对于焦化原料来说，日常分析的主要数据有：残炭、硫含量及密度。其中最重要的指标是残炭，因为残炭与原料的生焦倾向和生焦量关联性很好，如果残炭较高，则焦炭、气体收率高，液体收率较低，反之亦然。硫含量主要是影响产品的质量，如果原料的硫含量高，则产品中硫含量也相应上升，特别是石油焦中硫含量会大大上升，同时以焦化产品为原料的后续脱硫装置，处理能力会受到影响。原料的密度与残炭变化的趋势基本一致，密度增大后，原料泵的排量会受影响，严重时会影响装置的处理量。

☞ **33. "十一集总"理论的基本内容是什么?**

答: 十一集总动力学模型是由华东理工大学提出的。他们通过对大庆和鲁宁管输两种减压渣油族组分热转化性能的研究，认为减压渣油可以划分成6个反应集总组分，即饱和烃、轻芳烃、重芳烃、软胶质、硬胶质和沥青质，这6个族组分中每一组分的热转化反应动力学特性是近于恒定的。以减压渣油的这6个反应集总组分为基础，再加上以减压渣油热转化产物划分成的 5 个集总组分气体、汽油、饱和烃裂解生成的中间馏分油、除饱和烃馏分以外的族组分生成的中间馏分油以及焦炭，就建立了减压渣油热裂解十一集总反应动力学模型。在此基础上又提出四点假设：

① 减压渣油原料所包含的 6 个反应集总组分之间不发生相互反应；

② 所有反应均符合一级反应动力学方程；

③ 饱和烃集总裂解生成的中间馏分油与其他 5 个集总组分裂解生成的中间馏分进一步裂解时反应性能不一样；

④ 饱和烃集总裂解时不生成焦炭。

☞ 34. 如何确定延迟焦化加热炉出口温度？

答： 焦化加热炉出口温度直接影响焦化反应的深度，是焦化反应控制中最重要的控制指标。确定加热炉的出口温度需要考虑的因素较多，主要的有：原料性质、炉管材质、除焦环节以及焦炭质量等。对于原料性质来说，如果太重，结焦的倾向就会增大，在选择加热炉出口温度时应稍低些。因为如果温度过高会引起焦炭过硬，除焦困难，并且加热炉炉管内结焦的可能性也会增大。如果原料的性质较轻，则应提高加热炉出口温度，以避免温度过低，出软焦。对于炉管材质来说，如果采用的是 Cr5Mo 的辐射炉管，其表面温度应控制得比 Cr9Mo 炉管低，相对来说其加热炉出口温度控制得也不能太高。对于除焦环节来说，由于各装置除焦水压力的不同，其除焦能力也不相同，对除焦水压力高的装置，其加热炉出口温度可以控制得相对高一些，即使焦炭较硬也可以按时完成除焦，而除焦水压力低的装置，加热炉出口温度就应控制得低一些，以防止除焦过慢影响生产周期。焦炭质量指标中对加热炉出口温度最敏感的数据是挥发分，如果焦炭的挥发分过高则应提高加热炉的出口温度，如果过低则可以适当降低加热炉的出口温度。

☞ 35. 针状焦的生成机理是什么？

答： 原料进入焦炭塔后烃类在液相碳化反应中发生脱氢、缩聚反应，当大分子平面状缩合物的碳原子数接近 100，分子量大于 1500 之后，在渣油母液中会出现一种有明显界面的液晶。它是小球状可塑型物质，称为中间相小球体。小球体的定向程度高，有明显的光学各向异性的特征，其结构如左图所示。

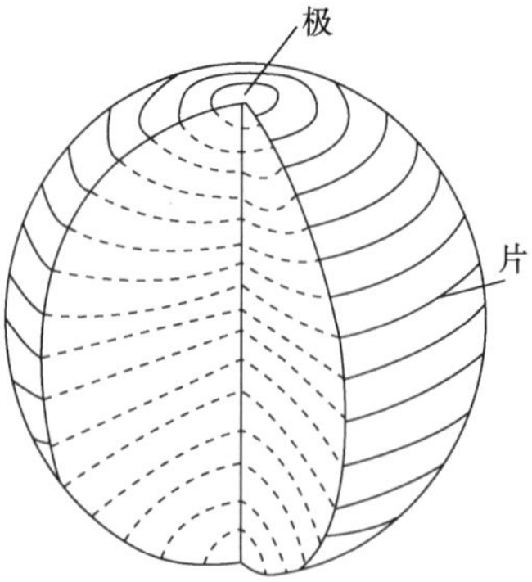

形成中间相是一个复杂的化学、物理过程。大致要经历出生和成长、相遇和融并、增黏老化、定向和固化等过程，小球体的变化历程随反应条件而异。刚生成的小球体能溶解在高温的母液中，温度低时又能析出。在适宜的条件下能吸收母液中的稠环芳烃分子，成长为更大的球体；也可能与另一个小球体相遇，发生芳烃层片插入而逐渐长大。当球体长大到无法维持最小的表面积时，解体为区域性中间相，各个区域中间相再结合为广域中间相。随着这种缩聚过程的逐步深化，小球体及其周围介质不断增黏，小球体内部也逐渐形成有纹理的纤维结构。这种由广域中间相固化所得的焦炭即为针状焦。因此，可以认为中间小球体就是焦炭的前体，能否形成优质针状焦则取决于中间小球体的变化历程。

☞ 36. 炼油工业中曾经采用的焦化方法主要有哪些？

答： 焦化方法主要有釜式焦化、平炉焦化、延迟焦化、接触焦化和流化焦化五种方法，近十年来还出现了灵活焦化。但是，随着渣油加氢技术的出现和完善，已有逐步取代延迟焦化等技术的趋势。

☞ 37. 石油焦的种类有哪些？各有什么特点？

答： 石油焦可以分为海绵状焦、蜂窝状焦、针状焦。海绵状焦即无定形焦，是由高胶质-沥青质含量的原料生成的石油焦，它具有较高的热膨胀系数，但由于其杂质含量较多、导电率低不适宜制造电极。蜂窝状焦是由低、中等胶质-沥青质含量的原料生成的石油焦，这种石油焦经煅烧和石墨化后，能制造出合格的电极。针状焦是由含芳香烃较多的原料生成的石油焦，它经石墨化后可制造出高级的电极，具有结晶程度高、热膨胀系数低、导电率高的特性。

☞ 38. 焦化原料中的硫、氮、金属等在产品中如何分布？

答： 焦化原料中所含硫、氮、金属等杂质经过延迟焦化过程后，在产品中重新分配，硫含量向气体和焦炭两个极端转化，氮也向焦炭集中，金属则大部分集中于焦炭中。

☞ 39. 原油含水、含盐对加工过程会有什么影响？

答： 由于水的汽化潜热很大，原油若含水就会增加加工过程的燃料和冷却水的消耗。原油含水增加1%，就会使原油换热温度降低10℃，相当于加热炉热负荷增加5%左右。并且由于水的分子量比油品平均分子量小，原油中少量水汽化后体积急剧增加，会导致蒸馏过程波动影响正常操作，造成系统压力降增大、动力消耗增加，严重时甚至会引起分馏塔超压或出现冲塔事故。

原油中所含的无机盐主要有 Na^+、K^+、Ca^{2+}、Mg^{2+}阳离子和 Cl^-、SO_4^{2-}、CO_3^{2-} 和 HCO_3^-，其组成随不同原油而异。在加工过程中，原油在管式炉或换热器等设备内流动，随着温度升高水分蒸发，盐类就沉积在管壁上形成盐垢影响传热，增加燃料消耗。严重时使流动压降增大，甚至使炉管或换热器堵塞，造成装置停工事故。在正常生产时，若原油含盐过多，主要会集中在重馏分和渣油中而影响产品质量，例如石油焦的灰分增加，沥青的延度降低等。此外，原油中的氯化物尤其是氯化镁、氯化钙能水解生成氯化氢，溶于水中形成盐酸，严重腐蚀设备。含硫化合物也会分解出硫化氢与 Fe 反应生成 FeS，而 FeS 再与 HCl 起反应而释放 H_2S，上述两个反应反复进行就会引起严重的循环腐蚀。

40. 原油预处理的方法是什么？

答：原油处理的方法主要是脱盐，这已不仅仅是为了防腐，而且成为对后续加工工艺所用催化剂免受污染的一种保护手段。实验数据证明，脱除氯化物的同时还能脱除如镍、钒、砷(包括其中的钠)等对裂化、加氢、重整等催化剂的有害毒物，而且一般是脱盐深度越深，残存的有害物质越少，现在的深度脱盐已经要求脱后原油达到含盐<3mg/L 或 Na<1mg/L。

41. 管路中流体流速应怎样选择？

答：流体输送管路的直径可以根据流量和流速计算出来，而流量一般是由生产任务所决定的。所以，流速的选择很关键。若流速选择太大，管径虽然可以减小，但是流体流过管道的阻力增大，消耗的动力就大，操作费用就大。反之，流速选择太小，操作费用可以相应减小，但管径会增大，管路的基建费用就大。因此当流体以大流量在长距离的管路中输送时，需要根据具体情况在操作费用与基建费用之间确定适宜的流量。某些流体在管路中的常用流量范围如下表所示：

流体类别及情况	流速范围/(m/s)	流体类别及情况	流速范围/(m/s)
自来水	1~1.5	蒸汽	30~50
水及低黏度液体	1.5~3	一般气体	10~20
高黏度液体	0.5~1		

42. 计算题

① 如图所示，容器中装有水，顶部压力表 p_1 读数为 0.132MPa，底部压力表读数 p_2 为 0.141MPa，试求容器中水的高度 h。(水的密度按 $1.0t/m^3$ 计算)

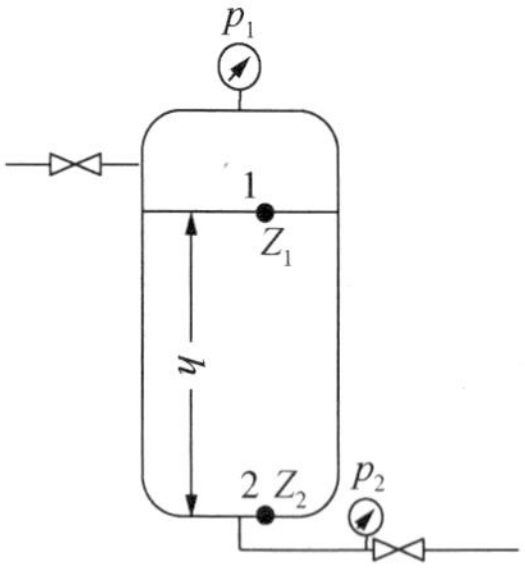

解：取液位顶部一点和底部一点，按流体静力学基本方程式，则有：

$$\frac{p_1}{\rho}+gZ_1=\frac{p_2}{\rho}+gZ_2$$

由于：$h=Z_2-Z_1$

简化上式得：$g(Z_2-Z_1)=\frac{p_2-p_1}{\rho}=\frac{0.141-0.132}{1.0}=0.009$

$$h=\frac{0.009}{9.81\times10^{-3}}=0.917\text{m}$$

答：液位的高度为 0.917m。

② 有一平壁厚度为 0.37m，内表面温度为 1650℃，外表面温度为 300℃，平

壁材料导热系数为 $\lambda=0.815+0.00076t$，若将导热系数按常量计算时，试求其导热通量。

解：平壁的平均温度为：

$$t=(t_1+t_2)/2=(1650+300)/2=975℃$$

平壁材料的平均导热系数为：

$$\lambda=0.815+0.00076\times975=1.556\mathrm{W/(m\cdot℃)}$$

由公式计算得：

$$Q/A=\lambda(t_1-t_2)/b=1.556(1650-300)/0.37=5677\mathrm{W/m^2}$$

答：导热通量为 $5677\mathrm{W/m^2}$。

③ 有一炉壁由下列三种材料组成：耐火材料 $\lambda_1=1.4\mathrm{W/(m\cdot K)}$，$b_1=230\mathrm{mm}$，保温砖 $\lambda_2=0.15\mathrm{W/(m\cdot K)}$，$b_2=115\mathrm{mm}$，建筑砖 $\lambda_3=0.8\mathrm{W/(m\cdot K)}$，$b_3=230\mathrm{mm}$。今测得其内壁温度为900℃，外壁温度为80℃。求其单位面积的热损失和各层接触面上的温度。

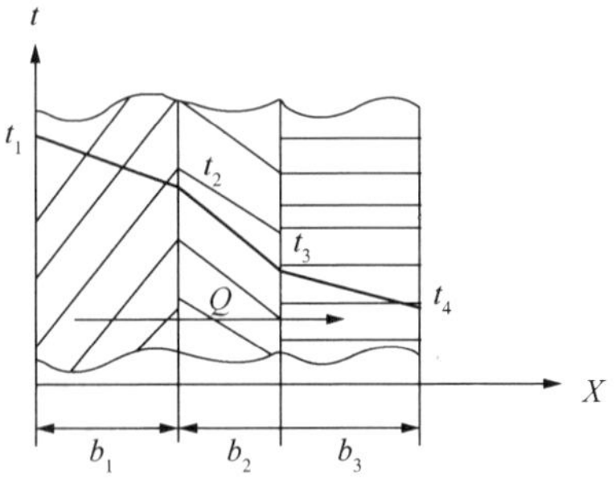

解：

$$Q=\frac{\Delta t_1+\Delta t_2+\Delta t_3}{\frac{b_1}{\lambda_1A}+\frac{b_2}{\lambda_2A}+\frac{b_3}{\lambda_3A}}=\frac{t_1-t_4}{\frac{b_1}{\lambda_1A}+\frac{b_2}{\lambda_2A}+\frac{b_3}{\lambda_3A}}$$

$$=\frac{900-800}{\frac{0.23}{1.4\times1}+\frac{0.115}{1.5\times1}+\frac{0.23}{0.8\times1}}=\frac{820}{0.164+0.767+0.288}=673\mathrm{W}$$

$$\Delta t_1=\frac{b_1}{\lambda_1A}Q=0.164\times673=110.4℃$$

$$t_2=t_1-\Delta t_1=900-110.4=789.6℃$$

$$\Delta t_2=\frac{b_2}{\lambda_2A}Q=0.767\times673=516.2℃$$

$$t_3=t_2-\Delta t_2=789.6-516.2=273.4℃$$

$$\Delta t_3=t_3-t_4=273.4-80=193.4℃$$

答：热损失为673W，二接触面上的温度分别为789.6℃和273.4℃。

第二章　产品质量及控制

一、焦化产品的性质

☞ 1. 焦化气体的组成有哪些？具有什么特点？

答： 延迟焦化气体的产率约占延迟焦化原料的7%~9%，其中含有氢气、烷烃、烯烃及H_2S、N_2、CO、CO_2等杂质。具体的组成随着所处理原料及所用工艺条件的不同而变化，但都具有以下特点：

① 甲烷含量比较高；

② 含一定量的LPG，除C_3、C_4外，还有少量C_5；

③ C_4烷烃中正构烷烃含量比异构烷烃高；

④ 含一定量的H_2S和$CO+CO_2$。

☞ 2. 焦化气体在炼油厂中有哪些用途？

答： ①用作燃料气。大多数炼油厂都将焦化干气经过湿法脱硫后，送入高压瓦斯系统，大部分供本装置加热炉使用，多余的供全厂加热炉使用。

② 作制氢原料。焦化气体与炼油厂其他烃类气体相比，甲烷含量高、氢/碳比高，所制得的氢气产率也高，是较好的制氢原料。

③ 焦化干气中的烯烃含量高，其中的C_2组分分离出来后是制乙烯的理想原料。但由于焦化气体含有较多的硫化物等杂质，使其预处理工序也相对复杂。

☞ 3. 焦化液体产品具有什么特点？在炼油厂中有哪些加工方案？

答： 焦化液体产品是焦化装置所得各种液体产品的总称，它又可以切割成焦化石脑油(或焦化汽油)、焦化柴油和焦化蜡油(或焦化馏出油)等馏分油。焦化馏分油的质量与其原料油性质有较大关系。

一般焦化石脑油辛烷值较低，循环和单程操作对辛烷值影响不大。若经加氢精制，安定性可以改善，但辛烷值更低，不宜直接作为高辛烷值车用汽油燃料，可作为蒸汽裂解制乙烯原料或催化重整原料掺和组分。焦化柴油馏分的十六烷指数较高，需经加氢精制后才能成为合格的车用柴油燃料或二次加工原料。循环和单程操作相比，单程操作所得焦化柴油苯胺点(与苯胺互溶时的温度，用来衡量油品中芳香烃的含量，苯胺点越高其芳香烃含量越少)、十六烷指数略高，而10%残炭和溴价则略低。焦化蜡油通常作为催化裂化或加氢裂化装置的原料组分。对比焦化的循环和单程操作，单程操作的焦化蜡油密度、苯胺点、残炭、硫、氮含量都要高于循环操作。

二、原料的性质

☞ 1. 在日常生产中焦化原料需要进行哪些分析？

答：日常生产中需要对焦化渣油的残炭、密度、黏度、硫含量以及水分进行分析。但由于焦化渣油大都是减压渣油，温度较高，带水的可能性较小，因此水分一般可以不分析。此外渣油的四组分分析对焦化生产的指导意义较大，但由于分析时间长，操作复杂，因此并不作为常规分析项目，只在特殊的时候进行分析，比如装置标定或加工新油种时。

☞ 2. 残炭值的分析方法(康氏残炭值)是怎样的？

答：把已称重的试样置于坩埚内进行蒸馏，残余物经强烈加热一定时间进行裂化和焦化反应。在规定的加热时间结束时，将盛有碳质残余物的坩埚置于干燥器内冷却并称重。计算剩余残渣占原试样的质量分数，即为康氏残炭值。残炭的多少主要决定于油品的化学组成，残炭多还说明油品容易氧化生胶或生成积炭。残炭不完全是炭，而是一种会进一步热解变化的焦炭。试样或10%蒸余物的康氏残炭值 X(%)按照下式计算：

$$X=\frac{m_1}{m_0}$$

式中　m_1——残炭的质量；

　　　m_0——试样的质量。

☞ 3. 分析原料渣油的残炭值有何意义？

答：渣油的康氏残炭值是最常用的预测相对生焦倾向的指标。渣油的残炭值与其化学组成、结构有密切联系，它不能直接测出原料油在焦化或催化裂化时的生焦量，但残炭值与生焦量的关联性很好。生产中经常需要用残炭值来预测生焦量，控制焦炭塔的生焦高度。

☞ 4. 分析原料密度有何意义？

答：原料的密度与原料的残炭联系紧密，并且密度的变化与残炭的变化趋势基本一致，而密度的分析用时相对较短，实际生产中部分装置已使用在线密度仪，因此有时在生产中可用密度的变化来代替残炭的变化，指导生产调节。

☞ 5. 分析原料中硫含量有何意义？

答：原料中的硫分经过装置生产后会进入各个产品中，但主要集中在产品的两头，即富气和焦炭中，侧线产品硫含量相对较低，为了预测、控制各侧线产品的硫含量，为后续生产做好准备，需要对原料中的硫分进行分析。

☞ **6. 什么是油品的黏度？**

答：当液体受外力而作层流动时，在液体分子间存在内摩擦阻力，因而产生一定的黏滞性。油品的黏度是指油品在层流状态下反映油品流动性能的指标，油品分子间的内摩擦阻力越大，则黏度也越大。黏度的常用表示方法有：动力黏度 μ——内摩擦系数，单位是 dyn · s/cm^2，常称“泊”，但在实际应用中，常用 1/100 泊为单位，称“厘泊”。运动黏度 γ——为动力黏度与同温度压力的密度之比，单位是 cm^2/s，称“沲”，沲的 1/100 称为“厘沲”。在石油商品规格中还采用各种条件黏度，如恩氏黏度、赛氏黏度、雷氏黏度等。它们都是用特定仪器、在规定条件下测定。对于焦化渣油来说，黏度的变化会直接影响到原料泵的流量，进而影响到装置的处理量。

☞ **7. 黏度的分析方法是怎样的？**

答：在某一恒定的温度下，测定一定体积的液体在重力下流过一个标定好的玻璃毛细管黏度计的时间，黏度计的毛细管常数与流动时间的乘积，即为该温度下测定液体的运动黏度。在温度 t 时运动黏度用符号 $\boldsymbol{v}_t$ 表示，其单位为 m^2/s，在实际中常使用 mm^2/s。

☞ **8. 油品黏度具有哪些特性？**

答：油品黏度是一种随温度而变化的物理参数，温度升高则黏度变小。有的油品的黏度随温度变化小，有的则变化大，这种特性以油品的黏温性来表示。对于混合油品来说其黏度是没有可加性的。在油品的流动和输送过程中，黏度对流量和阻力降有很大的影响。此外环烷烃含量对油品黏度的影响也较大，一般含环烷烃多，油品黏度就大。

三、中间产品的质量控制

☞ **1. 什么是油品的蒸气压？具有什么含义？**

答：在某一温度下，液体与在它液面上的蒸气呈平衡状态时，由此蒸气而产生的压力称为饱和蒸气压，简称蒸气压。通常用雷德饱和蒸气压来表明汽油蒸发能力的大小和形成气阻的可能性以及损失轻质组分的倾向，蒸气压愈高，表明油品越容易汽化蒸发损失，在发动机的输油管道中越易气阻，蒸气压是汽油规格中的主要质量指标。

☞ **2. 什么是油品的馏程？分析馏程有何意义？**

答：对于纯物质来说，在一定的压力条件下，都有确定的沸点。油品与纯物质不同，它是复杂的混合物，其沸点表现为一段连续的沸点范围。在规定的条件下蒸馏切割出来的油品，其馏程是以初馏点到终馏点（或干点）的温度范围来确定的。我们可以从馏程数据来判断油品轻重馏分所占的比例及蒸发性能的好坏。对于汽油来说初馏点和10%馏出温度的高低将影响发动机的启动性能，过高冷车不易启动，过低易形成“气阻”中断油路（特别是夏季），50%馏出温度的高低将影响发动机的加速性能，90%和干点馏出温度表示油品不易蒸发和不完全燃烧的重质馏分含量多少。

☞ **3. 什么叫油品的初馏点？**

答：当油品在恩氏蒸馏设备中进行加热蒸馏时，馏出第一滴液时的气相温度即为初馏点，一般用 HK 来表示。

☞ **4. 什么是油品的干点？**

答：当蒸馏到（恩氏蒸馏设备中进行）油品剩最后一滴液体时的最高温度即为干点，一般用 KK 来表示。

☞ **5. 一般来说焦化装置控制焦化汽油的哪些质量指标？**

答：一般来说焦化汽油控制汽油干点和汽油蒸气压，控制的数据因各炼油厂后续处理装置不同，并没有统一的指标。与此同时，汽油还要分析馏程，如 10%点、50%点和 90%点。

☞ **6. 汽油的初馏点和 10%、50%、90% 馏出温度各说明什么？**

答：汽油的初馏点和 10%馏出温度，说明了汽油在发动机中的启动性能。如 10%馏出温度过高，在冬季严寒地区使用这种汽油时，汽车启动就有困难。50%馏出温度说明了汽油在发动机中的加速性能。若这一馏出温度过高，当发动机由低速骤然变为高速而需要加大油门增加进油量时，燃料就会来不及完全汽化，使燃烧不完全，甚至燃烧不起来，发动机就不能发出需要的功率。50%点温度还对发动机的启动、预热也有较大的影响。90%馏出温度说明了汽油在发动机中蒸发完全的程度。这个温度过高，说明重质成分过多，其结果是降低发动机的功率和经济性。

☞ **7. 汽油中各种烃类辛烷值大小的规律是怎样的？**

答：对同一族烃类来说，分子量愈小，或者说其沸点愈低，则辛烷值愈高；对分子量大小相近的同族烃类，歧化度越高、分子结构越紧凑，则辛烷值越高。对不同族烃类来说，它们各自的辛烷值大致按芳烃、环烷、烯烃及环烷烃的顺序递减。烃族组成及单体结构与辛烷值的具体关系如下：

A. 链烷烃：

① 直链烷烃随碳数增加、辛烷值快速降低，例如正丁烷 MON＝89.6，RON＝93.8，而正辛烷的 MON 及 RON 均为零。

② 支链烷烃的支化度越高，则辛烷值越高。例如同为八碳烷烃，i-C_8的辛

烷值为负值，2-甲基庚烷 MON=23.1，RON=20.7；2,3-二甲基乙烷 MON=78.9，MON=71.3；2,3,4-三甲基戊烷 MON=RON=100。

③ 对于同样支化度的链烷烃则支链越接近分子的中心，即分子越紧凑，辛烷值越高。例如，2-甲基庚烷 MON=23.1，RON=20.7；3-甲基庚烷 MON=35.0，RON=26.8，3-乙基己烷 MON=52.4，RON=33.5。

B. 烯烃：

同样随着碳数的增加，直链烯烃的辛烷值下降，随支化度提高而增加。对于支化度及碳数相同的分子，双链越接近分子的中心，辛烷值越高。例如 1-庚烯 MON=50.7，RON=54.5；而 3-庚烯(反)MON=79.3，RON=89.8。

C. 环烷：

① 随着环数增大辛烷值减少。除环丙烷外，辛烷值随环上侧链增长而降低，如甲基环己烷 MON=71.1，RON=74.8，乙基环己烷 MON=40.8，RON=45.6。

② 在侧链上导入支链可以改善辛烷值，取代基越不对称越密集，辛烷值越高，如 1,1-二甲基环戊烷 MON=89.3，RON=92.3；1,3 二甲基环戊烷(顺)MON=73.1，RON=79.2。

D. 芳烃：

在汽油沸程范围内的芳烃值都很高，研究法辛烷值都在 100 以上，马达法辛烷值都在 90 以上，但在苯环上导入直链将使辛烷值降低。直链越长，降低越多。如甲苯 MON=100.3，RON=105.8；正丁基苯 MON=94.5，RON=100.4。对于二取代芳烃，则按下述顺序降低：1，3>1，4>1，2；对三取代芳烃，对称性越好，辛烷值越高，如 1,3,5-三甲苯 MON=106，1,2,3-三甲苯 MON=100.06。

☞ 8. 影响焦化汽油干点的因素有哪些？

答：影响焦化汽油干点的因素有：

① 塔顶回流的变化，包括塔顶回流带水及回流温度的变化、回流泵抽空或回流中断。

② 全塔压降及气相负荷变化，包括处理量、原料性质和加热炉出口温度变化，焦炭塔换塔，蜡油集油箱液位过高或冲塔，系统压力波动，炉注水量的变化，柴油抽出量的变化等。

③ 仪表故障。

☞ 9. 焦化汽油干点的调节方法有哪些？

答：焦化汽油干点的调节方法有：

① 稳定回流质量。具体有：加强分馏塔回流罐脱水、调整好回流温度、保证回流泵正常运行。如果发现回流罐内汽油质量差，可拉低回流罐液位、降低塔顶温度，重新建立回流。

② 保持全塔压降及气相负荷稳定，具体有：根据原料性质调整加热炉出口

温度，焦炭塔换塔时及时调整操作、平稳系统压力及各层回流，避免冲塔，平稳注水量、稳定各抽出量。

③ 保持仪表正常工作，发现故障及时处理。

☞ **10. 焦化汽油蒸气压的控制方法有哪些?**

答: 焦化汽油的蒸气压主要是通过控制汽油中 C_3、C_4组分的含量来调控的。具体调节方法如下:

① 通常用稳定塔底温控阀来调节，达到蒸气压的控制指标。关小合流式三通阀的冷旁路，换热增加，塔底温度上升，蒸气压下降，反之，则蒸气压上升。

② 提高稳定塔顶压力，蒸气压上升，反之，则下降。

③ 解析塔解析效果不好，脱乙烷油中 C_3、C_4含量增高，会造成蒸气压上升。

④ 根据进料组成的变化，可及时改进料口位置，也可根据冬夏季的生产情况，改变进料口位置。一般冬季改下入口，夏季改上入口较合理。

⑤ 稳定塔处理量过大及顶温下降也会使蒸气压上升。

☞ **11. 为什么要规定柴油的 350℃ 馏出量?**

答: 馏分较重的燃料在喷入燃烧室后，不能很快汽化形成可燃混合物，所以燃烧将在膨胀行程中继续进行。并且未蒸发的油滴还会裂解产生一部分气体烃和难以燃烧的炭粒，使积炭量和燃料消耗量增加，使柴油机的经济性降低。因此，从改善启动性能考虑，使用馏分组成较轻的燃料为宜。但是，如果馏分组成太轻也会对柴油机的运行产生危害。因为在自燃开始的瞬间，如果所有喷出的燃料都同时燃烧，结果使急燃期的压力增长率过大，容易引起发动机爆震，所以燃料的着火落后期过长及使用过轻的燃料都将容易引起爆震。各种柴油的馏分组成是由柴油机的转速和使用条件决定的。我国统一标准规定，轻柴油(适用于 1000r/min 以上的高速柴油机)的馏程为：300℃ 馏出量不小于 50%，350℃ 馏出量不小于 85%~95%。

☞ **12. 柴油中各种烃类的十六烷值规律是怎样的?**

答: ①正构烷烃的十六烷值在各族烃中最高，并随链长的增长而增加;

② 异构烷烃的十六烷值比正构烷烃低，链的分支越多，其十六烷值越低;

③ 正构烯烃的十六烷值仅略次于正构烷烃，支链的影响与烷烃类似;

④ 无侧链的环烷烃的十六烷值低于正构烷烃和正构烯烃；无侧链的芳烃，尤其是稠环芳烃，其十六烷值在各族烃中最低;

⑤ 环烷烃和芳烃带有长侧链时可以提高其十六烷值，当侧链有分支时，其十六烷值相应降低一些。

☞ **13. 一般来说焦化装置控制焦化柴油的哪些质量指标?**

答: 一般来说焦化柴油需要控制柴油干点，控制的指标因各炼油厂后续处理装置不同，大约在360~380℃之间。但日常分析中对10%、50%、90%馏出温度也要进行测定。

14. 一般来说焦化装置控制焦化液态烃的哪些质量指标？

答：焦化液态烃需要控制C_5及硫化氢含量，一般来说C_5应小于3%，硫化氢含量应小于10^{-6}，此外如果有精脱硫装置还需控制油渍、残留物及铜片腐蚀。

15. 什么是铜片腐蚀试验？

答：焦化产品中需要做铜片腐蚀试验的只有液态烃，具体的做法是将试验用铜片放入液态烃中，经40℃的水浴1h后，将铜片取出与标准比色板对照，确认腐蚀的等级。

16. 一般来说焦化装置控制焦化干气的哪些质量指标？

答：焦化干气需要控制硫化氢含量。这主要是因为焦化干气大部分要进入高压瓦斯系统，给加热炉作燃料。为了避免加热炉的设备腐蚀，主要是露点腐蚀，对燃料中的硫含量要严格进行控制。此外焦化干气还有一个用途就是作制氢装置的原料，这时除控制硫化氢含量外，还应注意焦化干气中烃类的含量，以防止制氢床层温度过高。干气中C_3以上组分也是焦化干气需要控制的一个指标，其主要目的是尽量多回收C_3、C_4组分，增加液态烃产量，提高经济效益。

17. 影响焦化柴油干点的因素有哪些？

答：影响焦化柴油干点的因素有：

① 分馏塔中段回流变化；

② 加热炉出口温度变化；

③ 分馏塔冲塔；

④ 柴油回流量变化；

⑤ 分馏塔顶压力变化；

⑥ 原料性质变化。

18. 焦化柴油干点的调节方法有哪些？

答：焦化柴油干点的调节方法有：

① 控制好分馏塔中段回流量；

② 平稳处理量、加热炉注水量及出口温度；

③ 及时调整操作，避免分馏塔冲塔；

④ 平稳柴油回流量；

⑤ 根据分馏塔顶压力变化相应调整柴油抽出温度；

⑥ 根据原料的性质调整柴油抽出温度。

19. 影响焦化蜡油残炭的因素有哪些？

答：影响焦化蜡油残炭的因素有：

① 蜡油抽出量变化；

② 分馏塔底液位变化；

③ 焦炭塔急冷油量变化；

④ 循环比变化；

⑤ 焦炭塔换塔。

20. 焦化蜡油残炭的调节方法有哪些？

答：焦化蜡油残炭的调节方法有：

① 平稳蜡油抽出量；

② 稳定分馏塔底液位；

③ 控制好焦炭塔顶温度；

④ 调节好循环比；

⑤ 换塔时及时调节操作参数。

21. 影响干气中 C_3 以上组分的因素有哪些？

答：影响干气中 C_3以上组分的因素有：

① 吸收塔的吸收剂量过大，顶部液相负荷过大，造成雾沫夹带；

② 入塔粗汽油量过大(上部液相负荷过大，继而影响至顶部)；

③ 再吸收塔吸收剂量太小或温度太高；

④ 再吸收塔压力波动过大。

22. 控制干气中 C_3 以上组分的方法有哪些？

答：干气中 C_3以上组分含量过高有几个原因，首先有可能是因为吸收效果不好，比如吸收剂量不足、吸收剂温度过高或吸收塔压力波动等。这时应提高吸收的效果，可以采用的方法有：

① 提高吸收剂量，一般来说吸收剂有两种，粗汽油和稳定汽油。稳定汽油的吸收效果好于粗汽油，因此可以提高稳定汽油量，补充吸收剂量。

② 降低吸收剂的温度，可以通过开大冷却量，降低稳定汽油入塔温度。

③ 稳定吸收塔的压力。吸收塔的压力波动直接影响到气压机的运行，因此提降的幅度不可能较大，只能以平稳为主。

还有一个原因，就是吸收塔生产相对正常，但解析塔解析过度，使部分 C_3 以上组分又随解析气进入吸收塔，始终有部分气体在吸收塔和解析塔之间循环，导致二塔生产的恶化。对于这种情况可采取的措施有：

① 适当降低顶吸收剂量及粗汽油量，以便降低吸收塔顶部液相负荷，若粗汽油量过多，可将部分直接改去稳定塔。

② 适当提高二级吸收剂量及降低吸收剂温度以弥补一级吸收塔操作之不足。

③ 适当降低解析塔底温，降低解析气量，逐步消除吸收塔与解析塔间的循环气，恢复正常的吸收解析操作。

☞ 23. 影响净化干气中 H_2S 含量的因素有哪些？

答：影响净化干气中 H_2S 含量的因素有：

① 原料中硫含量增高；

② 原料气流量过大或来量不稳；

③ 胺液、酸性气负荷过大；

④ 溶剂冷后温度高；

⑤ 胺浓度低；

⑥ 溶液中分解产物积累过多；

⑦ 溶剂发泡、跑胺冲塔。

☞ 24. 控制净化干气中 H_2S 含量的方法有哪些？

答：①适当增大胺液循环量；

② 通过分流等手段平稳干气来量；

③ 提高胺液浓度或提高溶剂循环量；

④ 增大冷却水量，降低溶剂冷后温度；

⑤ 补充新鲜胺液；

⑥ 置换部分胺液或对系统胺液进行过滤净化。

☞ 25. 影响液态烃中 C_5 含量的因素有哪些？

答：影响液态烃中 C_5 含量的因素有：

① 稳定塔顶回流量过小，达不到回流比，稳定塔顶温度过高，均会使液态烃中 C_5 含量增加；

② 回流质量差，回流介质中 C_5 以上重组分过多；

③ 稳定塔底温度波动过大，致使塔顶温度及塔顶压力控制不稳；

④ 冷却器冷却效果不好，使稳定塔顶部系统压力平衡打破，造成顶温波动；

⑤ 进料口位置不当，进料温度过高，影响稳定塔顶部负荷。

☞ 26. 控制液态烃中 C_5 含量的方法有哪些？

答：调整液态烃中 C_5 含量可以采取的措施有：

① 在稳定塔底温度负荷允许下，提高塔顶回流量，控制较合适的塔顶温度，提高精馏效果；

② 拉低回流罐液位，调整操作数据后，重新建立回流；

③ 控制好稳定塔顶压力，若是冷却器效果差，可开大冷却水阀，也可增开空冷风机；

④ 调整进料口的位置。

☞ 27. 影响液态烃中 H_2S 含量的因素有哪些？

答： 影响液态烃中 H_2S 含量的因素有：

① 原料液化气中 H_2S 总量增高；

② 液态烃脱硫塔压力过低或温度过高；

③ 溶剂冷后温度高；

④ 胺液浓度低；

⑤ 胺液再生效果差，贫液中 H_2S 含量过高；

⑥ 胺液发泡或降解。

☞ 28. 控制液态烃中 H_2S 含量的方法有哪些？

答： 调整液态烃中 H_2S 含量可以采取的措施有：

① 平稳进装置液态烃量、适当增加胺液循环量；

② 适当提高液态烃脱硫塔压力；

③ 增大冷却水量，降低溶剂冷后温度；

④ 提高再生效果；

⑤ 补充新鲜胺液，提高胺液浓度或置换部分胺液。

☞ 29. 造成脱后液态烃油渍、残留物不合格的因素有哪些？

答： 造成脱后液态烃油渍、残留物不合格的因素有：

① 干气中携带焦粉量过多，在稳定、脱硫系统中沉积的焦粉量达到一定值，致使出装置液态烃中油渍、残留物不合格；

② 干气中带重组分，长期积累后污染胺液引起液态烃残留不合格。

☞ 30. 控制脱后液态烃油渍、残留物的方法有哪些？

答： 对于脱后液态烃油渍、残留物指标的控制，可以采取以下几种方法：

① 加强对脱硫系统原料分液罐的脱液，避免胺液受到污染；

② 如果胺液已受到污染，必须通过置换、过滤、净化等手段提高系统胺液的质量；

③ 有高效脱硫剂罐的装置，应将高效脱硫剂罐切出吹扫，将罐内吸附的焦粉杂质等吹扫出来，以免带入液态烃造成污染；

④ 如有条件可将液态烃返回稳定或脱硫系统进行回炼处理。

☞ 31. 影响酸性气中烃含量的因素有哪些？

答： 影响酸性气中烃含量的因素有：

① 干气中 C_5 含量高；

② 闪蒸罐闪蒸效果不好。

☞ **32. 控制酸性气中烃含量的方法有哪些？**

答：控制酸性气中烃含量的方法有：

① 调整吸收稳定系统操作，降低干气中 C_5 含量；

② 降低闪蒸罐液位，降低闪蒸压力，提高闪蒸罐闪蒸效果。

四、石油焦的产品质量控制

☞ **1. 石油焦执行的质量标准是什么？**

答：目前石油焦执行的是我国石油化工行业标准 SH/T 0527—92 延迟石油焦（生焦），具体要求如下：

项　目		质量指标						
		一级品	合格品					
			1A	1B	2A	2B	3A	3B
硫含量/%	≯	0.5	0.5	0.8	1	1.5	2	3
挥发分/%	≯	12	12	14	14	17	18	20
灰分/%	≯	0.3	0.3	0.5	0.5	0.5	0.8	1.2
水分/%	≯		3	3	3	3	3	3
真密度/(g/cm^3)		2.08~2.13	报告	报告				
粉焦量（块粒 8mm 以下）/%	≯	25	报告	报告				
硅含量/%	≯	0.08						
钒含量/%	≯	0.015						
铁含量/%	≯	0.08						

☞ **2. 影响石油焦质量的因素有哪些？**

答：在石油焦的生产过程中，有许多因素会对石油焦的质量产生影响，具体如下：

① 灰分。影响石油焦灰分的因素主要是原料中的盐类含量，盐类有部分沉积在炉管、容器、设备里，而大部分都到焦炭塔，留在焦床里。其次就是工艺过程中外部带入盐类，如冷焦水、切焦水固形物含量高，溶解较多盐类，在冷焦或除焦过程中，这部分盐类随冷焦水或切焦水带入焦层。

② 硫分。直接影响的因素是原料油的含硫量。原料油含硫量高，生产出来的焦炭含硫量也高。高硫原油的渣油要生产一级或二级焦是很困难的。石油焦冷却时，还有吸附水中 S^{2-} 的作用，如果用含 S^{2-} 较高的水来冷焦，也能引起石油焦中硫分的升高，因此要定期置换冷焦水。

③ 挥发分。挥发分是石油焦的工艺控制指标，除了与原料性质和整个操作条件有关外，还与冷焦、除焦水中含油有关。

④ 粉焦量。除了焦炭本身的性质外，还与除焦操作等有关。

☞ 3. 控制石油焦质量的方法有哪些?

答：要提高石油焦的质量，可以采取以下一些方法：

A. 改善原料组成。原料的组成对石油焦的质量起着至关重要的作用。胶质、沥青质含量高、芳烃少的原料，生产出的石油焦多数为无定形焦炭，这种焦炭具有挥发分高、强度低、硫分和灰分也较高的特点。芳烃含量高，胶质、沥青质含量少，灰分低的原料，能生产出针状焦等优质石油焦。因此当需要生产优质石油焦时，一般普遍采用在原料中混合含芳烃高的渣油。

B. 改变操作条件。

① 提高加热炉出口温度。油品带入焦炭塔的热量，是焦化反应得以进行的保证。如果热量不足，焦化反应进行就不能彻底。所以，适当提高加热炉出口温度是很重要的调节手段，加热炉出口温度提高，焦炭的挥发分含量就下降。

② 提高循环比。提高循环比一方面使重质蜡油进行再次加热，重质蜡油中的芳烃较多，而且灰分低，提高循环比也就相当于改善加热炉进料油的性质。另一方面还增加了带进焦炭塔的热量，与提高加热炉出口温度起到相同的效果。

③ 延长生焦时间。延长生焦时间，实质上就是使生焦反应时间加长，反应进一步深化，焦床处于高温状态的时间加长，焦床中未反应的重质油可以进一步参与反应，所以能降低焦炭挥发分。

④ 延长大、小吹汽时间。大、小吹汽实际上对焦炭塔起到了汽提的效果，延长吹汽时间可以提高汽提效果，减少了焦炭中的油组分的含量，也就降低了挥发分。

⑤ 改进除焦方法。除焦时采用大切距除焦，减少焦炭中的粉焦量。

☞ 4. 生产针状焦应采用哪种原料?

答：针状焦是一种质量较好的焦炭，生产时对原料的要求较高，一般来说需要达到以下的要求：

① 芳烃含量高。芳烃有利于中间相体系的生成，而且具有分散、“溶解”不稳定物质的能力。芳烃富含短侧链，3~4 环的多环芳烃具有优良的石墨化性能，是生产针状焦的好原料。一般要求生产针状焦的原料油的芳烃含量在 30%~50% 为宜。

② 胶质、沥青质含量低。胶质、沥青质是带有长侧链的大分子稠环化合物。分子结构复杂，会阻碍细纤维状结构针状焦的生成。因为胶质、沥青质的碳化反应速度快、固化快，影响针状焦结构的形成。生产针状焦的原料，一般应控制其正庚烷不溶物不大于 2.0%。

③ 灰分低。原料中的灰分包括催化剂粉末、重金属和机械杂质等。这些杂质会使焦炭产品的灰分增高，对焦炭结构产生影响。原料油中的高灰分还会阻碍中间相小球体的长大和融并，使焦炭结构中的中间相不发达。一般要求原料油中的喹啉不溶物含量为零，催化剂粉的含量小于 100×10^{-6}。

④ 含硫量低。原料中的硫在碳化后大部分集中于焦炭中。而焦炭中的硫会导致石墨化过程中发生晶胀，使碳素制品带有裂纹，成品率降低。为了保证针状焦的质量，一般要求焦化原料油硫含量不大于 0.5%。

⑤ 焦化原料油的分子量分布范围窄，馏程范围适当，黏度小，也有利于操作和保证针状焦的质量。

⑥ 炼油厂中的热裂化渣油、催化裂化澄清油和从催化裂化循环油抽出的重芳烃等，都可用于生产针状焦的原料。此外，裂解制乙烯的渣油、煤焦油等也是生产针状焦的适宜原料。由于这些油料的性质各异，数量也不一，应根据具体情况，通过中试实验按照一定比例进行调合才能做到优化原料、生产出优质的针状焦。

☞ **5. 针状焦的质量指标中包括哪些项目？**

答：针状焦的质量要求与普通石油焦有很大的区别，除了硫分、挥发分、灰分和水分有要求外，还对以下一些内容有要求：

① 纯度。针状焦的硫、氮、重金属和灰分的含量均很少，这些杂质对焦炭性能均有影响。硫、氮含量高的焦炭在石墨化过程中会发生晶胀，使产品带有裂缝。灰分高会阻碍晶体结构的生成和对石墨制品的纯度产生影响。

② 结晶度。表征焦炭结构和形成焦炭前的中间相小球体的大小。中间相小球体大的焦炭，其取向性好，导向度强，结构致密。通常可用焦炭的真密度来表示焦炭的结晶度，真密度大的焦炭，其结晶度也高。

③ 抗热震性能。表示碳素制品在突然升温或急剧冷却过程中是否会破裂的性质。可用热膨胀系数来表征焦炭的抗热震性能。热膨胀系数低的焦炭，其抗热震性也好。一般针状焦需要再经过煅烧、浸渍和石墨化后才能制成碳素制品。由于针状焦制成的碳素制品热性能、电性能及物理性能好，如具有低热膨胀系数、低电阻、高结晶度、高纯度、高密度等，在工业、国防、医疗、航天和特种民用工业中有着广泛的用途，其中以制造超高功率石墨电极的用量最大。

第三章　化工原材料

☞ **1. 焦化装置常用的化工原材料有哪些?**

答: 有消泡剂、脱硫剂、精脱硫剂、缓蚀剂、高效碱性吸收剂、除臭剂、钝化剂、抑焦剂以及破乳剂。

☞ **2. 消泡剂的作用是什么?**

答: 消泡剂是一些表面张力和溶解度很低的物质，当消泡剂微粒接触气泡表面时，会降低接触点上液膜的表面张力，致使液膜变薄，同时使气泡之间合并，最终可以导致气泡破裂。由于消泡剂的疏液性使泡沫不会形成稳定的定向排列，消泡剂不均匀地吸附在液膜上或顶替气液界面上的发泡基因，使气液表面张力局部下降，最终可以达到消泡的目的。因此在焦炭塔中注入消泡剂，可以抑制甚至消除焦炭塔生产过程中的泡沫层。

☞ **3. 消泡剂应具有什么性质?**

答: 合格的消泡剂应具有低的表面张力，不溶于发泡介质之中，但又很容易按一定的粒度大小均匀地分布于泡沫介质之中，产生持续的和均衡的消泡能力。当泡沫介质由于某种原因要起泡时，消泡剂首先能阻止泡沫的产生。而在已经生成泡沫的泡沫体系之中，它又能迅速地散布，破坏气泡的弹性膜，使之破裂。

☞ **4. 如何评价消泡剂的好坏?**

答: 评价消泡剂的好坏主要从三个方面考虑，首先是要有好的消泡效果，这主要是从消泡时间来看，质量好的消泡剂其消泡时间一般在 2h 左右；其次是不会影响装置的产品质量；最后就是不会影响下游装置的生产。除此之外，在评价消泡剂时还要考虑其性价比。

☞ **5. 消泡剂的注入方式有哪些?**

答: 在现有的工艺中，消泡剂的注入位置主要有两处，一处是在正在生产的焦炭塔顶，另一处是在辐射油入焦炭塔底处。在生产塔顶处注消泡剂大多是间歇式，当生焦达到一定高度时才注消泡剂。而在辐射油入焦炭塔处注消泡剂的则是连续注入。这两种方式各有优点，间歇注入可以节省消泡剂用量，但切换工作量大，需要根据生焦高度把握注入时间；连续注入不需要切换，工作量小，但消泡剂的消耗量较大。

☞ **6. 脱硫剂的作用是什么?**

答: 焦化装置使用脱硫剂主要是为了脱去干气、液态烃中的硫化氢。一般的脱硫剂为醇胺类脱硫剂，配制成一定浓度的水溶液，在脱硫塔内吸收原料气中的H_2S(同时吸收CO_2和其他含硫杂质)。吸收了H_2S的胺溶液(富液)经升温后，在常压的再生塔内借助塔底的重沸器加热解析H_2S、CO_2将溶液再生。再生后的贫液经冷却后送脱硫塔循环使用，再生塔顶的酸性气经冷凝分液后送硫黄回收装置。

☞ **7. 单乙醇胺的缺点有哪些?**

答: 单乙醇胺是一种较早使用的脱硫剂，曾广泛使用于炼油企业中，其主要缺点有:

① 易与COS、CS_2等反应生成不能在再生过程中分解的固体产物。

② 有酸性气体存在时溶剂有腐蚀性，特别是在温度和酸性气体浓度较高的场合，如换热器、再生塔底重沸器管线等。

③ 溶剂的蒸气压较大，因此随净化气带走的溶剂较多，蒸发损失较大。

④ 溶液易于"发泡"，造成操作困难，使装置的处理能力下降，胺耗增大。

⑤ 对酸性气的吸收无选择性。单乙醇胺对CO_2的吸收速度虽低于对H_2S的吸收速度，但吸收是非选择性的。在吸收塔中CO_2也易于被吸收，并在再生塔中与H_2S一起解析出来，从而影响去硫黄回收装置的H_2S气体的浓度。

☞ **8. 甲基二乙醇胺的优点有哪些?**

答: 甲基二乙醇胺是目前广泛使用的脱硫剂的主体成分，它的优点是:

① 甲基二乙醇胺是一种叔胺，即所谓的三级胺。它与H_2S的反应速率远大于CO_2。这种反应速率上的差异构成了甲基二乙醇胺作为选择吸收H_2S溶剂的基础。由于选择性的提高，使再生后酸性气中H_2S的浓度提高，有利于下游硫黄回收装置的操作。

② 甲基二乙醇胺与H_2S、CO_2的反应热分别为1.050MJ/kg和1.420MJ/kg。在几种醇胺脱硫溶剂中是最低的，因而在再生时酸性气容易解析，溶剂的再生热耗低。

③ 可采用较高的溶剂浓度(常用30%~50%)，因此溶剂循环量小，能耗低。

④ 甲基二乙醇胺的蒸气压低(20℃时小于1.38Pa)，且与CO_2、CS_2、COS等不易发生反应，溶剂损耗小。

⑤ 甲基二乙醇胺的腐蚀性较小，对碳钢的腐蚀速率仅为0.04mm/a，有利于设备保护。

☞ **9. 脱硫溶剂的选用依据有哪些?**

答: 脱硫溶剂的选用依据有:

① 化学稳定性好；

② 腐蚀性小；

③ 挥发性低；

④ 解析热低；

⑤ 溶液酸气负荷大；

⑥ 吸收选择性好；

⑦ 再生性好。

☞ 10. 醇胺类脱硫剂有哪些特点？

答：醇胺中的羟基能降低化合物的蒸气压，增加了在水中的溶解度，氨基则在水溶液中提供了所需碱性。醇胺中 MEA(乙醇胺)碱性最强，DEA(二乙醇胺)、MDEA(甲基二乙醇胺)次之。MEA、DEA 对酸性组分的吸收是没有选择性的，即对 CO_2和H_2S同时脱除，并能达到优质的净化效果。在通常的胺法脱硫过程中一般要首先考虑 MEA，这主要是从气体的净化度方面着想。MEA 可以认为是吸收H_2S、CO_2的一种较好溶剂，如果考虑其选择性或反应热及降低设备腐蚀等方面则可考虑其他醇胺类。

☞ 11. 甲基二乙醇胺(MDEA)脱硫的原理是怎样的？

答：胺分子中至少有一个羟基团和一个氨基团。一般情况下，可以认为羟基团的作用是降低蒸气压和提高水溶性，氨基团的作用是使水溶液达到必要的碱性度，促使硫化氢的吸收。硫化氢是弱酸，甲基二乙醇胺是弱碱，反应生成水溶性盐类，由于反应可逆，使甲基二乙醇胺得以再生，循环使用。甲基二乙醇胺的碱性随温度升高而降低，在低温时弱碱性的甲基二乙醇胺能与硫化氢结合生成铵盐，在高温下铵盐能分解成硫化氢和甲基二乙醇胺。

反应方程式如下：$C_5H_{13}O_2N+H_2S \rightleftharpoons C_5H_{13}O_2NH^++HS^-$

在较低温度(20~40℃)下，反应向右进行(吸收)，在较高温度(>105℃)下，反应向左进行(解析)。

☞ 12. 什么是脱硫剂的酸性气负荷？

答：酸性气负荷是指单位质量的脱硫剂中酸性气体(主要包括H_2S、CO_2)的含量。酸性气负荷是衡量脱硫剂脱硫能力的重要指标，好的脱硫剂其贫液中酸性气负荷低，而富液中酸性气负荷高，贫、富液中酸性气负荷之差即为其吸收酸性气的能力。

☞ 13. 液态烃精脱硫剂的作用是什么？

答：精脱硫剂是以含铁、锌复合金属化合物为主要活性组分的一种新型高效脱硫剂，是针对低温系统精脱硫化氢而研制的，并可用于其他低温液态、气态物料中脱除硫化氢。在脱除硫化氢的同时可高精度地脱除氯化氢、硫氢碳、二氧化碳等有毒有害物质，使物料得到彻底净化，延迟焦化装置使用精脱硫剂主要是解决液态烃的腐蚀问题。

☞ 14. 精脱硫剂的装填方法是怎样的？

答：精脱硫剂的装填步骤有：

① 清理反应器内部杂物、焦粉等。

② 装填时，必须有专人记录，专人负责，严格按装填方案操作。.

③ 装填时必须选择晴天进行，装填过程应避免受潮，如遇下雨应停止装填。

④ 先在反应器底部装 10cm 高的瓷球，并耙平表面。

⑤ 从反应器顶部装入精脱硫剂，装填过程中可使用布袋等工具，帆布袋出口与催化剂层料面之间的自由落体高度一般不宜超过 1m。

⑥ 精脱硫剂装填到规定高度后，再装 10cm 左右的瓷球，并加上顶盖，注意顶盖要压实。

☞ 15. 精脱硫剂上下装填瓷球的作用是什么？

答：精脱硫剂底部装填瓷球可以起到支撑精脱硫剂床层，防止反应器中小颗粒的精脱硫剂下漏，堵塞出口的作用。最上层的瓷球可以起到容纳杂质，防止或延缓运行中精脱硫剂床层压力降上升的作用，同时，还可以防止高速物流冲刷，造成精脱硫剂料面变化，避免沟流发生。

☞ 16. 缓蚀剂的作用是什么？

答：缓蚀剂能保护金属表面不被腐蚀。缓蚀剂吸附在金属表面，形成单分子的抗水保护层，使腐蚀介质不能与金属表面接触，从而起到防腐作用。但是，缓蚀剂也不能注入过多，缓蚀剂本身也是一种表面活性剂，注入过多，会导致油品乳化。在使用缓蚀剂时，控制好 pH 值，如果 pH 值太低，即使注入了缓蚀剂，腐蚀依然会严重，注缓蚀剂可与注中和剂同时进行。近两年，双功能新型中和缓蚀剂投入使用，该剂是一种低碱值有机胺类复合物，与水混溶，它在金属表面形成保护膜吸收 H^+ 达到缓蚀中和的效果。

☞ 17. 延迟焦化装置注缓蚀剂的部位有哪些？

答：在焦化装置中主要是在脱硫系统注缓蚀剂，为保持缓蚀的效果，需要在整个胺液系统中加入缓蚀剂。另外，在再生塔顶部还需连续注入缓蚀剂。

☞ 18. 缓蚀剂的注入有什么要求？

答：缓蚀剂在使用时应先在脱硫剂中加入一定量的缓蚀剂，经过一段时间的运行使缓蚀剂在整个脱硫系统内部形成一层保护膜，成膜期后可在腐蚀较严重的部位连续注入一定量的缓蚀剂(如再生塔顶处)。

☞ **19. 抑焦增液剂有哪些作用?**

答: 抑焦增液剂可以降低渣油在特定温度下的结焦倾向，减缓加热炉管、分馏塔底等处的结焦。

☞ **20. 抑焦增液剂的注入部位有哪些?**

答: 一般来说抑焦增液剂注入部位在原料罐或原料泵入口。

第四章 加工方案和工艺流程

☞ 1. 延迟焦化装置在全厂加工总流程中有什么作用？

答：在炼油厂中，延迟焦化装置是处理渣油的主要装置，它可将重油或渣油经热裂化转化为气体、汽油、柴油、蜡油及焦炭。它具有装置投资较低、原料选择范围广等特点，其原料范围甚至可以包括沥青和油砂。同时，它可根据炼油厂的不同原料和操作条件，调节产品收率，如通过操作调整，可多产汽油、柴油，多产重质馏分油作为裂化原料等。它的中间产品还是较好的炼化中间原料，其产品也有较高的经济价值，焦化汽油经过加氢后是较好的乙烯裂解原料，焦化柴油具有较高的十六烷值，焦化干气和富气是制氢的好原料。

☞ 2. 延迟焦化的流程有哪几种？

答：延迟焦化的流程主要有两种，一种是常规工艺流程，原料先进入缓冲罐，再用原料泵抽出，分别与柴油、中段油、蜡油等中间馏分油换热，经加热炉对流室的原料预热管，加热到300~350℃进入分馏塔下部，与来自焦炭塔顶部的高温油气换热，一方面把原料中的轻质油蒸出来，同时又加热了原料，原料和高温油气中被冷凝下来的循环油一起从分馏塔底抽出，用热油泵(辐射泵)增压送入加热炉的辐射炉管，渣油快速加热升温到490~500℃后，经四通阀进入焦炭塔底部，热渣油在焦炭塔内进行裂解、缩合等反应，最后生成焦炭，生成的焦炭聚结在焦炭塔内，而反应生成的油气自焦炭塔顶逸出，进入分馏塔，高温油气在分馏塔中进行传热、传质，经过分馏得到富气、汽油、柴油和蜡油等中间产品。典型流程如下页图所示。

另一种是可调循环比工艺流程，它与一般流程的区别在于原料渣油不进分馏塔，在分馏塔底部改为循环油抽出，通过调节循环油的上、下进料调节分馏蒸发区温度。循环比直接采用循环油抽出量来调节，抽出的循环油与原料渣油在罐里混合，作为加热炉进料。

☞ 3. 可调循环比流程的优点有哪些？

答：可调循环比流程的优点有：

① 可调循环比采用循环油代替原料减压渣油在进料段与高温油气进行换热，由于循环油中胶质、沥青质大大低于减压渣油，其结焦倾向比减压渣油明显降低，这样分馏塔蒸发段温度可以相应提高，循环比可进一步降低。同时从分馏塔抽出的循环油还可以不进罐直接出装置，此时循环比降至零。该流程中循环油不

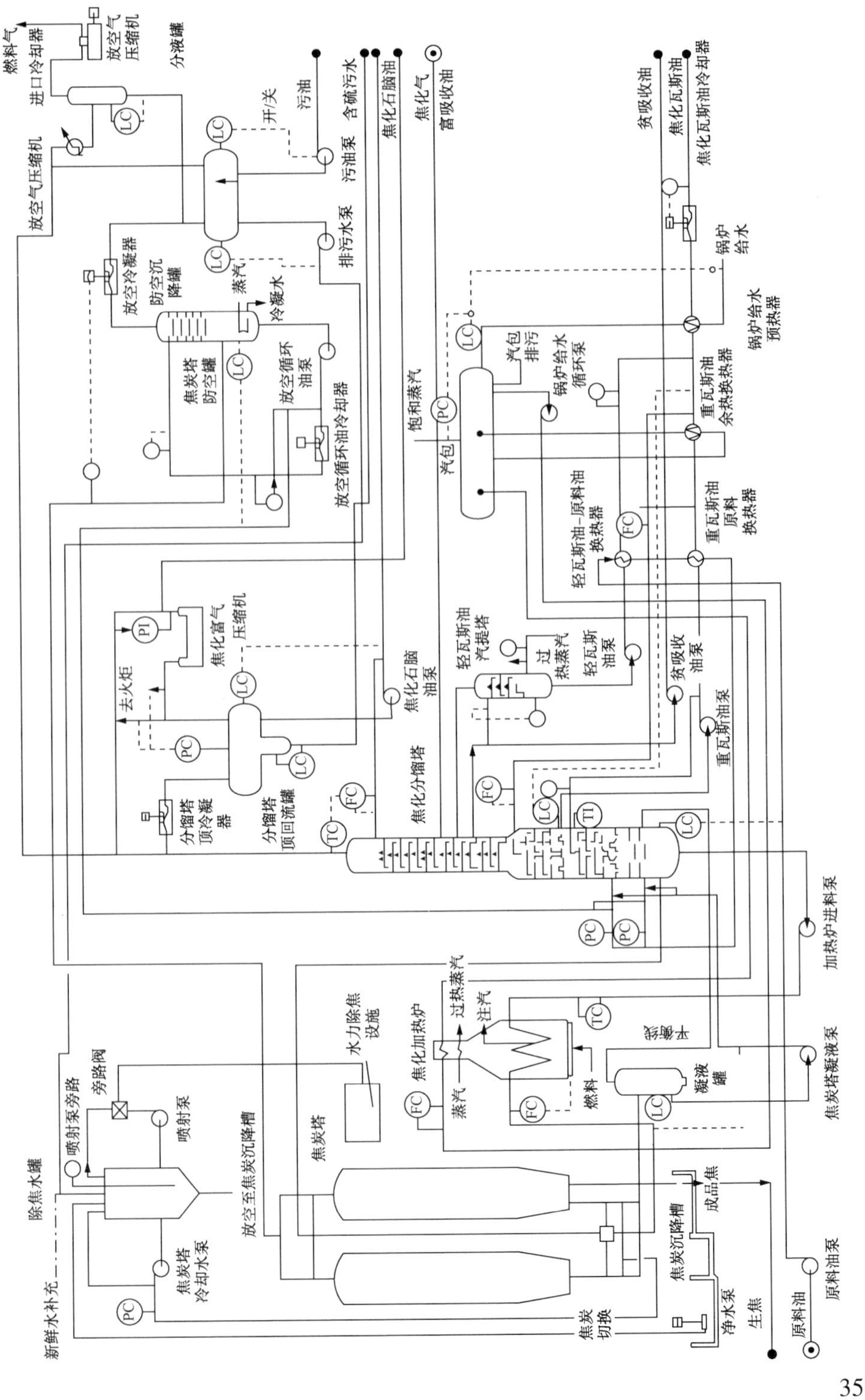
燃料气
进口冷却器
放空气压缩机
分液罐
放空气压缩机
开/关
污油
含硫污水
焦化石脑油
焦化气
富吸收油
污油泵
排污水泵
蒸汽
冷凝水
放空冷凝器
防空沉降罐
焦炭塔防空罐
放空循环油泵
放空循环油冷却器
饱和蒸汽
汽包
汽包排污
锅炉给水循环泵
贫吸收油
焦化瓦斯油
焦化瓦斯油冷却器
锅炉给水
锅炉给水预热器
重瓦斯油余热换热器
轻瓦斯油-原料油换热器
重瓦斯油原料换热器
焦化富气压缩机
去火炬
焦化石脑油泵
轻瓦斯油汽提塔
过热蒸汽
轻瓦斯油泵
贫吸收油泵
重瓦斯油泵
焦化分馏塔
分馏塔顶冷凝器
分馏塔顶回流罐
加热炉进料泵
过热蒸汽
注汽
焦化加热炉
蒸汽
燃料
凝液罐
焦炭塔凝液泵
水力除焦设施
旁路阀
喷射泵旁路
喷射泵
除焦水罐
焦炭塔冷却水泵
放空至焦炭沉降槽
焦炭塔
新鲜水补充
焦炭切换
焦炭沉降槽
成品焦
净水泵
生焦
原料油
原料油泵
PC
LC
FC
TC
TI
PI

但可以是分馏塔蒸发段冷凝下来的循环油，也可以是重蜡油、轻蜡油或柴油，实现馏分油循环。

② 反应油气热量采用循环油回流取热方式取走，蒸发段和塔底温度可根据需要来调节。

③ 分馏塔底介质为循环油可以避免塔底结焦。

④ 重质原料不进焦化分馏塔，不和高温高速油气混合，对上部产品质量很有好处。

⑤ 可调循环比流程中，加热炉进料直接进对流室。这样，不仅降低了延迟焦化装置中核心设备辐射进料泵操作条件的苛刻度，而且加热炉进料从对流段直接转辐射段，自成一体，有利于操作。

☞ **4. 渣油加工的路线有哪些？**

答：渣油加工的路线总的来说有两大类，一类是加氢路线，另一类是脱碳路线。加氢路线的典型装置是渣油加氢，脱碳路线的典型装置就是延迟焦化装置。

☞ **5. 焦化产品的后续处理有哪些方法？**

答：焦化汽油的烯烃含量较高，安定性较差，马达法辛烷值较低。汽油中的硫、氮和氧的含量较高，经过稳定后的焦化汽油只能作为半成品，必须进行精制脱除硫化氢和硫醇后才能作为成品汽油的调合组分。焦化重汽油组分经过加氢处理后可作为催化重整的原料。由于焦化汽油含有较多的烯烃，因此还可以作为乙烯的原料。焦化柴油的十六烷值较高，含有一定量的硫、氮和金属杂质，并且焦化柴油含有一定量的烯烃，性质不安定，必须进行精制后，才能作为调合组分。焦化蜡油性质不稳定，与直馏蜡油混合后可作为催化裂化或加氢裂化的原料油，是否需要进行加氢精制，需要根据焦化蜡油的质量和催化裂化装置的情况而定。焦化液态烃经过脱硫、精脱硫及碱洗后作为商品液化气出厂。焦化干气经脱硫后可作为炼油厂燃料，在作制氢原料时应控制其烯烃含量。同时，焦化干气也是很好的乙烯原料。

☞ **6. 焦化装置可与哪些装置形成联合装置？**

答：焦化装置与其他装置形成联合装置的主要目的有：热联合，充分利用装置内的余热加热其他装置的物料；产品联合，通过其他装置改善焦化装置的原料。可以与减黏装置形成联合装置，由减黏装置对焦化原料进行预处理，可以改善焦化的原料；与电站等装置形成联合，利用石油焦发汽、发电，拓宽产品的用途。

☞ **7. 延迟焦化工艺在重油加工方面与其他工艺相比有何优点？**

答：重油加工工艺中，渣油加氢工艺虽然可以提高加工深度，但需要昂贵的设备投资和操作费用；催化裂化工艺又有柴汽比低、汽油烯烃含量高、柴油十六烧值低的缺点，延迟焦化工艺相对具有设备投资少、操作费用低廉的特点，能处理的原料品种较多且可以加工各种劣质渣油，产品后续处理比较简单。

☞ 8. 缩短生焦周期的难点在哪里?

答: 缩短生焦周期后焦炭塔的所需容积要相对增大。因此，对加热炉来说，有可能造成炉膛温度、炉管表面温度偏高；对焦炭塔有可能出现预热速度不够；对分馏塔会出现气速过高，各组分分离不完全；对气压机来说有可能出现负荷过高等问题。

☞ 9. 延迟焦化的发展趋势是什么?

答: 延迟焦化技术进展主要有：

① 大型化。包括装置的大型化和焦炭塔的大型化。由于装置大型化具有明显的投资低、生产率高以及生产费用低的优越性，因此近年来单套焦化装置处理能力越来越高，目前国内处理能力最高的装置单套达到1.6Mt/a，而国际上单套处理能力最高达6.73Mt/a。与之相对应的是焦炭塔的大型化，目前焦炭塔的标准直径为Φ8200~8500mm，但已有Φ9200mm焦炭塔投入使用，最大的焦炭塔直径已达Φ12200mm。

② 灵活性。主要是指装置有应付原料、产品、产率和质量变化的能力。目前延迟焦化可处理的原料可达60种，康氏残炭3.8%~45%，常见的原料有减压渣油、减黏渣油、催化裂化油浆以及炼油厂污泥等。根据不同的原料，焦化装置可以生产出燃料焦或电极焦，其他的如石脑油、柴油、蜡油的产率也可以灵活调整。

③ 可操作性。主要是指提高处理量、液体收率最大化、焦炭收率最小化，生产符合下游要求的蜡油等。采取的措施有降低循环比、降低系统压力以及缩短生焦周期。

④ 安全性。包括操作的安全性以及对环境的安全性。操作安全性的具体内容有设置紧急隔离阀、改进加热炉联锁、采用自动拆卸头盖系统等，环境安全性包括冷切焦水完全循环、焦粉污染及废气污染治理等。

第五章　工艺调整及操作

一、原料缓冲罐

☞ 1. 原料缓冲罐的作用是什么？

答：原料缓冲罐的作用有：

① 让各种原料如渣油、油浆等充分混合均匀；

② 在原料因外系统原因中断的情况下，起到缓冲作用，避免进料泵抽空，造成装置进料中断和机泵损坏；

③ 可以通过延长外来原料的停留时间，让原料中夹杂的水分充分分层脱除，避免大量明水进入装置对生产造成冲击。

☞ 2. 如何做好原料缓冲罐的操作？

答：首先要控制好原料缓冲罐的液位，防止冒罐或因液位过低造成原料泵抽空。其液位由装置进料控制阀控制，由原料进装置的流量大小来调节原料缓冲罐液位的高低。正常生产时控制液位60%~80%，液位低于控制值时增加原料进装置量，液位高时则相反。在装置原料因突发性外因引起进料中断时，需要立即降低装置负荷，赢得缓冲时间，联系调度和相关单位尽快恢复正常生产。其次是要保持原料平衡线开度，防止轻质油品混入原料造成原料泵抽空。当焦化原料中混入轻质油品后，可以通过原料罐平衡线将轻质油品闪蒸入分馏塔，避免原料泵抽空，同时当原料罐液位满时，原料也可进入分馏塔，不会引起原料罐憋压。

二、加　热　炉

☞ 1. 焦化加热炉的作用是什么？

答：焦化加热炉的主要作用是给原料渣油提供进行焦化反应所需的热量，同时避免原料渣油在加热炉内进行反应。

☞ 2. 现代焦化加热炉设计应该具有哪些特点？

答：①针对给定的原料和加热炉进料性质以及相应的工艺参数，有很强的适应性和可靠性。

② 辐射室炉管的热强度周向不均匀系数小，火焰对炉管的加热均匀。

③ 有适宜均匀的热强度，使炉管内油品有较短的停留时间，希望427℃以上油品停留时间不要超过30s。

④ 尽可能均匀的炉膛内温度场和热强度场，使介质有稳定的温升梯度。

⑤ 较高的管内油品冷油流速(>1.83m/s)或质量流速。

⑥ 具备多点注汽(或水)、在线清焦的功能。

⑦ 较高的热效率，一般要求93%以上。

⑧ 连续运行时间(在低循环比工况下)应在两年以上。

3. 简述油品在焦化加热炉中的加热过程。

答：①油品进入加热炉加热到临界反应温度的下限约为420℃，此为低温阶段，油品的裂化反应速度高于缩合反应速度，黏度较低，胶质、沥青质未发生大的变化，基本不结焦。

② 临界反应温度下限加热到临界反应温度的上限470℃，此阶段裂化反应速度的增长低于缩和反应速度的增长，渣油中形成一种似液又似固的中间相小球体，它对炉管有较强的附着性。能在母液中逐渐成长、融合，并最终固化为焦炭，同时这个阶段油品的汽化率低、流速低，成为炉管结焦速度最大的阶段。炉管结焦的速度可表达为：结焦速度=结垢生成速度-结垢脱落速度。因此，此阶段应处于炉管表面热强度较低的位置，且应增大该阶段的汽化率。

③ 临界反应温度的上限升至出口温度500℃，此阶段油品汽化率高、流速高，焦垢脱落速度较快，同时焦垢生成速度受母液中胶质、沥青质浓度的影响而减缓，因此此段炉管的结焦速度较低。

4. 什么叫燃料效率、燃料高热值和低热值？

答：燃料效率是总吸热量与燃料净发热量之比，用"百分比"表示。燃料高热值是指每公斤燃料完全燃烧后所生成的水已冷凝为液态时计算出的热值。燃料低热值是指每公斤燃料完全燃烧后生成的水为气态时计算出的热值。

5. 什么是加热炉的热效率？怎样计算？

答：加热炉的热效率是指加热炉对热量的有效利用率。计算加热炉热效率有多种方法，具体如下：

① 加热炉热效率简便计算公式：

$$\eta=97-(8.3\times10^{-3}+q_S\times\alpha)\times(T_{gas}+1.35\times10^{-4}T_{gas}\times2)+1.1$$

式中 q_S——散热损失，立式方箱炉取3%，圆筒炉取4%；

α——过剩空气系数，$\alpha=(21+0.116O_2)/(21-O_2)$；

T_{gas}——排烟温度，℃；

O_2——氧含量，(体积)%(如氧含量是5%，则该值取5)。

② 反平衡法计算综合效率公式：

$$\eta=\left(1-\frac{Q_{SS}}{Q_{GG}}\%\right)$$

式中　η——管式炉综合效率,%;

Q_{SS}——损失能量，kJ/h;

Q_{GG}——供给能量，kJ/h。

③ 正平衡法计算综合效率公式：

$$\eta=\frac{Q_{YX}}{Q_{GG}}\times100\%$$

式中　η——加热炉综合效率,%;

Q_{GG}——总供给能量，kJ/h;

Q_{YX}——所有被加热介质从入口状态加热到出口状态所吸收的热量，kJ/h。

一般来说，日常的加热炉热效率计算使用简便计算公式就可以了，只有在对加热炉运行效果进行测试评价的时候才会使用正反平衡计算公式，并且只有这两种平衡计算的结果相符时，才能取得相应的结果。

6. 提高加热炉热效率有哪些手段?

答：①保持完全燃烧；

② 在保证完全燃烧的情况下，降低过剩空气系数，将三门一板调节恰当；

③ 操作好烟气余热回收设施如空气预热、余热锅炉等；

④ 加强设备管理，炉体严密，勿使炉壁耐火层有裂缝、塌陷等，经常保持完整。减少弯头箱及人孔、看火窗等处漏进空气，减少热损失，露出部分(包括对流转辐射部分和下部回弯头部分)要加强保温，防止热损失过大；

⑤ 防止炉管结焦；

⑥ 对流室加强吹灰(对烧燃料油的加热炉而言)，辐射室大检修时烧焦和洗盐垢，提高传热效率。

7. 什么是加热炉的热负荷?

答：加热炉的热负荷就是炉子每小时传给加热介质的总热量，它表示加热炉的生产能力大小。

8. 什么叫炉膛热强度？什么叫炉管的表面热强度?

答：炉膛热强度是指每小时单位体积炉膛所传递的热量，单位 W/m^3。该值越大，则完成相同传热任务所需加热炉的结构越紧凑。炉管的表面热强度是指单位时间内通过单位炉管表面积所传递的热量。它的影响因素主要有：炉管管壁温度，炉膛传热的均匀性，管内油品的性质，温度、压力、流速等，炉管材质。

9. 加热炉的辐射室和对流室各有什么作用?

答：①加热炉的辐射室有两个作用：一是作燃烧室；二是将燃烧器喷出的火

焰、高温烟气及炉墙的辐射传热通过炉管传给介质。这种炉子主要是靠辐射室内的辐射传热，小部分靠对流室的对流传热，只占整个传热的10%左右。

② 对流室的主要作用是：在对流室内的高温烟气以对流的方式将热量传给炉管内的介质。在对流室内也有很小一部分烟气及炉墙的辐射传热。

③ 如果一个加热炉只有辐射室而无对流室的话，则排烟温度很高，造成能源浪费，操作费用增加，经济效益降低。为此，在设计加热炉时，通常都要设置对流室，以便能充分回收烟气中的热量。

☞ 10. 什么是单面辐射炉管、双面辐射炉管？单面辐射炉管和双面辐射炉管有什么不同？

答：单面辐射炉管是在辐射室内靠炉墙布置炉管，它一面受火焰及高温烟气的辐射热，一面受炉壁的反射热。双面辐射炉管则布置在炉膛中间(一排或两排)，两面受火焰及高温烟气的辐射。相对于单面辐射炉管，双面辐射炉管热量分布更均匀，热强度周向不均匀系数低，降低了管壁峰值温度和最大局部热强度，但提高了平均热强度。可减少总辐射面积约25%~35%，并延长了加热炉操作周期。双面辐射加热炉的性能远远优于单面辐射加热炉。

☞ 11. 单面辐射加热炉与双面辐射加热炉的主要设计数据有何差别？

答：①双面辐射加热炉的处理量比单面辐射加热炉大；

② 双面辐射加热炉的辐射平均热强度比单面辐射加热炉高；

③ 双面辐射加热炉的热效率比单面辐射加热炉高；

④ 双面辐射加热炉的燃烧器数量比单面辐射加热炉多；

⑤ 双面辐射加热炉的炉管材质等级比单面辐射加热炉高；

⑥ 双面辐射加热炉一般使用注汽，而单面辐射加热炉使用注水。

☞ 12. 新型焦化加热炉炉管材质选择主要有哪些依据？

答：焦化加热炉炉管选材主要考虑管壁温度、管内介质腐蚀和钢材高温强度三个方面的问题。国内目前多数焦化加热炉炉管材料为Cr_5Mo，但当炉出口介质温度高达500℃，管内结焦达到一定厚度时，炉内最高管壁温度可达600℃以上，甚至超过氧化速率迅速上升的拐点温度，即抗氧化极限温度。由于Cr_5Mo材质炉管的最高使用温度为600℃，抗氧化极限温为650℃，因此采用Cr_5Mo材质炉管的焦化加热炉多存在高温区炉管严重氧化爆皮的现象，需定期更换，从而影响了焦化加热炉的长周期操作。国外延迟焦化加热炉均采用Cr_9Mo炉管，国内目前各炼油厂的焦化加热炉设计已相继采用Cr_9Mo炉管。由于Cr_9Mo材质炉管的最高使用温度可达650℃，抗氧化极限温度为705℃，因此几乎没有发生氧化爆皮现象的报道。

炉管选材的另一个重要依据是管内介质的腐蚀。在含硫原料油中，Cr_5Mo的腐蚀速率约为Cr_9Mo的2.5~3倍。近年来，焦化原料油的硫含量越来越高，这也是新设计的焦化加热炉多选用 Cr_9Mo 作炉管，而很少选用 Cr_5Mo 的原因之一。在 Cr_9Mo 的基础上增加钒，强度可提高一倍左右，但加钒后焊接性能较差。这种钢材国内目前尚无成熟的使用经验。另外，在 Cr_5Mo 炉管和焊缝的内外表面渗铝，可提高 Cr_5Mo 材质抗硫腐蚀和抗氧化的能力，但总的费用不一定比 Cr_9Mo 低，因此也难推广。

☞ **13. 辐射炉管为什么要注水(汽)?**

答：辐射炉管注水(汽)是加热炉防止炉管结焦的重要手段之一。辐射炉管注水一般是注在渣油入口的位置，并且一侧炉管只有一个注入点。注入炉管后，液态的水吸热汽化，体积迅速膨胀，大大增加油品在炉管中的流速，因此可以很好地减缓炉管结焦。但注水吸热量大，会增加加热炉的热负荷，对于提高加热炉的处理量造成一定的限制。近年来新设计的加热炉都采用了多点注汽，由于注入的是蒸汽，本身温度较高，所以在炉管中吸热量较小，不会大幅增加加热炉的负荷，并且由于是多点注汽，能够灵活调节各点的注汽量，可以根据原料性质、炉管的运行状况确定各点的注汽量，更有利于加热炉的长周期安全操作。

☞ **14. 影响加热炉原料进入对流段温度的因素有哪些?**

答：延迟焦化装置的原料主要是上游常减压装置的减底渣油，一般采用热供方式进入焦化装置，温度一般在150℃左右。进入加热炉对流段之前，原料还要和柴油、蜡油及重蜡油等换热。因此，影响原料进入对流段温度的因素有：原料进入装置温度，原料带水情况，柴油、蜡油或重蜡油的温度控制，产汽系统温度控制等。

☞ **15. 多点注汽有何优点？辐射炉管多点注汽有何作用?**

答：往加热炉管内注汽(或凝结水)可增加管内介质流速，降低停留时间，尤其是可降低该介质裂解温度以上段停留时间。采用多点注汽比单点注汽要好，具体表现在：

① 在同等注汽量下，多点注汽的介质流经炉管的压力降小，从而可以降低炉入口压力，也就降低了加热炉进料泵的轴功率。

② 可以经模拟计算后，在介质面临峰值热强度的部位注汽，提高该部位流速，从而可降低油膜厚度和温度，强化了管内传热。

③ 由于分段注汽，便于分段调节注汽量，由于注汽量相对减少，使管内油品气相中烃分压增加，缓和了液相油品的特性因数沿炉管加热升温而变小的趋势，这种现象有利于减缓油膜层生焦速率。

④ 裂化反应阶段注汽可降低裂化产物分压，促使重组分进一步裂化。在缩合反应阶段用于提高冷油流速，以利于焦垢的脱离，减缓结焦。

⑤ 在油膜温度升高点局部热强度较高的部位注汽，可提高介质流速，降低

油膜厚度，使生焦和脱焦达到平衡。

总之多点注汽可以使管内形成理想的流型，降低油膜厚度，提高流速，减缓结焦。国外焦化加热炉设计几乎都采用多点注汽，并且注入量比国内设计低，但注汽点位置选择及注汽量的大小必须采用专业软件经多次优化核算后确定，这样才能保证注汽的效果。

☞ **16. 什么叫翅片管？翅片管有什么作用？翅片管使用的条件是什么？**

答：为了提高对流侧烟气传热系数，在对流管的外壁焊接一定数量的翅片，这种炉管统称翅片管。加热炉的对流炉管采用翅片管，其主要作用是扩大加热面积，提高加热炉的热效率。

翅片管使用的条件是：烟气温度不得低于380℃，加热一般只能烧气。当烧重油时，翅片间距不能小于25mm。烧污油或高黏度渣油的加热炉不能用翅片管。

☞ **17. 对流管为什么不采用光管而采用钉头管或翅片管？**

答：因为加热炉的对流室中以对流传热形式为主。由于管内侧膜传热系数远远大于管外侧烟气对炉管的膜传热系数，所以对流管的总传热速率被烟气一侧所控制。对流管采用钉头管或翅片管，可降低管外侧的传热热阻，以达到提高对流管总传热速率的目的。但如果是加热气态介质(如蒸汽)，由于管内、外侧膜传热系数基本相当，采用钉头管或翅片管就没有必要，一般还是采用光管。

☞ **18. 为什么加热炉的处理量要控制在一定的范围内，过高、过低有什么危害？**

答：因为加热炉的设计热负荷有一定的范围，如果加热炉的处理量过高，需要加热炉提供的热量就会增加。当处理量过高时，加热炉的炉管表面温度和炉膛温度都会超标，长时间超标会使炉管材质晶相改变，炉管变形、强度降低，严重时会发生炉管泄漏引起事故。如果加热炉的处理量过低，炉管内的冷油流速过低，容易结焦，同时注水(汽)量大大增加，影响加热炉的热效率。

☞ **19. 什么叫冷油流速？控制冷油流速有什么作用？**

答：冷油流速是指油品在15℃或常温状态下，在炉管内的流速(m/s)。冷油流速是加热炉参数控制中的一项重要内容，控制冷油流速的主要目的是防止炉管结焦，一般情况下冷油流速的推荐值为0.5~3m/s。

☞ **20. 为什么要控制加热炉的管内流速？焦化加热炉适宜的管内流速是多少？**

答：流体在炉管内的流速越低，则边界层越厚，传热系数越小，管壁温度越高，越容易造成炉管结焦而烧坏炉管；流速过高又增加管内的压力降，增加了管路系统的动力消耗。设计炉子时，应在经济合理的范围内力求提高流速。一般焦化加热炉适宜的管内质量流速为1700~2200kg/(m^2·s)。

☞ **21. 流体在管内有哪几种基本流动形态？如何判定？**

答：流体在管内流动一般分为层流和湍流两大类型，介于两者之间称为过渡流，它是一种由层流过渡到湍流的一种过渡暂存的状态。层流是流体质点始终沿着与管轴平行的方向成层流动。湍流是流体质点除沿着管轴向前流动外，还由于流速大小和流动方向随时发生变化，做不规则的径向运动，使质点互相碰撞发生旋涡。通过雷诺试验可知，当雷诺系数 $Re<2000$ 时流动状态为层流，$Re\geqslant 4000$ 时流动状态为湍流。因此通过雷诺数可以判定流体的状态。

☞ **22. 什么是炉管压降？在操作中有何实际意义？**

答：炉管压降就是油品通过炉管所产生的压力降。炉管压降是加热炉生产中一个很重要的操作参数，对于同样的处理量，炉管压降增加就意味着炉管内介质流动的阻力增加，通常应考虑是否炉管内结焦增加、后路是否结焦或不畅。

☞ **23. 影响炉管结焦的因素有哪些？**

答：对炉管结焦影响较大的因素主要有原料性质和炉管表面温度。炉管的结焦与油品的性质有密切的联系。*K* 值(特性因数)高的石蜡基组分在较低的温度下先行裂解而结焦；由于石蜡基组分并非胶质、沥青质的良好溶剂，随着温度的升高，会使沥青等从液相分离出来而结焦。*K* 值低的油品(含芳香烃量大)，将在较高温度下进入临界分解段。高温下油品大量汽化，使管内油品线速猛增，对炉管内壁的撞击摩擦和携带作用，使焦粒难以在内壁附着和沉积，从而避免在炉管内结焦。因此，对 *K* 值高的原料，必须以较高的流速通过临界分解段。

原料含盐量对炉管结焦也有很大的影响，高温下盐类易于结晶析出，这在油品汽化和裂解后更加明显。由于盐类在高温下与金属表面的吸附性强，造成炉管内壁结垢；另一方面由于盐垢引起的局部阻力和局部过热，更有利于焦粒的着床和生长，所以更加剧了烃类的结焦。

☞ **24. 炉管结焦的机理是什么？**

答：炉管结焦是由于油品在炉管中裂解(一次反应)后又缩合或聚合(二次反应)而形成高分子焦炭的反应。炉管结焦过程是焦粒生成、长大、向炉管内壁沉积的过程。焦粒的生成和长大与油品的性质、温度有关，而焦粒的沉积还与油品的流速、含盐等有关。焦粒在炉管内壁的沉积速度，实际上就反映了炉管内的结焦程度。

介质在炉管内流动时，介质与炉管内表面之间存在一个过渡区，即边界层。边界层的平均温度比介质主体温度要高，而平均速度比介质主体速度慢，且流动状态呈层流。因此，边界层总是比介质主体先进入临界温度区，焦炭(粉)的浓度也比介质主体中焦炭(粉)的浓度高。当边界层的温度低于介质裂解的临界温度时，可以认为基本不结焦。当边界层的温度进入介质裂解的临界温度范围时，焦炭量增加，且随温度的上升而增加，此时认为炉管开始结焦。显然，结焦的速度与边界层的温度、压力、平均流速、边界层焦炭(粉)的浓度等都有关系。而边界层的厚度越厚，结焦速度越大。

☞ 25. 如何判断炉管结焦?

答: 判断炉管是否结焦可从肉眼观测和仪表指示记录两方面入手。炉管结焦一般分为局部结焦和多数结焦：局部结焦可以从炉管表面颜色不一样来判断。结焦的地方，由于焦炭、盐垢的传热系数小而使炉管表面温度高，颜色呈暗红色，或者有一些灰暗的斑痕，而其他地方炉管则呈黑色。发现这种局部结焦时，就要注意观察，多检查，把局部结焦的炉管周围火嘴的火焰适当调小，防止结焦继续发展。多数结焦是在炉辐射进料量和其他指标不变时，炉膛各点温度逐渐升高，使炉管颜色整体暗红，阻力降增加，或者炉膛温度升高，炉辐射出口温度难以提高，焦炭塔顶温度下降，焦炭挥发分增加，焦炭质量不合格。

☞ 26. 双面辐射加热炉在操作中应注意什么?

答: 一般来说双面辐射加热炉至少有四路进料，所以操作中应尽量保持各管程中工艺介质流量、注水或注汽量相同，否则极易出现偏流现象，造成管内结焦。操作中可通过各管程流量计指示，观察炉管压力降的大小，或根据各管程燃烧器发热量相等时的管壁温度指示来监测各管程流量的均衡，炉管压力降较小、管壁温度偏高一侧的流量偏小。

应严格控制辐射室工艺介质出炉温度，严禁超温操作。辐射管设置的管壁热电偶应连续监测并记录管壁温度，如出现管壁温度突然升高的情况，应立刻检查燃烧器燃烧状况及工艺介质流量、注汽量、炉管压降、工艺介质出炉温度等操作参数是否正常，另外，检查炉管外观情况并及时调整操作。

应经常检查火嘴燃烧状况，尽量保证短火焰、齐火苗。防止发生因个别热电偶指示温度偏高，而人为调小该热电偶附近火嘴的现象。

☞ 27. 什么是双向烧焦?

答: 双向烧焦是在加热炉进出口管线分别设置烧焦蒸汽及空气接管，实际操作中可由入口至出口进行正常烧焦。当加热炉靠近出口部位管内结焦严重，采用正常方向烧焦不能有效清除时，还可由出口至入口进行反向烧焦。双向烧焦对具有在线清焦技术的双面辐射焦化炉是十分必要的，尤其对于重质焦化进料在低循环比和超低循环比条件下运行的焦化炉，面临原料换热预热升温效果不佳时，采用“在线”烧焦和双向“在线”烧焦更为必要。

☞ 28. 如何实施加热炉在线清焦?

答: 在线清焦技术是在加热炉不停炉情况下对炉管内的结焦进行清除的过程。采用在线清焦技术的焦化炉一般都采用四管程，以避免对后续设备操作造成太大的影响。操作时对其中一管程通入蒸汽，其余三管程正常操作，在线清焦用的蒸汽及清出的焦炭与其他三管程油品一同进入焦炭塔。

在线清焦方法有两种，一种是恒温法，其原理是利用高速流动的水蒸气对焦垢层的冲刷作用及水蒸气在高温下与焦炭发生化学反应生成一氧化碳和氢气。该种方法仅用于结焦时间较短的焦化炉，采用此种方法可有效去除管内生成的软焦层。当管壁温度达到630℃约3个月之后时，管内焦层已经变硬，采用恒温法进行在线清焦的效果就不是很理想了，此时应当采用变温法。变温法的原理是利用炉管金属与管内焦垢层热膨胀系数的不同，通过快速升高及降低炉管温度，使得焦炭层与炉管剥离。无论采用何种方法，都必须严格控制管壁温度不超过炉管的最高使用温度，并保证清焦管程的蒸汽压降大于或等于其他正常操作的管内压降，以免热油泄漏到清焦的管程中。在线清焦所需蒸汽量、管壁温度的升降范围及速度应按照焦化炉实际炉管规格、根数、材质进行计算后确定，其操作必须严格按照规定的步骤实施，否则有可能造成炉管堵塞、变形，甚至炉管爆裂等严重的事故。

☞ 29. 操作中加热炉的过剩空气控制应遵循哪些原则？

答：在加热炉中，燃料不可能在理论空气量下完全燃烧，总是要在有一定过剩空气量的条件下才能完全燃烧。燃烧所用实际空气量与理论空气量之比称为过剩空气系数 α。一般加热炉正常的过剩空气系数在烧气时 α 为 1.05~1.15，烧油时 α 为 1.15~1.25。在实际操作中，如果过剩空气量增加，排烟时大量的过剩空气将携带热量排入大气，使热效率降低。因此降低过剩空气系数可以有效地减少排烟损失，提高热效率。下图反映了过剩空气系数和排烟温度对加热炉热效率的影响。

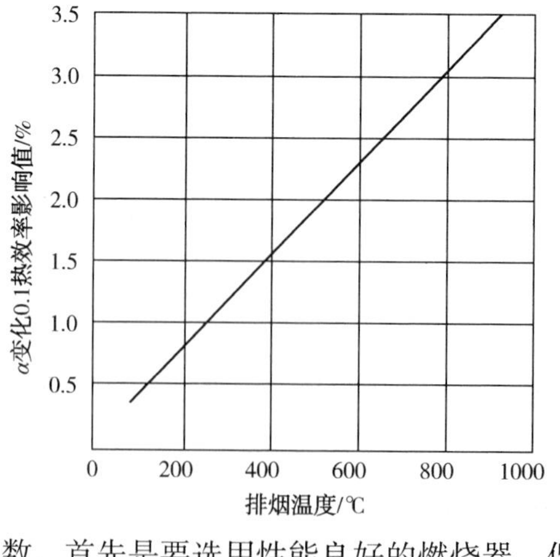

降低过剩空气系数，首先是要选用性能良好的燃烧器，保证在较低的过剩空气系数下完全燃烧；其次是在操作过程中管好“三门一板”(风门、气门、油门和

烟囱挡板），确保管式炉在合理的过剩空气系数下运转，既不让过剩空气量太大，也不因过剩空气不够而出现不完全燃烧；最后是应做好管式炉的堵漏，因为炼油管式炉几乎都是负压操作，如果看火门、人孔门、弯头箱门等关闭不严或炉墙有泄漏之处，从这些地方漏入炉内的空气一般都不参与燃烧而白白带走热量。

目前，国内焦化炉一般均在辐射室出口设置氧化锆以监测加热炉过剩空气量。正常操作时，氧化锆指示的氧含量应控制在2%～4%。未投用余热回收系统时，炉底气动风门应打开，通过调节每个燃烧器的进风口处蝶阀调节空气用量以控制烟气中氧含量。投用余热回收系统后，炉底气动风门应处于全关位置，每个燃烧器的进风口处蝶阀及各支风道上调节挡板应尽量处于全开位置，其作用为对各炉膛及各燃烧器进风量微调，由空气鼓风机入口挡板开度或鼓风机电机转速控制烟气中氧含量，这样可保证所有风道及空气预热器内的空气正压均达到最小值，从而最大可能减少了空气的泄漏量，减少了热量损失。

☞ 30. 加热炉的负压是怎样产生的？负压对加热炉操作有何影响？

答：由于炉内烟气重度与空气重度存在一定的差别，借助高大的烟囱引起抽力，在此抽力的作用下，使炉内产生负压。负压大小对操作影响很大，负压过大，入炉空气量多，使烟气氧含量增加，降低了炉子的热效率，且炉管氧化加剧；负压过小，空气入炉量过小，导致燃烧不完全，也降低了炉子的热效率，因此要在适当的负压下操作。

☞ 31. 如何控制加热炉的炉膛负压？

答：正常操作时应将炉膛负压（辐射室出口烟气压力）控制在-20Pa左右。未投用余热回收系统时，可通过烟囱调节挡板开度控制该压力，烟囱密封挡板此时为全开状态，烟气由烟囱直接放空。投用余热回收系统后，烟囱密封挡板处于全关位置，烟囱调节挡板应尽量处于全开位置，由烟气引风机入口挡板开度或引风机电机转速控制炉膛负压，烟囱调节挡板仅用于辐射室负压的微调，这样可保证所有烟道及空气预热器内的烟气负压的绝对值均达到最小值，从而最大可能减少空气泄漏到烟气中的量，减少了热量损失。开工初期炉膛负压可控制在-50Pa以内，以便能得到较好的火焰形状，操作正常后应缓慢降低到-20Pa左右，以减少炉膛的漏风量。

☞ 32. 如何减少加热炉的不完全燃烧损失？

答：在排烟损失中，除了物理热损失之外，还有由于不完全燃烧而造成的化学热损失。不完全燃烧除造成热损失、降低热效率外，还会造成大气污染。机械不完全燃烧产生的炭粒还会造成对流室炉管表面积灰，影响传热效果。减少不完全燃烧损失的措施首先是选用性能良好的燃烧器，并及时和定期地维护，使燃烧器长期保持在良好状态下运行，以保证在正常操作范围内能完全燃烧。其次是在操作中精心调节“三门一板”，以保证过剩空气量既不太多，也不太少。

☞ 33. 在瓦斯管线上安装阻火器的目的是什么？

答：不论高压瓦斯或低压瓦斯，在正常操作时，只要在瓦斯管道内不混入空气而瓦斯又有一定压力喷出时，火焰是不会回到瓦斯管道内去的。但在开、停工时，若瓦斯管道内存有空气，或在法兰松动及阀门失效时有空气漏入管内，有可能引起火焰回到管内，并蔓延到整个管网及设备内而引起爆炸，因此，在瓦斯管网上必须装阻火器。在瓦斯管网上一般采用的是多层铜丝网或阻火器，由于铜丝网散热降温，使火焰不至于向另一侧蔓延，也有的采用水封式阻火器。

☞ 34. 加热炉的烟囱有什么作用？

答：加热炉的烟囱有两个作用：一是将烟气排入高空，减少地面的污染；二是当加热炉采用自然通风时，利用烟囱形成的抽力将外界空气吸入炉内供燃料燃烧。

☞ 35. 烟囱为什么会产生抽力？

答：烟囱之所以能够产生抽力，是由于在烟囱内的烟气温度比外界大气的温度高得多，也就是说前者的密度比后者小，这样烟囱内的烟气自然会上升。当烟囱内的烟气向上升时，在其下部会形成负压(抽力)。由于外界空气的压力比炉内高，所以空气就被吸入炉内。

☞ 36. 烟囱的抽力与哪些因素有关？

答：烟囱的抽力与烟囱的高度、烟囱内高温烟气的密度、温度及外界大气的密度、温度有关，关联式如下：

$$\Delta p = 9.8(\rho_{外} - \rho_{内})$$

式中　Δp——烟囱的抽力，Pa；

h——烟囱的高度，m；

$\rho_{外}$——烟囱外部大气的密度，kg/m^3；

$\rho_{内}$——烟囱内部烟气的密度，kg/m^3。

由上式看出：烟囱的抽力 Δp 与烟囱的高度和气体的密度差成正比，烟囱越高，抽力越大；气体密度差越大，抽力也越大。

由于工艺条件的限制，烟气温度变化不会很大。而大气温度则随季节气候而变化，夏季气温高，不利于烟囱的抽力，冬季气温低，有利于烟囱的抽力。在工艺条件不变时，夏季应将烟囱挡板开大些，冬季关小些。

☞ 37. 如何减少烟囱密封挡板处的烟气泄漏？

答：对于下置式余热回收系统来说(如图所示)，炉顶烟囱需要设置一块密封挡板，由于机械设计的限制，此处不可避免存在一定的烟气泄漏问题。密封挡板处的烟气泄漏有可能是自下而上，也可能自上而下，这取决于密封挡板两侧压力的大小，但都会造成热量的损失，从而降低了加热炉热效率。

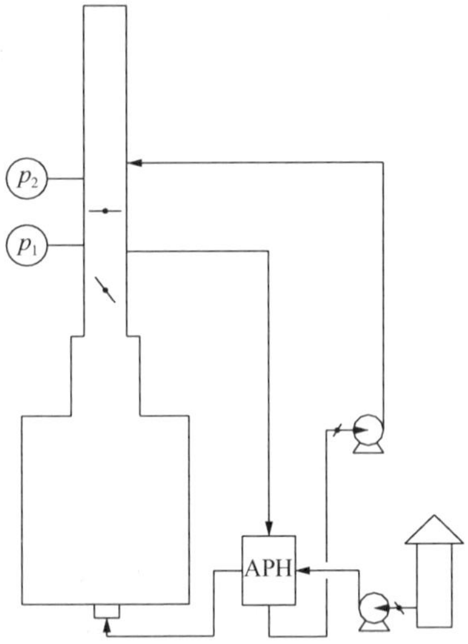

典型下置式回收系统流程图

操作中可通过调节烟气引风机入口挡板开度或引风机电机转速及烟囱调节挡板开度来实现密封挡板两侧的压力基本相同，这样可达到最小的泄漏量，并保证辐射顶部负压在-20Pa 左右操作。当 p_1 大于 p_2 时，烟气由下往上泄漏，造成加热炉排烟温度大于空气预热器烟气出口温度，此时应增大烟气引风机入口挡板开度或引风机电机转速，同时减小烟囱调节挡板开度。当 p_2 大于 p_1 时，烟气由上往下泄漏，造成空气预热器烟气入口温度大大低于对流室出口烟气温度，此时应减小烟气引风机入口挡板开度或引风机电机转速，同时增大烟囱调节挡板开度。

☞ **38. 从加热炉的烟囱排出的烟道气含有哪些成分?**

答: 烟道气的组成有二氧化碳、水蒸气、二氧化硫、氧、氮以及在燃烧不完全时的一氧化碳和氢。

☞ **39. 加热炉的排烟温度是如何确定的?**

答: 加热炉的排烟温度一般是根据入炉管内介质温度来确定。比如介质进入炉子的温度是 250℃时，那么加热炉的排烟温度必须高于 250℃才能将热量传给被加热介质。炉子排烟温度越高，烟气与介质之间的温差越大，则加热炉对流管的尺寸和数量越省，但会降低加热炉的热效率。早期加热炉的排烟温度与入炉介质温度之间的温差大部分都在 100℃以上，随着节能降耗要求的提高，现在此温差不断缩小，特别是采用了钉头管或翅片管后，将该值缩小到 50℃。当加热炉使用余热回收系统时，确定最低排烟温度时还应考虑低温腐蚀的限制。

☞ 40. 加热炉为什么要保证一定的负压，负压过大或过小有何危害？

答：加热炉的负压一般保持在 2~3mmH_2O，其作用是使炉膛内的火焰不会外扑，确保操作安全。如果炉膛负压过大，会造成入炉空气量过大，炉膛内氧含量上升，加热炉热效率下降。如果炉膛负压过小，火焰燃烧质量变差，正压时还会造成火焰外扑，严重影响安全生产。

☞ 41. 加热炉的防爆门有什么作用？

答：加热炉的防爆门是用来保护加热炉设备的。正常操作时加热炉炉膛内为负压，防爆门不发生作用。一旦出现操作不正常，炉膛内突然压力升高或发生爆炸时，防爆门会自动弹开泄压，这样就可以防止炉膛内压力过高，保护炉墙内衬不会因爆炸而脱落或震坏。

☞ 42. 加热炉出现正压的原因有哪些？

答：加热炉出现正压的主要原因有：

① 炉膛充满油气，点火发生爆燃时，炉膛回火并出现正压。

② 炉膛燃烧不好、烟气不能及时排出时，炉膛会出现正压。

③ 加热炉超负荷。

④ 燃料气带油或燃料气入炉量突然增大。

⑤ 烟道挡板开得过小。

⑥ 烟气系统发生故障。

☞ 43. 什么是低温露点腐蚀？它与哪些因素有关？加热炉的什么部位易发生露点腐蚀？

答：燃料在燃烧时，燃料中的氢(H)和氧(O)反应生成水(H_2O)。所以，加热炉的烟气会带有部分的水蒸气。而燃料中的硫(S)在燃烧后生成二氧化硫(SO_2)，其中少量的 SO_2 又会进一步氧化成三氧化硫(SO_3)，三氧化硫与烟气中的水蒸气结合就生成硫酸(H_2SO_4)。含有硫酸蒸气的烟气露点大为升高，当受热面的壁温低于露点时，含有硫酸的蒸气就会在受热面上凝结成含有硫酸的液体，对受热面产生严重腐蚀。因为只有在受热面上结露后才发生这种腐蚀，所以被称为露点腐蚀。加热炉露点温度的高低除与燃料中的硫含量有关外，还与过剩空气系数和三氧化硫的生成量有关。炉膛温度越高、过剩空气越少，则燃烧生成的 SO_2 被氧化成 SO_3 的份额就越小，露点温度也就越低。另外炉管外的黏性积灰、壁温也都会影响露点腐蚀的程度。加热炉的空气预热器及烟道容易发生露点腐蚀。

☞ 44. 如何解决加热炉炉膛温度不均匀？

答：当发现炉膛温度不均匀时，应注意检查调整以下几个内容：

① 检查并保持加热炉各路进料量一致；

② 检查并保持各燃烧器燃料状况一致；

③ 检查并保持各路注水(汽)量一致；

④ 经常检查校验各路热电偶指示是否准确，出口温度是否一致。

☞ 45. 如何判断炉膛内燃烧是否正常?

答: 判断炉膛燃烧情况可以用肉眼观察和仪表数据分析。如果炉膛内燃烧良好，那么肉眼应观察到炉膛明亮，瓦斯火焰呈蓝白色；各火嘴火焰大小一致，互不干扰；多火嘴、短火焰，齐火苗火焰不直扑炉管；烟囱不冒黑烟。而从仪表数据可以看到炉膛及炉管表面各点温度均匀，不超标；各路出口温度一致，控制平稳；烟气出口温度平稳，炉膛内氧含量不超标。

☞ 46. 加热炉在哪种情况下火焰可以高些、硬些？哪种情况下火焰可以软些?

答: 加热炉在正常情况下应该保持多火嘴、短火焰、齐火苗。但在满负荷时火焰可以控制得相对硬些、高些，以消除二次燃烧。而在开工点火、增加火嘴以及燃料气压力大幅波动情况下，火焰要烧得软一些。

☞ 47. 如何从火焰的外观来判断燃烧的好坏?

答: 在正常的燃烧情况下，火焰的颜色应一致，瓦斯火焰颜色呈蓝色，燃料油火焰呈杏黄色，火焰高度适当。燃烧不正常会呈现以下几种现象：

① 空气量过小时，火焰四散飘软无力，有时会冒黑烟；

② 瓦斯带水，则容易灭火，且有火星；

③ 瓦斯带油，会冒黑烟；

④ 空气量过大易造成脱火。

☞ 48. 火焰调节的方法是什么?

答: 当火焰呈黄红色，飘散且大，炉膛发暗时，可能是因瓦斯量过大，空气和雾化蒸汽量小，应当减少瓦斯量，加大风量或雾化蒸汽量。当火焰发白，过短、跳动不稳时，可能是瓦斯量小，空气和配汽量过大，应加大瓦斯量，减少风量或配汽量，适当关小烟道挡板。当火焰偏斜时，其原因可能是瓦斯、风偏向一侧，配汽量太大，形成抽力，火嘴安装不正，应减少偏向一侧的瓦斯、风或配汽量，调整火嘴角度或垂直度。当火焰长、软、呈红色，炉膛不明，冒黑烟，炉膛温度上升时，其原因可能是瓦斯严重带油，应加强瓦斯脱油。

☞ 49. 什么样的加热炉需要烘炉?

答: 凡是新建的加热炉，而且炉墙采用的是耐火砖，或者是轻质耐热混凝土衬里的均要进行烘炉；如果旧炉子的炉墙进行了大面积的修补，修补所用的材料仍是耐火砖或者是轻质耐热混凝土衬里的，也要进行烘炉。新建加热炉的全部炉墙或者旧炉子的炉墙，所用材料为陶纤毡的，不必进行烘炉。

☞ 50. 加热炉烘炉应如何进行?

答:虽然各装置的加热炉在尺寸、形式上都不尽相同,但烘炉的大致步骤都相同,主要是:

① 烘炉前应先打开全部人孔、看火门、防爆门,开启烟囱挡板自然通风达到要求后,然后开始点火烘炉。

② 开始烘炉时,烟囱挡板开启 1/3 左右,待炉膛内温度升高抽力增加时,再稍开烟囱挡板。

③ 炉管内通入蒸汽开始暖炉,当炉膛温度升到 130℃时,即可点燃火嘴,继续烘炉。

④ 烘炉时应尽量采用瓦斯燃料,火嘴应对角点火。

⑤ 在烘炉过程中温度均匀上升,升温和降温速度应按烘炉曲线进行,并经常观察炉墙情况。

⑥ 在烘炉过程中应做好记录,烘炉后应画出实际烘炉曲线,并与设计烘炉曲线相比较。

⑦ 炉膛以 20℃/h 的速度降温。当炉膛温度降到 250℃时,熄火焖炉降到 100℃时进行自然通风。

⑧ 烘炉完毕后应对炉子进行全面检查,如发现缺陷等应进行处理。衬里的裂纹宽度大于 3mm、深度超过 5mm 的应进行修补,有空洞和钢板分离者应彻底修补。

☞ 51. 在加热炉烘炉曲线上 150℃、350℃ 和 500℃ 恒温的目的是什么?

答:150℃恒温的目的是脱除自然水,350℃恒温的目的是脱除结晶水,500℃恒温的目的是烧结炉墙。

☞ 52. 加热炉点火如何进行操作?

答:加热炉点火是加热炉操作中较为重要的一项内容,其主要步骤有:

① 对炉管进行试压,检查炉管堵头、胀口、法兰、热电偶等有无泄漏。清扫炉膛、检查火嘴、耐火砖、烟囱等,保证设备处于良好状态。

② 瓦斯管线试压,检查火嘴、阀门、风门是否好用。关闭瓦斯阀、加热炉人孔、防爆门、看火孔等,装好瓦斯阻火器。调节烟道挡板开度,开大约 1/3。

③ 搞好炉区卫生,消防蒸汽处于备用状态。

④ 分析瓦斯组成,当氧含量小于 1%(体积)时即可引瓦斯至炉前点小火炬,投用瓦斯罐伴热,并加强瓦斯罐脱水排凝。待火焰燃烧稳定后,可以关闭小火炬,准备好点火棒和点火柴油。

⑤ 向炉膛吹汽,至烟囱见汽 15~20min,炉膛采样分析合格。

⑥ 引瓦斯至火嘴前第一道阀门，为防止回火，调节好阀后瓦斯压力。

⑦ 点着并调整好长明灯。

⑧ 把点火棒点燃放进点火孔，慢慢开大火嘴前阀门，点燃瓦斯，调节好火焰。

⑨ 一旦点火不成功，炉膛应重新吹汽，再按点火步骤进行点火。

53. 烟道挡板的调节方法是什么？

答：烟道挡板在调节时要掌握好两个原则，一是要保持适当的烟气温度，同时配合风门调节控制好炉膛氧含量；另一个就是要保持炉膛的正常负压。炉膛负压值太大，应关小烟道挡板。火焰燃烧不好，排烟温度过低、过剩空气系数太小，应开大烟道挡板。

54. 如何控制加热炉的氧含量？

答：影响炉膛氧含量的因素有入炉的风量及燃料耗氧量，因此在调整时注意控制好烟道挡板和风门的开度，调整好火嘴的燃烧情况。一般加热炉都设有在线的氧含量分析仪，操作中可以根据测定来调节。如果氧含量过高，可适当降低入炉风量或关小烟道挡板，如果过低可以提高入炉风量、开大烟道挡板。但是无论怎样调节，都要注意炉膛负压和烟气温度的变化，避免造成其他参数的波动。

55. 什么是加热炉低氧燃烧技术？

答：加热炉低氧燃烧技术主要是利用激光测量原理，直接快速测量烟气中的CO含量，采用先进的控制策略，优化控制加热炉配风量和炉膛负压，以O_2和CO同时作为加热炉过剩空气系数的主控变量，合理控制加热炉的过剩空气系数，使加热炉在低氧状态下(0.5%~1.5%)火嘴始终处于最佳燃烧状态。加热炉使用低氧燃烧技术后，平均热效率通常能提高0.5%，从而能达到最大的热效率和最小的燃料消耗。

56. 加热炉低氧燃烧技术的控制策略是什么？

答：加热炉低氧燃烧技术采用以下技术方案：在实现工艺介质出口温度稳定的前提下，以工艺介质的压力、流量、温度、燃料量、辐射室顶部负压、烟气CO含量、O_2含量、加工物料流量、燃料流量、瓦斯密度和排烟温度等多种参数作为检测和控制对象，设定多项控制策略，动态优选、记忆最佳控制路线和最优控制参数的组合，最终达到加热炉燃料消耗量降低。低氧燃烧控制技术，以烟气CO含量作为主控变量，有效克服了传统方式下以烟气O_2含量控制的弊端，控制策略见下页图。

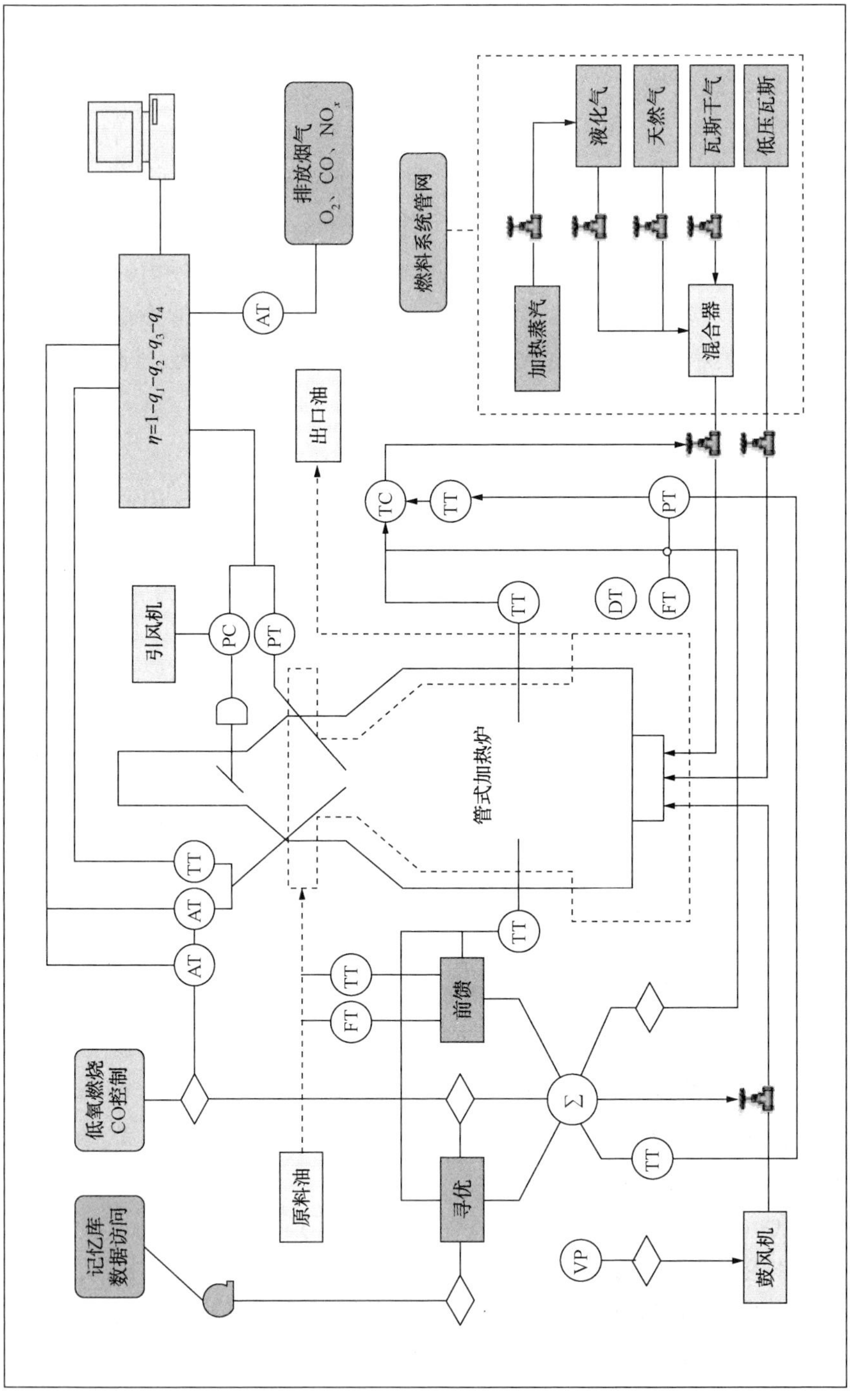
排放烟气
O2、CO、NOx
燃料系统管网
液化气
天然气
瓦斯干气
低压瓦斯
加热蒸汽
混合器
η=1-q1-q2-q3-q4
出口油
引风机
管式加热炉
原料油
前馈
寻优
鼓风机
低氧燃烧
CO控制
记忆库
数据访问
AT
TT
PT
PC
TC
FT
DT
VP
Σ

☞ **57. 加热炉低氧燃烧系统由几部分组成?**

答: 加热炉低氧燃烧系统的软件、硬件一般由供应商配套供应，包括介质工艺参数监测、烟道在线CO分析仪、加热炉低氧燃烧系统工作站、低氧燃烧控制策略软件、与DCS通信卡组件。

☞ **58. 加热炉低氧燃烧系统有几层安全运行保障?**

答: ①低氧燃烧控制系统和DCS系统是既有联系又相对独立的两个系统。优化控制系统在调试时可能会出现一些波动，在调试和投运中出现任何问题，都可以随时紧急切回到DCS系统，并保持现场阀位不变;

② 低氧燃烧控制系统投入和退出运行做到无扰动切换;

③ 低氧燃烧控制系统输出阀位和变频信号，不直接控制现场执行机构，而是通过附加信号甄别环节，任何超过允许调节幅度的可疑阀位和变频信号值，均无法输出至现场执行机构;

④ 低氧燃烧的控制系统和DCS操作站完全整合在一起，DCS操作站始终处于主导地位，优先于低氧燃烧控制系统，如果出现任何情况，可以通过DCS操作站及时进行处理。

☞ **59. 如何投用加热炉引风机?**

答: 启动风机前首先应对风机各部件进行检查并加好润滑油，盘车正常后即可启动风机。启动时先打开风机的入口调节阀和各火嘴风门，按启动电钮，注意电流、转速正常后，再将风机入口调节阀调到正常位置。

☞ **60. 如何投用加热炉注水(汽)?**

答: 投用加热炉注水时应首先改好注水流程，打开注水分支的放空阀;启动注水泵、注水管放空;启用注水流控，控制分支流量均匀正常;缓慢关闭放空憋压;当注水压力大于辐射炉管压力时，慢慢开大注水阀，关闭放空阀。注水量通常是根据辐射量来确定的，一般来说注水量为辐射量的1%~2%，辐射量越大，注水的比例越小。投用注汽时应先改好注汽流程，排净蒸汽线中的凝结水;打开注汽阀、蒸汽放空;启用注汽流控，控制分支流量均匀正常;缓慢关闭放空憋压;当注汽压力大于辐射压力时，慢慢开大注汽阀门，关闭放空阀。

☞ **61. 加热炉吹灰器有哪几种形式?**

答: 吹灰器主要用于对流室采用钉头管或翅片管的部位。加热炉常用的吹灰器有固定回转式和可伸缩喷枪式两种，前者又分为手动和电(或气)动两种。固定回转式吹灰器伸入炉内，吹灰时可利用手动装置使链轮回转，或开动电动机机械或风动马达使之回转，在炉外装有阀门和传动机构。吹灰器的吹灰管穿过炉墙设有防止空气漏入炉内的密封装置。这种吹灰器结构较简单，但由于吹灰管长期在炉内，管子易损坏，蒸汽喷孔易于堵塞，故不如伸缩式好用。

可伸缩式吹灰器的结构比固定回转式复杂，它的喷枪只在吹灰时才伸入炉内，吹毕又自行退出，故不易烧坏。这种吹灰器一般在高温烟气区使用。现使用声波吹灰器基本上消除了上述两种吹灰器存在的缺点，具有吹灰操作易控制、吹灰设备维护方便等特点。

☞ 62. 加热炉试压过程中有哪些要求？

答：加热炉试压主要是检验炉管的质量以及各密封面的强度。试压的介质一般为新鲜水，试压过程中要逐步提高压力，每次提压后要维持 5min。对弯头、法兰垫片、焊口进行全面检查，没有问题后方可继续升压。当达到试压标准后必须维持 10~15min，压力基本不降方为合格。

☞ 63. 加热炉中过热蒸汽管线的作用是什么？

答：从汽包中发出的蒸汽是饱和蒸汽，其温度较低，如果将其直接送入系统管网会因温度下降析出大量冷凝水，在管线中造成水击。因此需要将其引入加热炉对流段过热蒸汽管线，经对流烟气加热可使蒸汽变为过热蒸汽，才能够并入系统管网。

☞ 64. 什么叫水蒸气的汽化、蒸发、沸腾、凝结？

答：由液体转为蒸汽的过程，称为汽化。在液体表面进行的汽化过程，称为蒸发。当向液体传入热量时，液体的温度升高，同时蒸发的强度增大。在一定的温度下，汽化开始在液体的表面和内部同时发生，此温度随液体的性质和压力而定。这种液体内部发生气泡的剧烈汽化过程称为沸腾。从蒸汽放出热量，蒸汽转变为液体的过程，叫凝结过程。凝结是汽化的逆过程，凝结生成的液体称为冷凝液。

☞ 65. 什么是饱和蒸汽？

答：蒸汽与液体的质量保持不变，气、液两态达到平衡，在单位时间内逸出液面与回到液体的分子数相等，这种状态称饱和状态。这时蒸汽和液体的压力称为饱和压力，温度为饱和温度。饱和蒸汽是蒸汽与液体处于平衡状态时的蒸汽。

☞ 66. 什么是过热蒸汽？

答：当蒸汽的温度高于其压力所对应的饱和温度时，就称过热蒸汽。过热蒸汽的温度与其压力所对应的饱和温度之差称为“过热度”。过热蒸汽的过热度越高，它越接近气体。

☞ 67. 刮风或下大雨时加热炉操作应注意什么？

答：如刮风小，对加热炉操作影响不大。但刮风大时，必须适当关小烟道挡板和风门，避免风大致烟囱抽力过大，加热炉容易熄火，影响加热炉平稳操作。下大雨时，气压低，烟囱抽力受影响，必须适当开大烟道挡板，增加烟囱抽力，保证加热炉运行正常。

三、焦炭塔系统

☞ 1. 焦炭塔的作用是什么？

答：焦炭塔并不是真正意义上的塔，它实际上是反应器，但其内部结构比较简单，就是一个大的容器。焦炭塔为原料渣油提供了焦化反应的场所，同时储存了反应的固体产物——焦炭。

☞ 2. 什么是新塔、老塔、生产塔？

答：所谓新塔指的是经过除焦，还未进料生产的空塔；老塔是指已完成进料生产正在冷焦或待除焦的焦炭塔；生产塔就是指正在进料(辐射油)的焦炭塔。

☞ 3. 什么是四通阀？

答：四通阀是焦炭塔底进料管线中的一个阀门。普通阀门只有二个联接口，但四通阀有四个联接口，分别是辐射油进二个焦炭塔底的入口、辐射油自加热炉来和去开工线。正常生产时，四通阀只有三个联接口在工作，即辐射油进二个焦炭塔底的入口和辐射油自加热炉来。当开停工和事故处理时，才会将渣油从辐射油自加热炉来送至开工线。四通阀是焦化装置中非常重要的设备之一。

☞ 4. 焦炭塔的生产过程是怎样的？

答：从加热炉辐射室来的500℃渣油，经四通阀进入焦炭塔底部。在高温、长停留时间的作用下，原料油在焦炭塔内经过一系列复杂的热裂解和缩合反应，生成焦炭和油气。高温油气自焦炭塔顶逸出去分馏塔，焦炭在塔内沉积，当焦炭高度达到规定要求后，焦炭塔停止进料，渣油切换至另一焦炭塔生焦。四通阀切换后，老塔先进行小吹汽，用蒸汽从塔底吹入，将油气赶入分馏塔。然后，将焦炭塔顶油气改去放空塔，进行大吹汽，大吹汽的蒸汽量比小吹汽要大。大吹汽结束后，焦炭塔进行给水，流程不变。待焦炭塔顶温度达到要求时，改为溢流，将塔顶改去冷焦水热水罐(池)。

下表以一炉二塔规模，24h生焦周期为例，表示了焦炭塔生产的各操作步骤和时间。

时间	主要操作内容	备　注
第一天　13：00	1#焦炭塔赶空气、试压、预热	2#焦炭塔生产
第一天　18：00	翻四通，进料由2#焦炭塔切至1#焦炭塔	1#焦炭塔底温应达到要求
	2#焦炭塔小吹汽	1#焦炭塔生产
第一天　19：30	投用放空塔系统，2#焦炭塔大吹汽	1#焦炭塔生产

续表

时间	主要操作内容	备　注
第一天　21：00	停用放空塔系统，2#焦炭塔给水	1#焦炭塔生产
第一天　23：00	2#焦炭塔改溢流	1#焦炭塔生产
第二天　2：00	2#焦炭塔放水	1#焦炭塔生产，2#焦炭塔顶温应达到规定要求
第二天　7：00	2#焦炭塔除焦	1#焦炭塔生产
第二天　13：00	2#焦炭塔赶空气、试压、预热	1#焦炭塔生产
第二天　18：00	翻四通，进料由1#焦炭塔切至2#焦炭塔	2#焦炭塔底温应达到要求

☞ 5. 焦炭塔的操作要点有哪些？

答：焦炭塔需要进行操作的步骤主要集中在换塔、冷焦及试压预热阶段，生焦时只需加强检查，因此操作时要注意：

① 根据焦炭塔的生产周期，按时做好翻四通、吹汽、给水、试压赶空气及预热等操作。

② 注意焦炭塔压力、温度变化，不能超过工艺指标规定。

③ 预热、翻四通后加强检查，防止设备、管线、法兰泄漏着火，搞好安全生产。

④ 控制好冷切焦水池(罐)的水位、水温，及时隔油保持水质。

⑤ 搞好甩油泵(又称拿油泵)的正常操作与维护，控制好放空塔液位、回流量。

⑥ 搞好冷焦水系统所属设备的管理与日常维护。

☞ 6. 焦炭塔如何进行赶空气？

答：焦炭塔赶空气的目的是要将塔中的空气置换掉，防止瓦斯放入后在塔内形成爆炸性气体，具体的步骤是：

① 通知班长、内操，新塔开始赶空气、试压。

② 检查新塔上下塔盖和进料线的法兰是否上紧。

③ 打开呼吸阀，改好给汽流程：塔底操作平台(给汽)→新塔底→新塔顶→大油气线操作平台呼吸阀放空。

④ 缓慢打开塔底操作平台给汽阀，赶尽新塔内的空气，以放空阀处见大量白色蒸汽后，持续10~15min为好。

☞ 7. 焦炭塔如何进行试压？

答：焦炭塔试压的目的是测试设备的密封性，由于经过除焦步骤后焦炭塔的顶、底盖都已卸开过，设备的密封性不能保证，因此在再次生焦前需要对焦炭塔的密封性进行检验。试压的具体步骤是：

① 新塔空气赶尽后，关闭大油气线操作平台呼吸阀。

② 给汽达到试压压力后，保持 5min 左右进行设备管线检查，重点检查塔底及短节、法兰和顶盖。如果发现有泄漏应立即泄压，对泄漏处进行处理后重新试压。

③ 检查没有问题后，打开呼吸阀，在塔底操作平台泄压阀处进行泄压、脱水。

④ 待新塔底压力降至规定压力时，关闭放空阀、脱水阀，维持塔内微正压。

☞ **8. 焦炭塔如何进行预热？**

答：加热炉辐射出口入焦炭塔的渣油温度在 500℃左右，而焦炭塔经过试压后，本身的温度比常温只略高一些，如果渣油直接进入焦炭塔，势必会因为温差过高而引起设备的损坏、泄漏，甚至着火，因此需要用高温瓦斯对焦炭塔进行预热。

预热分为两个阶段，首先是放瓦斯。放瓦斯时要先检查确认新塔存水已放尽；然后缓慢打开新塔去分馏塔的隔离阀，将老塔油气引入新塔，并注意新塔压力上升情况。当新塔引入瓦斯后，可逐步开大隔离阀，但必须注意老塔压力下降的数值不能超过要求，以防止去分馏塔的油气量下降太快。瓦斯放入后，就要进行瓦斯循环。瓦斯循环的步骤是：待新老塔压力基本平衡后，改好瓦斯循环流程，缓慢打开新塔瓦斯循环线阀。为防止甩油带水，引起分馏塔系统操作波动，当甩油罐底温度升至 150℃前，可将瓦斯先改去放空塔，并注意检查老塔压力变化，循环线是否畅通，防止憋压。根据新塔及甩油罐气相温度上升情况，当甩油罐底温度超过 150℃后，油气改去分馏塔，但应注意老塔压力，严防安全阀超压起跳。瓦斯循环时，应保持分馏塔油气入口温度 400℃以上，保持分馏塔底温度不低于 350℃，对流量不下降，加热炉不超负荷。瓦斯循环过程中，还应注意检查新塔顶盖、底盖、进料线法兰有无泄漏，必要时应热紧。瓦斯预热后，视甩油罐液位，进行新塔甩油。甩油前改好流程，甩油量要适当，控制好甩油泵的运行速度，并在换塔前将甩油罐存油拿尽，保证新塔顶、底温度达到规定要求。

☞ **9. 焦炭塔换塔的条件有哪些？**

答：由于设计不同，各装置换塔时，新塔顶底温度略有不同，但一般都要求新塔底与辐射出口的温差应小于 150℃。同时确认甩油罐内油已拿尽、四通阀正常、放空塔回流泵正常运转，检查整个装置运行平稳，消防设施工具齐全后，就可以开始换塔。

☞ **10. 焦炭塔如何进行换塔操作？**

答：焦炭塔一个生焦周期结束后，需要将加热炉的进料切至另一个新塔进行生焦。换塔的主要步骤是首先关闭甩油罐去分馏塔阀门，关闭焦炭塔底去甩油罐甩油隔断阀，待切换四通阀后，对甩油泵出入口管线进行扫线。其次打开新塔底进料阀，给汽向新塔贯通吹扫，检查新塔进料管线是否畅通。最后切换四通阀至新塔进料线，检查转油线压力及辐射进料有无异常情况。切换四通阀后，及时对进料管线进行扫线，并做好老塔小吹汽工作。

☞ 11. 焦炭塔换塔时应注意什么？

答：换塔是焦炭塔操作中最为重要的步骤，需要内外操密切配合。外操在换塔时应记好四通阀应该转动的方向，切换时注意转油线压力变化，内操注意辐射压力及流量的变化，一旦憋压，外操应迅速切回老塔，查明憋压原因。切换后检查焦炭塔有无冲塔现象，然后外操进行消泡剂、急冷油等的切换操作。

☞ 12. 焦炭塔换塔后，应如何对老塔进行处理？

答：焦炭塔切换后，在除焦前老塔还需要进行冷焦处理，具体步骤有：

① 小吹汽。换塔后应立即引蒸汽向老塔小吹汽以赶尽老塔内油气。小吹汽时间根据塔顶变化确定，吹汽量不要过大，以防焦炭塔内气速过大，将泡沫层带入分馏塔。

② 大吹汽。按正常切换顺序，一边打开老塔去放空塔放空阀，一边关闭老塔去分馏塔隔离阀，同时防止老塔超压，注意放空塔系统的操作。

③ 给水冷焦。首先改好给水流程，启动给水泵，调整配汽量，逐渐关闭给汽阀。开始冷焦时，给水量应控制少些，并视塔压下降情况，逐渐开大给水量。当老塔水满前，将出口由去放空塔改去溢流，即打开老塔溢流阀，关闭放空阀，严禁水进入放空塔。当塔顶出口温度达到要求后，就可以停冷焦水泵准备放水。

④ 放水。放水前应先打开呼吸阀，由塔底操作平台放水阀进行放水。如放水不畅，应用蒸汽贯通处理。放水时，注意老塔底压力变化，可先缓慢放水，待水位降至焦层以下后，可加快放水但要防止焦块带下。

⑤ 交除焦。向除焦班交清老塔情况，底盖卸开后，用蒸汽贯通老塔进料线。

☞ 13. 如何进行消泡剂切换操作？

答：焦炭塔切换后，老塔进入冷焦阶段，因此消泡剂、排水污泥等就需要切换到新塔中。切换的时间可根据各装置生产情况具体确定，一般来说换塔后并不是立即将消泡剂切换到新塔。因为新塔此时刚生产，焦层不高，也不会有泡沫层带至分馏塔，而老塔的焦层却很高，并且正在小吹汽，泡沫层还会带至分馏塔，所以还要向老塔注入一段时间的消泡剂。切换的具体步骤是首先打开生产焦炭塔顶消泡剂注入阀，改好流程并确认后，再启动消泡剂泵，防止憋压。如果消泡剂不是由焦炭塔顶注入，而是由加热炉辐射出口处注入，就无须进行消泡剂的切换了。

☞ **14. 手动四通阀如何进行切换操作?**

答：手动四通阀是各装置普遍使用的一种四通阀，这种四通阀的切换旋转角度为90°，切换的具体步骤如下：

① 确认流程：打开进料阀，关闭甩油阀。

② 检查：通汽检查进料线和进料阀是否畅通无阻。

③ 通过对讲机与内操联系，即将开始四通阀切换操作。

④ 松动四通阀螺栓(顺时针)活动旋塞，看箭头方向快速切换到新塔进料，参看炉出口压力无异常上升后紧好螺套。

⑤ 吹扫：吹扫老塔四通阀后线，并关闭进料阀。

⑥ 小吹汽：关闭进料阀同时打开立管阀，给上小吹汽。

☞ **15. 电动四通阀如何进行切换操作?**

答：为提高劳动效率、降低劳动强度，近年来新设计的焦化装置大部分都采用了电动四通阀，国内使用较多的是威兰公司的产品，其具体操作步骤是：

A. 启动控制面板。控制面板在送电后即启动，这时控制面板上POWER ON指示灯和部分阀门状态指示灯会亮，表明四通阀和底进料阀处于电动状态。如果需要手动操作四通阀或底进料阀，首先要按下STOP按钮，确认除POWER ON以外的指示灯熄灭后才能扳动电动头上的切换手柄，进行手动操作。若要再次送电，需要按动RESTART按钮，此时POWER ON灯和部分阀门状态指示灯亮，表示控制面板送电，可以进行控制。

B. 两塔切换操作：

① 保证预热温度达到切换条件。

② 按新塔底进料的OPEN按钮，现场确认底进料阀动作正确。

③ 当新塔底进料指示灯(VALVE OPEN)亮时，表示该阀已全开。现场确认后按新塔底进料阀的STOP按钮，阀门停止。此时四通阀的自保联锁装置解锁。

④ 打开新塔底进料吹扫蒸汽阀进行吹扫进料线，确认畅通后关闭吹扫蒸汽阀。

⑤ 按控制面板上的老塔到新塔按钮，四通阀开始切换。这时必须密切注意辐射出口总线的压力指示，发现异常立即按STOP按钮，然后手动切回老塔，查找并消除原因后重新进行切换。

⑥ 当切换到位后，老塔指示灯熄灭、新塔指示灯亮。

⑦ 打开老塔底进料吹扫阀，将渣油吹入老塔，确认吹扫完毕后，打开小吹汽阀，同时关闭底进料吹扫阀。然后按老塔底进料阀CLOSE按钮，现场确认阀门动作正确。

⑧ 当老塔底进料阀的VALVE指示灯亮，表示该阀全关。现场确认后按该阀控制区的STOP按钮。

⑨ 切换完成，可进行正常的冷焦作业。

C. 焦炭塔切换到开工线操作：

① 由于正常生产时不需要切换至开工线，因此焦炭塔与开工线之间的切换功能是被锁定的。这时的状态是 BYPASS OFF/ON 锁的位置是指向 OFF 状态的，所有的关于 BYPASS(开工线)的操作都是无效的。如果要进行关于 BYPASS 的操作，必须用钥匙将 BYPASS OFF/ON 锁的状态指向 ON 状态。

② 确认 BYPASS OFF/ON 锁的状态处于 ON 状态，否则需要进行转换。

③ 打开开工线相关阀门，确认开工线畅通。

④ 按动按钮，开始切换操作，现场检查四通阀动作是否正确。

⑤ 当 BYPASS 指示灯亮后表示切换到位，现场确认四通阀是否到位。

☞ 16. 焦炭塔一个生产周期包括哪些步骤？

答： 焦炭塔一个生产周期由翻四通、小吹汽、大吹汽、小给水、大给水、溢流、放水、除焦、赶空气、预热及生焦等步骤组成。现国内各厂家都逐步用小给水代替大吹汽，以达到节能和快速冷焦的效果。

☞ 17. 焦炭塔缩短生焦周期后应如何安排各步骤的生产时间？

答： 目前各焦化装置都需要提高加工量，因此采取缩短生焦周期的装置也较多，在安排缩短后的生产周期时应注意以下几点：

① 保证足够的预热时间，确保切塔时新塔的塔底温度达到要求。

② 安排放水时间时应注意若焦炭塔顶温度过高时应留出一定的泡焦时间。

③ 在两炉以上的焦化装置，应防止两个焦炭塔同时大吹汽或给水，避免放空塔超负荷。

④ 吹汽应保持一定的时间，防止焦炭中挥发分超标或去分馏的油气量过小。

⑤ 保持一定的给水时间，防止焦炭温度过高。

☞ 18. 急冷油的作用是什么？

答： 急冷油的作用主要是控制焦炭塔顶温度。一般的焦化装置其焦炭塔顶的温度都要控制在 430℃ 以下，目的是防止油气线结焦。而在生产的焦炭塔其顶温远高于这一温度，因此需要在塔顶注入急冷油，降低塔顶油气的温度。急冷油的介质多为蜡油，也可使用装置污油作为急冷油。焦炭塔顶的急冷油的注入应设置分布口，使注入分布均匀，防止偏流，否则会影响急冷效果，造成油气线结焦。

四、放空塔系统

☞ 1. 放空塔系统的作用是什么？

答： ①放空塔系统也叫接触冷却系统，主要作用是将焦炭塔大吹汽吹出的蒸汽、油气混合物进行接触冷却分离，回收其中的油组分，将不凝气送入低瓦系统或压缩机入口进行回收。

② 焦炭塔或加热炉事故状态需要紧急放空时，将这部分物料冷却回收。

③ 回收加热炉停、并炉时产生的污油及机泵检修时产生的污油，并进行回炼。

☞ 2. 焦炭塔新塔预热时，放空塔系统应如何操作？

答：焦炭塔预热时，在新塔放瓦斯后，就要开甩油泵开始甩油。甩油时控制好放空塔底的温度。甩油罐顶的油气进放空塔后，塔底液位会迅速升高，这时应调节回流量。当塔底液位超指标时，可将部分污油送出至污油罐，或送至焦炭塔顶作为急冷油回炼。甩油罐顶放空改去分馏后，控制塔底液位进行打回流循环操作。油水分离罐液位达到规定值时，可启动污油泵，将凝缩油返回放空塔。

☞ 3. 焦炭塔老塔处理时，放空塔系统应如何操作？

答：焦炭塔老塔的处理主要是吹汽和给水。老塔开始大吹汽前，先启动空冷风机，再启动污油泵，控制好放空塔油水分离罐液位。油气入放空塔后，调节好回流量，塔顶温度不得超过工艺指标规定。焦炭塔大给水结束改溢流后，停用空冷风机。保持塔底液位，继续打循环。污油泵停泵后应扫线，冬季还要做好系统的防冻防凝工作。

☞ 4. 焦炭塔或加热炉紧急放空时，放空塔系统应如何操作？

答：当装置出现紧急情况时，焦炭塔顶或加热炉的对流出口会向放空塔放空，此时放空塔需要立即开启，对介质进行冷却。具体步骤如下：

① 焦炭塔的紧急放空。焦炭塔进行紧急放空时应加大污油回流量，投运全部空冷风机，开大放空塔水冷器循环水量。联系调度增加向火炬的瓦斯排量。根据油水分离罐液位变化，开启污油泵。

② 加热炉的紧急放空。加热炉进行紧急放空时应加大放空塔污油回流量，塔底泵加速向装置外甩油。控制放空塔底冷却器冷却后温度不要过工艺指标规定。

五、分馏塔系统

☞ 1. 什么叫泡点？

答：泡点温度是在恒压条件下加热液体混合物，当液体混合物开始汽化出现第一个气泡的温度。泡点压力是在恒温条件下逐步降低系统压力，当液体混合物开始出现汽化第一个气泡的压力。

☞ **2. 什么叫露点？**

答： 露点温度是在恒压条件下冷却气体混合物，当气体混合物开始冷凝出现第一个液滴的温度。露点压力是在恒温条件下压缩气体混合物，当气体混合物开始冷凝出现第一个液滴的压力。

☞ **3. 什么是空塔气速？**

答： 空塔气速通常指在操作条件下通过塔器横截面的气体线速度(m/s)。由气体体积流量除以塔器横截面积而得，即等于塔器单位截面上通过的蒸汽负荷，是衡量塔器负荷的一项重要数据。板式塔的允许空塔气速要受过量雾沫夹带、塔板开孔率和适宜孔速度等的控制。一般以雾沫夹带作为控制因素来确定板式塔的最大允许空塔气速，此值应保持既不引起过量的雾沫夹带，又能使塔上有良好的气液接触。

☞ **4. 什么是液相负荷？**

答： 液相负荷又称液体负荷，对有降液管的板式塔来说，是指横流经过塔板，溢流过堰板，落入降液管中的液体体积流量(m^3/h 或 m^3/s)，也是上下塔板间的内回流量，是考察塔板流体力学状态和操作稳定性的基本参数之一。液相负荷过大，在塔板上因阻力大而形成进出塔板堰间液位落差大，造成鼓泡不匀及蒸汽压降过大，在降液管内引起液泛，此时液相负荷再加大，即引起淹塔，塔板失去分馏效果。塔内的板面布置、液流长度、堰板尺寸、降液管型式、管内液体停留时间、流速、压降和清液层高度等都影响塔内稳定操作下的液相负荷。

☞ **5. 什么是液面落差？**

答： 液面落差又称液面梯度，指液体横流过带溢流塔板时，为克服塔板上阻力所形成的液面差。液面落差过大，会导致上升蒸汽分配不匀，液体不均衡泄漏或倾流现象，使气液接触不良，塔板效率降低，操作紊乱。泡罩塔板的液面落差最大，喷射型塔板最小，筛板和浮阀塔板液面落差只在塔径较大或液相负荷大时才增大。

☞ **6. 什么是清液高度？**

答： 清液是指塔板上不充气的液体。清液高度是塔板上或降液管内不考虑存在泡沫时的液层高度。用以衡量和考核气液接触程度、塔板气相压降，并可用它的 2~2.5 倍作为液泛或过量雾沫夹带极限条件。塔板上的清液高度是出口堰高+平均板上液位落差。降液管内清液高度是由管内外压力平衡所决定，包括板上清液压头、降液管阻力头及两板间气相压降头。

☞ **7. 什么叫冲塔、淹塔、泄漏和干板？**

答： 由于气相负荷过大，使塔内重质组分携带到塔的顶部，从而造成产品不合格，这种现象称为冲塔。由于液体负荷过大，液体充满了整个降液管，而使上下塔板液体连成一体，分馏效果完全被破坏，这种现象称为淹塔。当处理量太小时，塔内的气速很低，大量液体由于重力作用，便从阀孔或舌孔漏下，这种情况称为泄漏。塔盘无液体存在时称干板，干板状态下塔盘不具备精馏作用。

☞ 8. 什么是雾沫夹带？它与哪些因素有关？

答：在板式分馏塔中，塔内上升蒸汽穿过塔板上的液层鼓泡而出时，由于上升蒸汽有着一定的动能，于是夹带一部分液体雾滴向上运动，当液体雾滴在重力能克服气流动能时，则返回到塔板上，但当气流上升的动能大于液滴本身的重力时，则被带到上一层塔板，这种现象称为雾沫夹带。雾沫夹带的多少，对分馏影响很大，雾沫夹带会使低挥发度液体进入挥发度较高的液体内，降低塔板效率。一般规定雾沫夹带量为10%(0.1kg/kg 蒸汽)，以此来确定蒸汽负荷上限，并确定所需塔径。影响雾沫夹带量的因素有蒸汽垂直方向速度、塔板型式、板间距和液体表面张力等。

☞ 9. 塔顶回流起什么作用？

答：塔顶回流在于建立起精馏的必要条件并维持全塔的热平衡，也就是说它起着两个作用：一是提供了精馏段从塔顶到进料口的每一块塔板上的液相回流，与逐板上升的气相接触，创造气液两相之间传热传质的条件；二是取走了塔内过剩热量，维持了塔内各点的热平衡。

☞ 10. 什么叫回流比？它的大小对精馏操作有何影响？

答：回流比是指回流量 L_0 与塔顶产品 D 之比，即：$R=L_0/D$。回流比的大小是根据各组分分离的难易程度(即相对挥发度的大小)以及对产品质量的要求而定。在生产过程中精馏塔内的塔板数或理论塔板数是一定的，增加回流比会使塔顶轻组分浓度增加、质量变好。对于塔顶、塔底分别得到一个产品的简单塔，在增加回流比的同时要注意增加塔底重沸器的蒸发量，而对于有多侧线产品的复合原油蒸馏塔，在增加回流比的同时要注意调整各侧线的开度，以保持合理的物料平衡和侧线产品的质量。

☞ 11. 什么叫最小回流比？

答：对于一定理论塔板数的分馏塔要求一定的回流比来完成规定的分离度。在指定的进料情况下，如果分离要求不变，逐渐减小回流比，则所需理论塔板数也需要逐渐增加。当回流比减小到某一限度时，所需理论塔板数要增加无限多，这个回流比的最低限度称为最小回流比。最小回流比和全回流是分馏塔操作的两个极端条件。分馏塔的实际操作应在这两个极端条件之间进行，即采用的塔板数要适当地多于最少理论塔板数，回流比也要适当地大于最小回流比。

☞ **12. 什么是理论塔板数?**

答: 能使气液充分接触而达到相平衡的一种理想塔板的数目。计算板式塔的塔板数和填料塔的填料高度时，必须先求出预定分离条件下所需的理论塔板数，即假定气流充分接触达到相平衡，而其组分间的关系合乎平衡曲线所规定关系时的塔板数。在生产中实际塔板数总是大于理论塔板数。

☞ **13. 什么是内回流?**

答: 内回流是分馏塔精馏段内从塔顶逐层溢流下来的液体。各层内回流与上升蒸汽接触时，只吸取汽化潜热，故属于热回流。内回流量决定于外回流量和侧线抽出量，而且由上而下逐层减少，内回流温度则由上而下逐层升高，即逐层液相组成变重。

☞ **14. 什么是回流热?**

答: 回流热又称全塔过剩热量，指需用回流取走的热量。分馏过程中，一般是在泡点温度或气液混相条件下进料，在较低温度下抽出产品。因此，在全塔进料和出料热平衡中必然出现热量过剩。除极少量热损失外，绝大部分过剩热量都需通过回流来取出。

☞ **15. 什么是气相回流?**

答: 气相回流指分馏塔提馏段中上升的蒸汽。气相回流是由塔底重沸器供热或从塔底引入过热蒸汽，促使较轻组分平衡汽化来形成的。其作用是利用气相回流与提馏段下降液体的接触，使液体提浓变重，成为合格产品从塔底抽出。

☞ **16. 什么叫热焓? 它与油品的哪些因素有关?**

答: 油品的热焓是指 1kg 油品在基准状态(1 大气压下的基准温度)下加热到某一温度、某一压力时所需的热量(其中包括发生相变的热量)。压力变化对液相油品的焓值的影响很小，可以忽略；而压力对气相油品的焓值却影响很大，必须考虑压力变化影响因素。同一温度下，密度小及特性因数大的油品焓值相对较高。

☞ **17. 什么叫比热?**

答: 比热又称热容，它是指单位物质(按质量或分子计)温度升高 1℃所需的热量。液体油品及油气的比热都低于水的比热。

☞ **18. 什么叫汽化潜热?**

答: 汽化潜热又称蒸发潜热，它是指单位物质在一定温度下由液态转化为气态所需的热量。当温度和压力升高时，汽化潜热逐渐减少，到临界点时，汽化潜热等于零。

☞ **19. 什么叫相平衡?**

答: 所谓相平衡，就是指体系的性质不随时间的变化而变化。在这种状态下，液相表面分子不断逸出进入气相与气相分子不断进入液相的分子数是相等的。一旦条件变化，平衡状态就将打破。从理论上讲真正的平衡状态是达不到的，除非传质面积、传质时间无限大，一般认为系统稳定时，就认为是达到了平衡。

☞ 20. 什么是蒸馏？

答：蒸馏是将一种混合物反复地使用加热汽化和冷凝，使其部分或完全分离的过程。它是利用液体混合物中各组分沸点和蒸气压(即相对挥发度)的不同，来实现组分的分离。在精馏塔内，轻组分不断汽化上升提浓，重组分不断冷凝下降提浓，相互间进行传热传质，在塔顶得到纯度较高的轻组分产物，在塔底得到纯度较高的重组分产物。它是实现液体混合物分离目的的一种最基本也是最重要的手段。

☞ 21. 什么是实沸点蒸馏？

答：实沸点蒸馏是一种间歇精馏过程，在塔釜中加入油品加热汽化，上部冷凝器提供回流，塔内装有填料供气、液相接触进行传热、传质，塔顶按沸点高低依次切割出轻、重不同的馏分。实沸点蒸馏在实际生产中使用较少，主要用于原油评价试验。

☞ 22. 什么是恩氏蒸馏？

答：恩氏蒸馏也叫微分蒸馏。将油品放入标准的蒸馏烧瓶中，严格控制加热速度，蒸发出来的油气经专门的冷凝器冷凝后在量筒中收集，以确定不同馏出体积所对应的馏出温度。恩氏蒸馏的试验简单、快速，主要用于石油产品质量的分析及控制。

☞ 23. 什么是平衡汽化？

答：平衡汽化也称一次汽化，在加热过程中油品始终处于相平衡状态，加热结束时使气、液相分离。如加热炉出口及应用“塔板理论”概念进行精馏过程设计的理论塔板，都可视为平衡汽化过程。在石油蒸馏过程设计时还用它来求取进料段、抽出侧线以及塔顶的温差。

☞ 24. 分馏塔的作用是什么？

答：分馏塔的作用是将焦炭塔来的油气通过分馏分离成富气、汽油、柴油、蜡油及重蜡油等组分，送往下一道工序。

☞ 25. 分馏塔系统的操作要点有哪些？

答：分馏塔系统的操作主要是要搞好塔的热量平衡和物料平衡，同时控制好产品质量，防止塔顶结盐和塔底结焦。具体要求如下：

① 严格控制分馏塔底液位，确保辐射泵的正常运转。

② 控制好蒸发段温度，调节好循环比，严禁蒸发段冲塔。

③ 及时调整塔顶冷却系统，严格控制分馏塔顶温，并调节好各段的压力平衡。

④ 按产品质量指标和化验分析结果，调节各点温度，控制好塔的热量平衡，保证馏出口产品质量合格。

⑤ 控制好进料量和产品抽出量，搞好全塔的物料平衡。

⑥ 控制好集油箱液位，防止溢流和干板。

⑦ 注意塔底循环泵的运行，防止塔底结焦。

⑧ 保证急冷油、封油、仪表冲洗油等的供应。

☞ **26. 焦炭塔切换对分馏塔操作有何影响?**

答: 焦炭塔为间歇操作，每隔一个生焦周期都会进行一次切换。当新塔预热时，大量原来是去分馏塔的油气被引入新塔，因此去分馏塔的油气量及热量大大减少，而当切换四通后，由于老塔还在小吹汽，分馏塔的油气量又会增加。如不进行及时调整，当油气量减少时，分馏塔的气速下降，容易引起淹塔；而油气量增加时，又会造成冲塔。

☞ **27. 焦炭塔切换时分馏塔应如何调整操作?**

答: 焦炭塔切换时，由于预热进入分馏塔的油气量会有所减少，热量也会减少。因此在操作中要注意适当降低各层回流，并调整分馏塔上、下进料分配的分配比例，稳定分馏塔各层的温度。

☞ **28. 如何控制分馏塔顶压力?**

答: 控制分馏塔顶的压力相当于控制整个装置系统压力，塔顶压力改变将会影响到分馏塔的精馏效果和整个装置的平稳操作。影响分馏塔顶压力的因素有:

① 装置加工量的变化、分馏塔加工量的变化。

② 焦炭塔预热和换塔。

③ 富气后路不畅，压缩机故障。

④ 分馏塔顶空冷堵塞。

相应的调节方法有:

① 联系调度、稳定加工量，调整加热炉出口温度等，保持分馏塔进料稳定。

② 焦炭塔预热时油气阀分步调整，保持入分馏塔的油气量平稳。焦炭塔换塔时，提前对分馏塔操作进行调整。

③ 查明富气后路不畅原因，联系调度及时改火炬。如果是压缩机故障，应适当降量，富气改流程，切出压缩机联系检修。

④ 切出堵塞的空冷进行清洗，并对操作进行调整。

☞ **29. 如何控制分馏塔顶温度?**

答: 控制分馏塔顶温度对控制分馏产品质量有很重要的意义。对分馏塔顶温度控制有影响的因素有：

① 分馏塔顶回流量变化。

② 塔顶回流温度变化。

③ 柴油回流量及温度变化。

④ 分馏塔冲塔。

调整分馏塔顶温度的措施有：

① 稳定塔顶回流量。

② 控制好塔顶回流温度。

③ 顶回流量及温度异常时，及时投用冷回流。

④ 空冷出现堵塞时，及时切出处理。

⑤ 控制好柴油回流量及温度。

⑥ 出现冲塔时应立即查找原因，采取相应措施处理冲塔。

⑦ 塔顶出现结盐时，及时进行水冲洗。

☞ 30. 如何控制好分馏塔顶回流罐的操作？

答：①控制好富气压缩机的操作，以保证分馏塔顶压力的稳定。②控制好回流罐液位，液位过高，会引起富气压缩机入口带液，影响富气压缩机的正常运行；液位过低，则会引起回流泵抽空。③控制好回流罐界位，界位过高，则可能会引起回流带水；界位过低，则可能导致污水带油。

☞ 31. 如何控制分馏塔底液位？

答：分馏塔底液位的稳定直接影响到加热炉辐射量的平稳，因此塔底液位控制是分馏塔操作的关键。一般分馏塔底液位都会采用串级调节控制，以保证塔底液位平稳。对分馏塔底液位波动造成影响的因素有：

① 焦炭塔换塔。

② 加热炉对流、辐射流量波动。

③ 塔底串汽。

④ 蜡油、重蜡油集油箱溢流。

⑤ 焦炭塔冲塔。

⑥ 蒸发段温度变化。

⑦ 塔内压力、回流及各侧线抽出量变化。

⑧ 仪表失灵。

相应的调节方法是：

① 换塔时及时调整操作。

② 查明原因，平稳加热炉对流、辐射流量。

③ 查明塔底串汽原因，及时处理。

④ 加大蜡油侧线抽出量。

⑤ 及时处理焦炭塔冲塔。

⑥ 控制好底进料分配量。

⑦ 按正常指标及时调整分馏塔各控制参数。

⑧ 联系仪表处理。

☞ 32. 如何控制柴油集油箱温度？

答： 在正常操作中控制柴油集油箱温度的主要手段是调节中段回流量、中段回流温度和柴油下回流量。能够对柴油集油箱温度造成影响的因素有：

① 中段回流量的变化。

② 中段回流温度的变化。

③ 蒸发段温度的变化。

④ 蜡油回流量的变化。

⑤ 柴油集油箱回流量和温度的变化。

⑥ 柴油抽出量的变化。

相应的调节方法是：

① 查找中段回流量变化原因，平稳回流量。

② 调节好中段回流三通调节阀正副线流量，控制好中段回流温度。

③ 查找蒸发段温度变化原因，控制好蒸发段温度。

④ 保证蜡油回流量平稳。

⑤ 调节柴油下回流量可改变柴油集油箱温度，回流量减少，可提高柴油集油箱温度。柴油集油箱温度上升较快时，可开大柴油下回流量。

⑥ 调节好柴油抽出量。

☞ 33. 如何控制蒸发段温度？

答： 在控制蒸发段温度时主要要考虑两方面的内容，第一是对循环比的影响，循环比是焦化装置生产的主要控制指标，而蒸发段温度对循环比对影响很大，因此在调节蒸发段温度时首先要保证循环比在控制范围内；第二是对分馏塔底结焦的影响，目前一般的装置都采用低循环比的操作方法，在这种情况下蒸发段的温度都相对较高。但为防止分馏塔底结焦，应对蒸发段温度有一个上限要求，不要高过这一限度。对蒸发段温度造成影响的因素有：

① 油气入口温度的变化；

② 分馏底进料量的变化；

③ 蜡油集油箱溢流；

④ 对流出口温度变化；

⑤ 焦炭塔冲塔；

⑥ 原料油带水；

⑦ 原料油进装置温度变化。

相应的调节方法是：

① 利用急冷油控制好油气进分馏入塔温度；

② 控制好底进料分配量；

③ 加大蜡油抽出量；

④ 控制好换热器出口温度或调节炉膛温度；

⑤ 及时处理焦炭塔冲塔；

⑥ 加强原料脱水；

⑦ 加强与有关方面的联系，调节好各参数。

☞ 34. 如何控制分馏塔底温度？

答：分馏塔底温度上限受到塔底油在塔底结焦的限制，下限受到加热炉对流出口温度和循环比下限的限制。如果温度过低，会影响整个塔的热平衡，一般塔底温度的控制是通过控制蒸发段温度来实现的。对分馏塔底温度造成影响的因素有：

① 原料量的变化；

② 上下进料量的变化；

③ 蒸发段温度的变化；

④ 原料油温度的变化；

⑤ 油气入塔温度的变化；

⑥ 辐射流量的变化；

⑦ 塔底液位的变化。

相应的调节方法是：

① 查明原料量变化原因，平稳进料；

② 调节好上下回流分配量；

③ 调节好蒸发段温度；

④ 加强各岗位联系，调节好各参数；

⑤ 利用急冷油调节好油气温度；

⑥ 查明辐射流量变化的原因，平稳流量；

⑦ 控制好对流入塔量，加热炉辐射量。

☞ 35. 如何控制(重)蜡油集油箱液位？

答：在正常操作中，蜡油集油箱液位主要是通过控制蜡油出装置流量来调节的。具体的注意事项有：

① 注意(重)蜡油泵的流量，防止泵抽空或停泵；

② 注意相关过滤器前后压差，防止过滤器堵；

③ 控制好(重)蜡油各路回流的流量；

④ 当重蜡油集油箱液位低时，要及时用轻蜡油补充重蜡油；

⑤ 如集油箱液位还低，可适当关小重蜡油出装置流量，加大重蜡油返塔上回流流量；

⑥ 控制好蒸发段温度，调节好循环比。同时也要注意重蜡油集油箱的温度；

⑦ 控制好蜡油返塔下回流流量。

☞ 36. 为什么要严格控制蒸汽发生器的汽包液位？影响汽包液位的因素有哪些？

答：汽包的液位过高或过低对装置操作都有很大的影响，如果汽包液位过低，汽水混合物会带入下降管，使水循环发生障碍，造成汽包操作不正常。如果汽包液位过高，会因蒸发空间过小，导致蒸汽带水，造成管道水击。影响汽包液位的因素有：

① 蒸汽管网压力波动；

② 液位计失灵；

③ 发汽热源温度或流量发生变化；

④ 换热器泄漏，引起工艺操作；

⑤ 如汽包液位过低或干锅时，突然加入大量的冷水，容易发生下部蒸发器各紧固件热胀冷缩而产生泄漏着火。

☞ 37. 如何保持分馏塔底循环量？

答：保持一定的分馏塔底循环量是为了防止分馏塔底结焦，在操作中应注意严格监控塔底过滤器的压差，发现压差过大应及时切换过滤器，并对过滤器进行清理；控制好焦炭塔的生焦高度，翻四通时要保持操作的平稳，按要求调整消泡剂量，防止焦粉沉积在分馏塔底。同时塔底循环泵必须保持一定循环量，当塔底循环量过低时，有条件时应启用反顶线。

☞ 38. 分馏塔顶结盐的原因及现象有哪些？

答：分馏塔顶结盐原因是焦化原料中 N、Cl、S 及无机盐类较多，在渣油生焦反应中，生成 NH_3、HCl、H_2S 等无机物，并形成 NH_4Cl、$(NH_4)_2S$ 等无机盐。正常情况下，这些无机物进入分馏塔后，会溶解于水中，随含硫污水排出装置。但如果分馏塔顶循返塔温度过低或顶循带水，溶解了大量无机盐的液态水随顶循油下流过程中，水遇热汽化，使无机盐在塔盘或顶循集液槽中析出，就会造成塔盘结盐。

顶循结盐部位主要集中在塔盘、集油箱、降液管、管线以及顶循泵等位置，主要有以下几个现象：

① 塔盘结盐处气相通过率下降，顶循段压差上升，气液相接触不充分，而未堵塞的位置气相速率大幅增加，产生雾沫夹带，塔顶温度上升，汽油产品质量下降；

② 长时间结盐会导致塔盘腐蚀，浮阀无法开启，分馏塔的操作弹性变差；

③ 降液管结盐会导致塔盘上的液相来不及下降，液膜厚度增加，导致雾沫夹带及塔顶产品质量下降；

④ 集油箱结盐会导致集油箱缓冲能力下降，当焦炭塔切换四通或预热期间，因负荷发生变化，导致集油箱液位大幅波动，顶循泵抽空，破坏整个分馏塔操作平衡；

⑤ 顶循备用泵因小流量预热，也容易结盐，会导致密封经常性泄漏。

☞ 39. 分馏塔顶结盐后的操作注意事项有哪些？

答：①控制顶循返塔温度的下限，保持返塔温度高于在此条件下的水汽冷凝温度；

② 控制一定的分馏塔顶油气负荷，避免过高；

③ 控制好分馏塔顶分液罐的液位，一般为 40%～60%；

④ 加强分馏塔顶分液罐脱水，控制好界位，防止顶循带水；

⑤ 一旦发生冲塔，立即开大粗汽油泵外排量，加强压缩机前分液灌脱液，严防压缩机带液；

⑥ 控制顶循流量，确保顶循塔盘不发生干板现象。

☞ 40. 分馏塔顶循水洗方法是什么？

答：分馏塔板上结的盐垢一般都溶于水，在正常生产中，可以采用水洗的方法，利用塔顶回流泵将新鲜水(或除盐水、除氧水)打入塔顶，新鲜水进入塔内，盐即溶于水中，含盐的水可经某一侧线馏出口，进入该侧线，从泵出口送至不合格线。对分馏塔进行水洗，需做好以下工作：

① 确定塔内结盐部位；

② 降低装置处理量为正常处理量的 60%～80%；

③ 在洗盐前将柴油后路改轻污油出装置；

④ 提高中段回流流量；

⑤ 用塔顶回流泵抽水往塔内打水，控制塔顶温度 100℃左右；

⑥ 水进入塔顶以后，启动顶循泵，强化洗盐效果；

⑦ 在顶循泵入口采样分析盐含量，直到水样中盐不再明显降低，排水清洁，水洗塔板完毕；

⑧ 水洗塔板完毕后可以恢复正常操作，将水缓慢停止并逐步扩大回流流量，使塔内温度逐渐上升，升温速度不要过快，然后将其他操作条件逐渐按正常工艺指标控制，恢复正常生产。

☞ 41. 如何降低蜡油 350℃ 的馏出量？

答：蜡油 350℃馏出量高说明蜡油中柴油等轻组分未完全分离出来，可降低蜡油上回流量，同时提高蜡油的回流温度，使气液相能充分接触，确保蜡油等重组分被洗涤下来，而蜡油中的轻组分又能充分分离出来。

☞ **42. 分馏塔设中段回流的作用有哪些？**

答：①取走分馏塔内多余的热量；

② 使柴油、蜡油组分得到充分的分离；

③ 用中段油来发汽；

④ 平衡分馏塔的热量，使分馏塔形成温度梯度。

☞ **43. 分馏塔各侧线抽出及返回温度应如何控制？**

答：在正常操作中分馏塔各相邻塔板间的温差差别越小越好，自上而下从低到高形成相对均匀的温度梯度，这样分馏的效果就比较理想。在此基础上根据原料的性质、分馏塔的热量、压力来具体调节，使各侧线抽出的馏分尽量不重叠，保证产品质量。此外，在控制分馏塔的各层回流时应根据从上到下的流量越来越小为原则来控制。

☞ **44. 分馏塔顶压力对分馏操作有何影响？**

答：分馏塔顶压力对整个塔中各组分的沸点有直接影响，塔中的压力升高沸点也就升高，组分的分离变得困难；如果塔中的压力降低，则有利于分离。但这样会导致塔内温度下降、输送流体到下游装置的推动力降低，从而增加塔盘的负荷，如果压力太低还会造成重组分携带。因此在操作中不应快速改变塔压，以利于塔的平稳操作。

☞ **45. 原料带水有何现象？原因是什么？如何调节？**

答：水的汽化潜热较大，原料带水后，其换热温度势必要下降，这将增加加热炉热负荷。此外对流油进入分馏塔后，大量水汽化会使气相负荷大幅增加，塔顶压力上升增加冷却器负荷，塔顶回流罐水量明显增多，塔底液位降低，塔顶产品变重，严重时会造成冲塔，塔顶产品变黑，塔顶安全阀启跳，各侧线集油箱液位上升等。

调节方法：

① 联系调度加强原料罐脱水，控好水位；

② 若换热器内漏造成带水，可联系检修进行热紧，效果不大，则请示停工处理；

③ 加强分馏各回流罐脱水，切换回流泵或置换回流罐液体，控好塔顶压力及炉出口温度或稍控低些炉出口温度及塔压；

④ 适当减少各产品抽出量，产品不合格，则联系改罐；

⑤ 严重时联系降低处理量。

☞ 46. 如何防止分馏塔底结焦？

答：防止分馏塔底结焦应注意以下几点：

① 控制好分馏塔底温度；

② 保持一定的塔底循环量；

③ 在塔底过滤器差压上升时，应及时清理过滤器中的焦粉；

④ 若塔底循环泵不能维持正常循环量，应采取措施，保持塔底渣油的流动量。

☞ 47. 为什么分馏塔的塔径下段比上段细？

答：因为分馏塔底的温度较高，塔底物料停留时间过长极易发生裂解缩合反应，造成塔底结焦，严重影响装置的长周期运行。为了减少塔底物料的停留时间，多数的分馏塔下部的塔径比上部小。

☞ 48. 如何确定分馏塔顶温度？

答：一般来说塔顶温度应该是塔顶产品在其本身油气分压下的露点温度。塔顶馏出物包括塔顶产品、塔顶回流油气，以及不凝气和水蒸气。但由于不凝气的存在，使得实际的塔顶温度比忽略不凝气所得的塔顶温度要略低。

☞ 49. 什么是过汽化量？过汽化量对操作有何影响？

答：为了保证分馏塔的拔出率和各侧线产品的收率，在汽化段必须有足够的汽化分率。为了使蜡油(或重蜡油)以下几层塔板有一定量的液相回流，原料入塔后的汽化率应该比塔上部各种产品的总收率略高一些，这高出的部分就称为过汽化量。一般来说过汽化量不宜太高，因为在生产实际过程中，原料入塔的温度和进料段压力已确定了，因此如果要提高过汽化量，势必会降低蜡油(或重蜡油)收率和总收率，要么就是要提高入塔原料的温度，这就要增加装置的能耗。如果过汽化量太低，会造成蜡油(或重蜡油)的馏分变宽、残炭及重金属含量上升。

☞ 50. 为何有时调节分馏塔顶回流量不能控制塔顶温度？

答：一般正常操作时分馏塔的塔顶温度是由塔顶回流量来控制的，但如果当塔顶负荷较高时，调节顶回流就很难起到控制顶温的作用。由于塔顶超负荷，会引起塔顶温度升高，提高回流量，只能短暂地降低塔顶温度。这是因为塔顶内回流进入塔内汽化后，又增大了塔顶的负荷，形成恶性循环，这样回流就不能起到调节塔顶温度的作用。在这种情况下，应设法减少塔顶负荷，降低回流温度，增加中段回流流量。如果是原料油加工量过大或是原料油中轻组分过多，可适当降低加工量。若是原料带水，可以加强与调度的联系，加强对原料的脱水。

☞ 51. 完整的精馏塔应具备什么特征？

答：一个完整的精馏塔应由包括精馏段、提馏段、进料段。原料从进料段进入塔内，塔顶引出气相的高纯度轻质产品，塔底流出液相的高纯度重质产品，由塔顶冷凝后的高纯度轻质气相产品提供塔的液相回流，由塔底重沸器加热后的高纯度重质液相产品提供塔的气相回流。

☞ 52. 精馏塔的进料状态有几种？

答：精馏塔的进料状态有三种，用汽化率 e 来表示进料的热状况。当 $e<0$ 时，称过冷液体进料；$e=0$ 时，称饱和液相进料；$0<e<1$ 时，称部分汽化两相进料；$e=1$ 时，称饱和气相进料；$e>1$时，称过热蒸汽进料。

☞ 53. 蒸馏分离过程的必要条件有哪些？

答：蒸馏分离的必要条件有：

① 要有温度差，即在每一块分离塔盘上气相温度高于液相温度；

② 要有浓度差，即在每一块分离塔盘上液相中低沸点组分的浓度高于气相成平衡后的浓度，气相中高沸点组分的浓度高于其与液相成平衡后的浓度；

③ 具有气液两相充分接触的传热、传质场所；

④ 有顶部冷凝器和底部再沸器所造成的气相回流和液相回流。

☞ 54. 传热的基本方式与特征是什么？

答：传热的基本方式有热传导、对流、辐射三种。物体中温度较高部分的分子因振动与相邻的分子碰撞，并将部分能量传给后者，称为传导。热传导的特征是物体的分子不发生相对位移。在流体中，由于流体质点的移动，将热能由一处传到另一处的传热，称为对流。对流传热的特征是流体中质点位置发生变动，在对流传导中，亦伴随流体质点的热传导。物体在放热时，热能变为辐射能，以电磁波的形式发射到空间传播，当遇到另一个物体时，则部分或者全部地被吸收，重新转变为该物体的热能，称为辐射。辐射传热的特征是以电磁波的形式传播热量。

☞ 55. 传热系数的物理意义是什么？

答：传热系数 K 的物理意义指流体在单位面积和单位时间内，温度每变化一度所传递的热量，即 $K=q/F\Delta t_m$

式中　q——传热速率，kcal/h；

F——传热面积，m^2；

Δt_m——平均温差，℃。

☞ 56. 强化传热应考虑哪些方面？

答：强化传热可以增加传热面积、提高冷热介质的温差以及提高传热系数。对于实际生产中，在确定冷热介质温差时，还应考虑到合理使用能量品质的问题，不要使用温差过大的两种介质进行传热。因此主要是需要使用新型的换热设备，增加传热面积、提高传热系数。

☞ **57. 影响换热器效果的主要因素有哪些？对于给定的换热器怎样提高传热效率？**

答： 由传热速率方程式 $Q=KA\Delta t_m$ 可知，影响传热效果的主要因素有传热系数 K、传热面积 A 和平均温差 Δt_m。对于给定的换热器，由于传热面积 A 是一定的，因此只有提高传热平均温差和传热系数才能提高传热效果。由于逆流平均温差较大，因此采用逆流操作有助于提高传热效率；同时流体流过时，流速大，对流传热系数大，可以提高传热系数；其次降低结垢厚度也可以提高传热系数，也是提高传热效率的一种方法。

☞ **58. 什么是稳定传热？**

答： 在传热过程中若参与传热的两种流体在各部分的温度不随时间变化，这种传热就称为稳定传热。在正常的连续生产中，各换热器的传热都是稳定传热。

☞ **59. 调节阀有故障时，如何改副线操作？**

答： ①对照现场一次表指示或用对讲机同内操进行联系，先关上游阀虚扣，直到指示有变化为止，此时调节阀的最大流量已由上游阀控制；

② 一边慢慢打开副线阀，一边慢慢关闭上游阀，以指示不波动为好，直到上游阀完全关闭，用副线阀控制；

③ 关闭下游阀，打开导淋泄压，联系仪表处理。

☞ **60. 操作控制阀时为何不能速开速关？**

答： 操作控制阀时速开与速关，会造成泵出口排量骤变，电机电流突变，破坏其平稳的运转状态，损坏电机；还会使管线、设备内压力突然上升，对管线、设备产生过大冲击力，损坏管线、设备。对热介质来说，使管线、设备的温度骤升骤降，造成骤热骤冷，产生过大的热应力，容易损坏设备。

☞ **61. 为什么用于发蒸汽的脱盐水要进行除氧？**

答： 溶解在水中的空气或游离氧在换热器中加热时，在管子表面形成气泡，降低了管外传热膜系数，影响传热效率。并且溶解在水中的氧对钢铁有氧化腐蚀的作用，对设备长周期运行有影响，因此脱盐水进行发蒸汽前，需要除氧。

☞ **62. 软化水与除盐水有何区别？**

答： 软化水只是将水中的硬度降低到一定程度。水在软化过程中，仅硬度降低，而总含盐量不变。除盐水不但降低水的硬度而且还将溶于水中的盐类降低。

☞ **63. 热力除氧的原理是什么？**

答： 根据气体溶解定律，当液体和气体处于平衡时，单位体积的液体中溶解的气体量是与液位上该气体的分压力成正比的。若降低液位上某气体的分压力，溶解在液体中的该气体会自动析出，从而使液体中该气体的溶解量减少。热力除氧就是根据这一原理来除掉水中的氧分的。把蒸汽引入除氧器和水混合后加热，随着水温的提高，水面上蒸汽的分压力就升高，而其他气体的分压力就降低，当水加热到沸点时，水面上蒸汽的分压力几乎等于液位上的全压，其他气体的分压力则趋于零，于是溶解在水中的气体就从水中析出而被除去。

☞ **64. 除氧器在操作中有哪些注意事项？**

答：除氧器在操作中要注意：

① 水必须加热到除氧器压力下的饱和温度。运行中不仅要监视水温，也要监视压力；

② 加热蒸汽的量必须适当，注意水量和汽量的平衡调节，确保除氧器内的水保持沸腾状态。汽量不足引起压力降低，除氧效果变坏；汽量过多，造成压力升高，水封动作，不经济，也不安全；

③ 必须保持除氧器顶部排汽阀应有一定的开度，保证析出的气体能够顺利排出，但也不应过大，否则会造成蒸汽浪费；

④ 送入的补给水量应稳定，不应间断送入或猛增猛减，以免压力波动，除氧效果变差。

☞ **65. 怎样启运除氧器？**

答：①检查各汽、水来阀门应关闭，除氧器水箱下水阀关闭，各仪表投入，安全水封内注满水；

② 打开脱盐水调节阀上、下游阀，控制调节阀向除氧器上水达50%位置，并打开罐顶排大气阀门；

③ 打开蒸汽调节阀上、下游阀，在蒸汽进入除氧器前，打开放空排凝结水，待凝结水排放完后关闭疏水器，手动控制调节阀使除氧器压力保持在0.02MPa表压，温度为104℃；

④ 通知化验分析除氧器水质，如不合格，打开除氧器水箱下水阀放水，直至合格（含氧量≯15μg/L，硬度≯5μg 当量/L）；

⑤ 待水质合格，关闭下水阀，改蒸汽及脱盐水手动调节为自动调节。

☞ **66. 怎样停运除氧器？除氧器的正常维护工作有哪些？**

答：除氧器停运步骤：

① 关闭蒸汽调节阀及上、下游阀；

② 关闭软化水；

③ 若停用后进行大修，开启除氧器水箱，将水箱内水放空。

除氧器正常维护工作：

① 保持除氧器压力为0.02MPa表压力，水温104℃；

② 出水含氧量应小于 15μg/L；

③ 水箱水位在 2/3 位置；

④ 水封管经常充满水；

⑤ 定期冲洗水位计。

☞ 67. 怎样投用蒸汽发生器？

答：首先检查以下内容：

① 检查蒸汽发生系统所属设备，如换热器、汽包、控制阀、安全阀、玻璃管液位计、差压式液位计、压力表、热电偶等是否完好；

② 安全阀按规定定压；

③ 检查脱氧水进装置系统是否畅通；

④ 检查蒸汽发生系统所属管线、阀门、法兰、螺栓和垫片安装质量是否符合要求；

⑤ 检查排水系统是否畅通；

⑥ 打开汽包顶部的放空阀。

然后进行冲洗、贯通、试压：①投用除氧器后，用除氧水对蒸汽发生器冲洗至采样分析水质合格为止；②试压用蒸汽，试压压力≮0.8MPa。

正式投用时应注意：

① 在水冲洗完毕，水质化验达到标准后，可投用汽包；

② 引除氧水进装置，换热器壳程充满水，汽包水位控制在 1/2~2/3；

③ 缓慢打开换热器进出口阀，少量热油引进设备，壳程的除氧水被加热，部分汽、水混合物上升至汽包内，水经下水管流向换热器水包自动建立循环，产生的蒸汽从汽包顶部放空，控制好汽包液位；

④ 蒸汽放空期间，应严格控制热源，严防汽包超压，待热油流量稳定后，脱氧水走控制阀；

⑤ 汽质分析合格后，逐渐关小放空阀，将发生蒸汽引入饱和蒸汽系统，压力控制在 0.35MPa。

☞ 68. 蒸汽发生器的正常停用步骤有哪些？

答：蒸汽发生器的正常停用步骤：

① 打开汽包的蒸汽放空阀，逐渐关闭汽包蒸汽出口阀；

② 缓慢关闭蒸汽发生器的进出口阀门，使热油逐渐走旁路，控制好汽包的液位，待蒸汽发生器冷却下来后（蜡油蒸汽发生器在切出来后就要进行退油，不要等发生器冷下来），停止进水，但暂时还应保留发生器内存水；

③ 管线按吹扫要求进行退油吹扫，吹扫好后将壳程内存水全部排入地漏（排净后，蒸汽放空阀和低点排凝阀不关闭）。

☞ 69. 蒸汽发生系统为什么要排污？有几种方法？如何确定排污量？

答：蒸汽发生器的水中含有一定的无机盐，随着水分的蒸发，残留下来的杂质浓度越来越高，为维持蒸汽发生器中水质正常，就需要排出一部分含盐浓度较高的水。一般有两种排污方法：

① 连续排污：这种方法是连续不断地排出盐浓度较高的水，以降低蒸汽发生器中水的表面碱度、氯根、钠盐及悬浮物等，防止汽水共腾和对汽包的腐蚀；

② 定期排污：这种方法是从蒸汽发生器底部排污，主要是排出泥垢等沉淀物，排污的时间一般较短。排污量可依据蒸汽发生器水中盐的浓度来确定，浓度高就需要加大排污量，最终目的是要控制水中的盐浓度。

☞ 70. 汽包的两种排污方法各有什么目的？

答：汽包排污按操作时间可分为间断排污和连续排污。间断排污又称定期排污，即每间隔一定时间从锅炉底部排出沉积的水渣、污垢，间断排污一般8~24h排污一次，每次排0.5~1min，排污率不少于1%，间断排污以频繁、短期为好，可使汽包水均匀浓缩，有利于提高蒸汽质量。连续排污是指连续排出浓缩的锅炉水，主要目的是防止锅炉水的含盐量和含硫量过高，排污部位多设在锅炉水浓缩最明显的地方，即汽包水位下200~300mm处。通常根据汽包水水质分析指标调整连续排污量。

☞ 71. 蒸汽除氧器正常操作的步骤是什么？

答：蒸汽除氧器正常操作步骤：

① 除氧器顶部放空适量冒汽，控制溶解氧含量≤15mg/L，若运行中超过此指标应检查除氧器的压力、水温、排汽量是否正常；

② 除氧器内部压力应平稳在0.02MPa，由压控调节阀自动调节；

③ 除氧器水温应控制在100~104℃，水温可以通过加热蒸汽流量进行适当调节；

④ 除氧器水位控制在80%以下，低限为30%。水位由液控阀自动调节。

☞ 72. 除氧器水封的投运与停运步骤是什么？

答：除氧器水封的投运步骤：

① 开启除氧器水封进水阀进水；

② 当除氧器水封中水位至水封溢流口时，关闭除氧器水封进水阀；

③ 稍开除氧器水封的补水阀，维持水封溢流。

除氧器水封的停运步骤：

① 关闭除氧器水封的补水阀，并全开除氧器水封的放水阀；

② 当除氧器水封罐中的水放尽后关闭放水阀。

☞ **73. 近期延迟焦化装置哪些塔采用喷淋技术？主要作用是什么？**

答：①分馏塔底：主要作用是通过控制装置循环比和喷淋除尘作用，解决分馏塔侧线产品携带焦粉问题；

② 接触塔顶：主要作用是通过控制放空塔顶温度和喷淋除尘作用，降低放空塔顶油气携带焦粉及重油进入塔顶回流罐，利于回流罐油水分离。

☞ **74. 延迟焦化装置分馏塔和放空塔设置喷淋应注意哪些技术参数？**

答：①一般设置喷淋至少 2 层。

② 根据喷嘴的喷雾角度来计算喷嘴数量，要求每层喷淋覆盖率大于 110%塔截面积，以及确定每层喷淋间的距离，确保喷淋效果。

③ 喷嘴喷出的液滴的分子表面积和体积之比。比值越小，说明喷淋后液滴的分子表面积越大，越容易吸收，利于达到除尘效果。比值太小，则容易发生夹带飘溢。

六、吸收稳定系统

☞ **1. 吸收稳定系统在生产中的作用是什么？**

答：吸收稳定系统一般会包括吸收塔、解析塔、再吸收塔以及稳定塔，吸收塔和解析塔通常会作为一个塔的上下两段。再吸收塔的吸收剂一般用柴油，因此再吸收塔也称为柴油吸收塔。吸收稳定系统的作用是把分馏塔系统压缩过的富气分离为干气、液化气和稳定汽油等合格产品。

☞ **2. 吸收原理是什么？**

答：吸收是根据分离气体混合物中各组分在液体中溶解度的不同进行分离的，被液体溶解的组分称为溶质，溶解气体的液体称为溶剂或吸收剂，吸收了溶质的吸收剂称为溶液。当溶剂吸收溶质时，随着吸收量的增加，溶质在溶剂中的浓度增加，一直达到饱和浓度，吸收就停止了，这个饱和浓度就是该溶质在此溶剂中的溶解度。饱和压力与它在气相中分压相等，即达到了相平衡状态。

☞ **3. 气体在液体中的平衡溶解度与什么因素有关？**

答：在气液两相经过足够长时间的接触后，气液两相达到平衡，溶解度逐渐趋于一极限，就称为平衡溶解度。平衡溶解度的大小因物系性质、温度、压强而异。温度低、压强大则平衡溶解度大，反之则小。

☞ **4. 吸收过程的推动力是什么？如何提高推动力？**

答：气体吸收的推动力是组分在气相主体的分压与组分在液相的分压之差，此差值只有在平衡时才等于零。传质的方向取决于气相中组分的分压是大于还是小于溶液的平衡分压。根据这一特点，在操作中可采用较低的吸收剂温度、选择对目标气体溶解度大的吸收剂或使用化学吸收、提高吸收操作的压力，都能够增加吸收推动力，提高吸收效果。

☞ 5. 操作压力对吸收过程有何影响？

答：压力升高有利于吸收，但压力太高会影响各组分的吸收比例，同时受气压机出口压力的限制。当压力升高时，甲烷、乙烷的平衡常数比丙烷、丁烷的平衡常数减小得更快，从而使吸收剂的选择性下降。

☞ 6. 操作温度对吸收过程有何影响？

答：在一定压力和吸收剂、气体组成不变的情况下，温度升高后会降低目标气体在吸收剂中的溶解度，因此如果要保持同样的吸收效果就需要加大吸收剂量或提高吸收系统的压力。在增加吸收剂量的同时，会使溶质在吸收剂中的浓度降低，增加解析塔的负荷，形成恶性循环。因此选择较低的温度更有利于吸收，但如果温度过低，使吸收剂黏度增大过多，会影响吸收剂的流动性、影响吸收剂与气体的接触，同样会降低吸收效果。

☞ 7. 选择吸收剂一般有什么要求？

答：选择吸收剂一般要求来源方便，优先考虑使用本装置或本厂的产品或半成品作为吸收剂。此外应考虑以下方面：

① 吸收剂的密度与分子量的比值(ρ/M)越大，吸收效率越高。芳烃的 ρ/M 比值最大，环烷烃次之，烷烃最小。

② 应具有较好的选择性，即对原料气中的产品组分(如 C_3、C_4组分)的吸收能力强，而对非产品组分(如 C_1、C_2组分)吸收能力弱。在中压条件下，烷烃选择性最好，环烷烃次之，芳烃最差。因此，应将 ρ/M 比值与选择性进行综合考虑。

③ 应具有合适的馏分范围和较低的蒸气压。一般吸收油分为两种，即轻吸收油(汽油馏分)和重吸收油(轻柴油组分)。前者的吸收能力好，ρ/M 比值较大，但在吸收塔顶易被干气携带而造成较大的损失。因此，在炼油厂的催化装置的吸收系统中，多采用稳定汽油以减少携带量，同时还增设用轻柴油作吸收剂的再吸收塔，以收回被带出的汽油。

④ 黏度大。黏度越小，全塔板效率越高。高沸点馏分黏度大，且易叠合而增加黏度。因此，通常吸收油中 300℃以前的馏分至少应达到 85%。

⑤ 相对密度较小且不溶解于水，以便易于和水分离。

⑥ 应具有较好的稳定性，不易产生热分解而生成胶质，且不应含有机酸、硫化物、精制残余物(酸碱精制)及杂质等，以免影响产品质量。

⑦ 比热小，以便加热蒸发时消耗较少的热量，节约燃料。

焦化装置吸收稳定系统一般使用本装置粗汽油作为吸收剂，另外选择本装置的稳定汽油作为吸收剂，在再吸收塔中以本装置柴油为吸收剂。

☞ **8. 影响吸收过程的因素有哪些？**

答：吸收是利用气体混合物中各组分在吸收剂中的溶解度不同，从而将其中溶解度最大的组分分离出来，这个过程属于物理吸收。吸收过程操作的好坏与很多因素有关，如油气比、操作温度及压力，吸收剂和被吸收气体的性质，塔内气液流动状态，塔盘数以及塔盘结构(或填料高度及填料结构)等。对具体装置来讲，吸收剂、被吸收的气体以及设备情况等都是已经确定了的，这时吸收效果主要靠调节油气比、操作温度及压力来控制。一般来说，吸收塔的油气比(重量)应控制在2左右。

☞ **9. 吸收塔为什么要设中段回流？**

答：吸收过程是一个放热过程，吸收过程中产生的热量主要有：被吸收组分与吸收剂混合时产生的混合热，气体溶解时转为液态而放出的冷凝潜热以及化学反应热等。正因为吸收过程放出相当热量，为了取走吸收过程所放出的吸收热，保证吸收在较低的操作温度下进行，吸收塔需有中段回流。一般吸收塔设有两个中段回流，就是从上一层塔板上抽出液体经冷却后打入下一层塔盘。

☞ **10. 吸收过程与蒸馏过程有哪些异同点？**

答：吸收与蒸馏的区别在于前者是利用混合物中各组分在溶剂中的溶解度不同而达到分离的目的；而后者是利用混合物中各组分的挥发度不同而达到分离的目的。吸收与蒸馏的共同点是二者都属于气液两相间的平衡问题。但从质量交换过程来看，吸收过程只包括被吸收组分自气相进入吸收剂的传质过程，而蒸馏过程则不仅有气相中的重组分进入液相，而且还有液相中的轻组分转入气相的传质过程。因此，吸收过程是单向传质，蒸馏过程则为双向传质。

☞ **11. 解析效果不好会造成哪些影响？**

答：解析效果不好，则脱乙烷汽油中C_2含量较高，当高到使稳定塔顶液化气不能在操作压力下全部冷凝时，就要排放不凝气，这样就必然有一部分液态烃被排至干气管网，降低了液化气收率。

☞ **12. 解析塔底温对干气中C_3以上组分的含量有何影响？**

答：解析塔底温度高低直接影响解析程度。在其他条件不变的情况下，提高塔底温度，解析效果变好。但温度过高，会造成解析过度，大量C_3、C_4甚至更重组分被解析出来返回吸收塔，这样使吸收塔负荷增大，在其他条件不变时，往往会使干气中C_3以上组分含量超标。

☞ **13. 热虹吸式重沸器原理是什么？**

答：热虹吸式重沸器原理是依靠重沸器安装位置低于塔底标高，而形成一定的位差，使塔底液体自动流出，流入重沸器。在重沸器内，部分液体被加热汽化，成为气流混合物，密度显著变小，从而在重沸器入方和出方产生静压差，工艺流体不用泵就可以自然循环回塔，完成操作过程。卧式热虹吸重沸器结构实际上就是普通换热器，只是壳程折流板间距较大(通常采用600mm)，可以降低压降。

☞ **14. 热虹吸式重沸器与釜式重沸器有何区别？**

答：这两种重沸器在焦化装置的稳定脱硫部分都有使用，区别在于：

① 热虹吸式重沸器体积小；

② 热虹吸式重沸器中油品经加热、升温，部分要汽化相变，但器内没有汽化空间，不进行气、液分离。釜式重沸器本身有蒸发空间，可以进行气液分离，相当于塔的一块理论塔盘；

③ 热虹吸式重沸器由于是沸腾传热，传热系数很大，因而虽然传热面积较小，但加热负荷较大；

④ 热虹吸式重沸器与塔的高度差较大，釜式重沸器与塔的高度差相对较小。

因此解析塔与稳定塔底多使用热虹吸式重沸器，而脱硫的再生塔底重沸器使用釜式重沸器。

☞ **15. 稳定汽油作补充吸收剂，流量过大有什么不好？**

答：稳定汽油作为补充吸收剂，其流量过大，会增加来回输送流体的动力以及重沸器的负荷、冷却器的负荷，而且会造成过度吸收，增加解析塔底的解析量，损耗热能。因此用稳定汽油大量作补充吸收剂对装置的能耗有很大影响。

☞ **16. 稳定塔进料位置对汽油蒸气压有何影响？**

答：一般来说稳定塔都设有上、中、下三个进料口，进料位置靠上，提馏段塔板数增加，有利于蒸气压控制，反之则不利于蒸气压合格。生产中可以根据汽油蒸气压与液态烃质量分析情况决定采用哪一点进料。

☞ **17. 稳定塔回流比对液态烃质量有何影响？**

答：塔顶回流比过小，精馏效果差，液化气会大量带重组分，质量超标。回流比增大，可以提高液态烃质量。但塔内液相流量增加后，为保证塔底汽油合格，就要提高塔底热负荷，会受到热源限制，并且还会增加塔顶冷凝、冷却器负荷。一般回流比控制在3~6之间。

☞ **18. 稳定塔为什么要控制一定的回流比来控制质量，而不是采用控制顶温的办法？**

答：采用适宜的回流比来控制质量是稳定塔操作的一个特点，稳定塔首先要保证汽油蒸气压合格，剩余的轻组分从塔顶蒸出。塔顶液化气是多元组分，组成的微小变化从温度上反映不够灵敏，因此，稳定塔不可能采用控制塔顶温度的方法控制，而是控制一定的回流比。

☞ **19. 为什么在吸收之后还需配合解析？**

答： 混合气体经过吸收后，有部分不希望被吸收的组分也被吸收下来（例如C_2组分），因此必须将这部分过度吸收的溶质组分从吸收剂中分离出来重新送回吸收塔中，这样就需要配置与吸收操作相反的解析操作与设备。

☞ **20. 什么是干气、富气、贫气？**

答： 通常将石油气体按其中C_3、C_4以上的重质组分含量多少分为三类：

① 凡C_3、C_4以上的重质气体含量150g/m^3以上的油气称为富气；

② 含量在50g/m^3以下称为干气；

③ 含量在50~150g/m^3称为贫气。

☞ **21. 什么叫轻关键组分？什么叫重关键组分？**

答： 在分离过程中起关键作用的组分称为关键组分。因为要反映出一个分离过程，所以关键组分必定有两个。有些组分经过分离会全部或大部分进入塔顶产品中，这些组分中最重的一个就是轻关键组分。反过来，经过分离全部或大部分进入塔底产物的组分中，最轻的一个是重关键组分。

七、脱 硫 系 统

☞ **1. 脱硫系统的任务是什么？**

答： 脱硫系统的主要任务是：

① 利用化学吸收原理将干气及液化气中的硫化氢吸收下来，使干气及液化气中硫化氢含量达到质量要求；

② 采用低温精脱硫催化工艺，将液化气中的硫化氢及硫醇脱除。

☞ **2. 干气、液化气为何要进行脱硫处理？**

答： 原油中都含有一定量的硫，在炼油厂的生产过程中，这些硫会以硫化氢等化合物的形式进入干气、液化气中，当硫化物含量较高时会引起设备和管线的腐蚀，危害人体健康，污染大气。同时，气体中的硫化氢也是制造硫黄和硫酸的原料，所以需要进行脱硫处理。

☞ **3. 什么叫一级胺、二级胺、三级胺？**

答： 常用的脱硫剂一般根据N原子上所连C原子数分为一级胺、二级胺和三级胺。单乙醇胺（MEA）、二甘醇胺（DGA）属于一级胺，二乙醇胺（DEA）、二异丙醇胺(DIPA)属于二级胺，三乙醇胺(TEA)、*N*-甲基二乙醇胺(MDEA)属于三级胺。

4. 醇胺法脱硫的原理是什么?

答：醇胺法脱硫是焦化脱硫的典型方法。它一种典型的吸收反应过程，目前多数脱硫系统选择复合型甲基二乙醇胺为吸收剂，对硫化氢有较强的吸收能力，而且化学反应速度较快。在脱硫塔内，吸收剂与干气、液化气逆流接触。胺液吸收干气、液化气中的酸性气体 $H_2S(CO_2)$ 和其他含硫杂质，生成酸式硫化铵盐(或酸式碳酸铵盐)，当温度升高时，生成的铵盐又分解，放出 $H_2S(CO_2)$ 气体。脱出的 H_2S 送硫黄回收装置转化为硫黄，胺液则可循环使用。

5. 甲基二乙醇胺(MDEA)有什么危害?

答：大多数脱硫系统所采用的脱硫剂是以甲基二乙醇胺为主体的，它是一种无色有臭胺味透明黏稠液体，呈碱性，其碱性随温度的升高而降低，易与水、酒精互溶，具有微毒性，主要表现在具有轻微的腐蚀性，对人的眼睛和皮肤都有极大的危害，因此，如有胺液溅到眼睛或皮肤上则立即用干净水冲洗以避免灼伤，严重者应立即送往医院做进一步治疗。

6. 影响脱硫过程的主要因素有哪些?

答：对脱硫过程影响较大的因素有：

① 压力。压力高，气相中酸气(H_2S、CO_2)分压大，吸收推动力增大，有利于吸收，反之则不利于吸收；再生解析时则要求压力低，酸气容易从富液中解析出来，能得到低酸气含量的再生贫液。

② 温度。由于胺液的碱性随温度的变化而变化，温度低、碱性强，脱硫性能好；但如果温度过低，可能会导致进料气中的一部分烃类在吸收塔内冷凝，使胺液发泡而影响吸收效果。而对于再生来说则正好相反，温度高有利于酸性气的解析。因而，脱硫操作都是在低温下进行，而再生则在较高的温度下进行。但要防止温度过高使蒸汽耗量过大、胺液分解失效。

③ 胺液浓度。胺液浓度高有利于对酸气的吸收，但浓度过高容易引起胺液发泡，导致胺液跑损。

④ 胺液循环量。胺液循环量大有利于对酸气的吸收，但循环量过大会使再生负荷增加，蒸汽消耗量增加，相应的冷却器负荷增加，贫液冷后温度上升，反过来会影响吸收的效果。

⑤ 贫液酸气负荷。贫液的酸气负荷高，其吸收酸气的能力就会下降，也就不利于脱硫。贫液中酸气负荷的控制要兼顾到再生与脱硫两方面的负荷。

7. 日常操作中如何控制胺液循环量?

答：在一定的温度、压力下，胺液循环量过小，满足不了脱硫的化学需要量，导致吸收效果降低，会出现净化气中的 H_2S 量过大，质量不合格；而循环量过大，则脱硫塔负荷大，能耗高，在胺浓度一定时的胺液循环量的选定标准为控制富液中酸性气负荷不要过高。所谓溶剂的酸气负荷是指吸收塔底富液中酸性气体(H_2S)摩尔数与溶液中胺的摩尔数之比。当胺液浓度决定后，它直接影响溶剂循环量。如果溶剂的酸气负荷选大了，由于一分子胺只能与固定分子数的 H_2S 起反应，这样过多的H_2S就会生成硫化氢铵盐，对设备腐蚀不利，同时，还会降低吸收效果。如果富液中酸气负荷上升，则要加大循环量，但根本的调节方法还是提高胺液浓度。

☞ 8. 再生塔底重沸器的蒸汽流量如何进行调节？

答：脱后干气中的 H_2S 含量，直接取决于胺液中酸性气含量，它与进入塔底重沸器的蒸汽流量存在函数关系。蒸汽流量减少，贫溶剂中残留的酸性气就会增加，因此进到重沸器的蒸汽流量必须通过贫液酸性气含量分析来控制。

☞ 9. 如何控制脱硫系统的胺液浓度？

答：以 MDEA 为脱硫剂的脱硫系统中胺液浓度一般为 30%～50%，如果浓度<20%，富液中的酸性气浓度将变得较低，溶剂循环量必须加大，以便能更完全吸收原料气中 H_2S 杂质。相反，使用较高浓度的胺液，将允许减少循环量，但每单位体积溶液吸收的酸性气体量将增加，酸性气浓度过高的富液腐蚀性更强，胺液易发泡发生冲塔现象。

☞ 10. 富液过滤器的作用是什么？

答：自各脱硫塔来的富液全部通过富液过滤器，可以除去富液中的铁锈、降解物等杂质，避免这些杂质在系统中循环，可提高胺液的纯度，减少溶解发泡，提高脱硫效果。

☞ 11. 在日常操作中为什么要间断向贫液中补入除氧水？

答：在溶剂再生塔中，由于塔底温度在 110～120℃，塔顶压力在 0.05MPa 左右，塔顶温度在 100℃左右，会使溶剂中的水分随酸性气一起挥发出去，为保持溶剂的浓度不变，因此需要间断向贫液中补入除氧水。

☞ 12. 酸性气管线为什么要保温？

答：由于在酸性气中，除了 H_2S，还有 CO_2、H_2O、烃类等其他组分。为防止气态的 H_2S、H_2O 冷凝而产生腐蚀，故对酸性气管线进行保温，并用蒸汽伴热。

☞ 13. 为减少干气脱硫系统溶剂损失，装置设备上采取了什么措施？

答：干气进脱硫塔前设置较大的干气分液罐，可以尽量减少凝液带入溶剂系统，避免造成干气脱硫塔因溶剂发泡、雾沫夹带而造成的溶剂损失。此外在净化干气出装置前可设置旋风分离器、分液罐，将带出的胺液回收。脱硫塔顶还设有破沫网。

14. 再生塔顶为什么要注缓蚀剂？

答：因为再生塔顶气体为高含硫气体，含硫量高达60%~70%，又处于低温状态，与水蒸气形成 H_2S-H_2O 型腐蚀，腐蚀特别严重，加入缓蚀剂后形成保护膜，就可减少硫化氢对再生塔顶及相关管线的腐蚀，保护设备达到长周期运转的目的。

15. 胺液的“发泡”是什么原因？

答：胺液的“发泡”现象是指由于胺液受到污染，使得其发泡性能大大改变，发泡高度增大，消泡时间增长，操作上会引起脱硫塔差压升高、跑胺等现象。在焦化脱硫系统中，胺液“发泡”主要是由于干气中带有一定量的焦粉，经过脱硫后，焦粉进入胺液并在胺液中不断沉积，致使胺液受到污染。此外，物料中携带的烃类凝液、液体雾沫和稳态盐，以及硫化氢腐蚀设备所产生的杂质积累到一定程度也会引起胺液发泡。

16. 为什么要控制再生塔重沸器的气相返塔温度？

答：对于胺液来说其碱性随温度升高而降低，再生塔中温度越高，H_2S、CO_2的解析效果越好、再生效率越高。但是当温度过高时，胺液会降解失效，不仅会造成胺液损失而且其降解产物还会造成胺液发泡。因此一定要控制胺液的再生温度，也就是控制再生塔重沸器气相返塔温度。多数的脱硫系统都使用0.3MPa等级的蒸汽作为再生热源，如果使用较高压力的蒸汽，就需要先进行减温减压，防止重沸器中与蒸汽盘管接触的胺液因温度过高而分解失效。

17. 配制胺液或向系统内补胺时为什么要用脱氧水而不能用新鲜水？

答：因为胺液遇氧气容易被氧化而变质降解，新鲜水中含氧量较高，如果用新鲜水配制胺液或向系统补液位，会导致胺液被氧化而失效，所以要使用脱氧水。

18. 怎样防止胺液氧化、变质？

答：①控制再生塔底温度；

② 系统内不补新鲜水，而用脱氧水；

③ 胺液贮罐内的胺液加油封或氮封与空气隔绝；

④ 桶装胺液的桶盖要盖紧。

19. 胺液复活的手段有哪些？

答：胺液在使用一定时间后，会产生一定量的稳态盐及降解物，为减少这些物质对脱硫过程的影响，就需要对胺液进行复活处理。早期设计的脱硫装置一般都设有胺液复活釜，其主要作用就是将胺液浓缩，使其中溶解的杂质、盐类析出，并将其排出脱硫系统，以达到胺液净化的目的。近年来针对焦化脱硫胺液含固体杂质多的特点，开发出了新型的净化工艺，主要是通过一系列的过滤去除胺液中的焦粉等，使胺液复活。

☞ 20. 富液闪蒸的目的是什么？

答：胺液在吸收干气、液化气中 H_2S、CO_2的同时部分烃类也被溶解在胺液中，随富液进入再生塔，这样烃类会与 H_2S、CO_2一起从再生塔顶进入硫黄回收装置，烃类在燃烧炉内被烧成炭黑夹带在硫黄里，使硫黄的颜色变黑影响硫黄的质量。因此在富液进入再生塔前需要进行闪蒸，闪蒸的目的就是利用闪蒸罐的低压将烃类闪蒸出来，使富液中烃类的含量大大降低，以保证硫黄产品的质量。

☞ 21. 为什么在操作中要保持脱硫塔的贫液温度比气体入塔温度略高？

答：因为在气体脱硫过程中，原料气体会带有部分烃类，如果塔内贫液温度比气体入口温度低，那么原料气体中所携带的烃类就会冷凝在胺液中，造成闪蒸量过大、酸性气带烃等问题。一般来说在操作中都会保持脱硫塔的贫液温度比气体入塔温度高 5℃左右。

☞ 22. 脱硫设备腐蚀主要集中在哪些部位？

答：脱硫设备的腐蚀主要是由于 H_2S 造成的腐蚀，比如在富液系统中 H_2S 浓度较高，因此比较容易造成腐蚀。另外在流速快、有气体冲蚀的部位也比较容易出现腐蚀，比如空冷器和部分工艺管线弯头等部位。

☞ 23. 贫富液换热器腐蚀的原因有哪些？

答：贫富液换热器是脱硫系统设备腐蚀的多发点之一，其腐蚀的主要原因有：

① 胺液循环量过大。胺液循环量大会造成液体流速高。而高流速的液体会破坏金属表面的保护膜，引起腐蚀。

② 再生效果不好。再生效果不好就会使贫液中酸性气含量大大增加，而贫液的温度相对较高，使得溶液的腐蚀性大大增加。

③ 闪蒸压力过低。闪蒸压力低能够提高闪蒸的效果，但过低的闪蒸压力会使富液中的酸性气蒸发出来，形成脱气、紊流，这些都会加速贫富换热器的腐蚀。

☞ 24. 什么是热稳态盐？热稳态盐的危害有哪些？

答：H_2S 和 CO_2在与胺液反应生成盐类后，可以通过加热的方法解析出来，但有些酸性气与胺液发生的反应不具有可逆性，这些铵盐不能从系统中解析出来，故称为“热稳态盐”。常见的热稳态盐有甲酸盐、乙酸盐、草酸盐、硫酸盐、硫代硫酸盐和硫氰酸盐等。

热稳态盐的危害有：

① 热稳态盐的形成消耗了部分胺液，使得用于吸收 H_2S 的原胺液量减少；

② 热稳态盐形成的沉积物容易产生腐蚀；

③ 热稳态盐本身具有一定的腐蚀性，腐蚀产物还会进一步促进腐蚀；

④ 热稳态盐容易使溶剂发泡；

⑤ 胺液系统管线产生应力腐蚀裂纹。

☞ **25. 脱硫装置的胺液净化器脱热稳态盐原理是什么？**

答：脱热稳态盐设施采用高性能离子交换树脂脱除胺液中各种阴离子，可使净化后胺液中的热稳盐含量降低至 1.0%以下，对胺液净化起到治本的作用。树脂具有更多的离子交换官能团，交换速度快，容易再生。树脂胺液净化流程见下图：

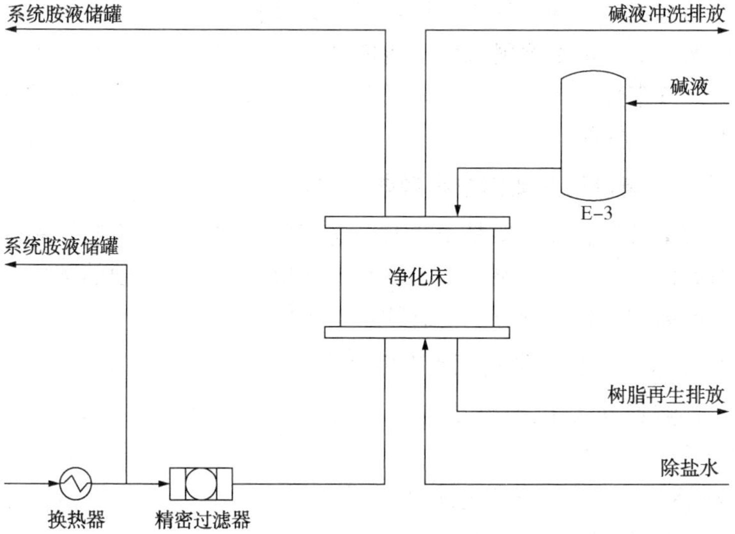

☞ **26. 脱硫装置的防腐措施有哪些？**

答：①控制富液的酸气负荷不能超过 0.4mol 酸气/mol 胺；

② 系统注缓蚀剂；

③ 采用低压(0.3～0.4MPa)饱和蒸汽作为再生热源；

④富液流速≯1m/s；

⑤ 适当提高富液温度至 100～105℃，因富液含 CO_2、H_2S 且在 100℃以下时，设备腐蚀比较厉害；

⑥ 合理选择腐蚀严重部位的材质。

☞ **27. 测定胺液 H_2S 含量的基本原理是什么？**

答：测定胺液中硫化氢含量一般采用碘量法，胺液吸收 H_2S 后，生成相应盐类，在弱酸性介质中 S^{2-} 被碘氧化，过剩的碘用硫代硫酸钠标准溶剂回滴，根据硫代硫酸钠消耗量可算出氧化 S^{2-} 所用的碘量(即可知道 H_2S 的含量)。

反应式：$S^{2-}+2I_2$(过量)$\longrightarrow S\downarrow+SI^-+I_2$(剩余)

$$I_2+2Na_2S_2O_3\longrightarrow Na_2S_4O_6+2NaI$$

☞ 28. 焦化干气脱硫存在的主要问题有哪些?

答：焦化干气脱硫的主要问题是焦粉积累问题。由于焦化的生产工艺，干气中会带有一定量的焦粉，当焦粉在胺液中积累到一定程度，就会引起胺液发泡。同时在焦粉沉积的地方会形成垢下腐蚀，产生更多的固体杂质，既影响脱硫的效果又会引起胺液跑损。由此还会出现贫液冷却器结垢，冷却效果下降，引起贫液入脱硫塔温度过高，脱硫效果下降。这样为保证干气质量不得不增加胺液循环量，进而更增加贫液冷却负荷，使贫液冷后温度进一步升高，形成恶性循环。

☞ 29. 脱硫系统中能耗是由哪几部分组成的?

答：脱硫系统的能耗主要是重沸器的蒸汽热源、机泵耗电及冷却器用循环水。其中重沸器的蒸汽热源是主要的能耗，它提供三种工艺需求的热量：显热、反应热和回流热。显热用于将循环富胺液从再生塔入口加热到再生塔底温度。反应热用于破坏 H_2S 和 CO_2 与胺之间的键合力。回流热是保持汽提塔内特定的回流比所需的热量。

☞ 30. 瓦斯主要由哪些成分组成?

答：瓦斯主要由甲烷和乙烷，还有氢气、乙烯、丙烷、丙烯、正丁烷、异丁烷、丁烯、异丁烯、反 2-丁烯、顺 2-丁烯等组成。

第六章　设备基础及故障处理

一、焦　炭　塔

☞ 1. 为什么说焦炭塔是一种特殊的塔设备?

答: ①通常所说的塔设备指的是它可使气(汽)液两相之间进行充分接触,达到相际传热及传质的目的,而焦炭塔不具有这一点。

② 塔内没有除沫器和塔内件。

③ 没有人孔或手孔。

④ 然而,它却具有塔设备的其他结构,如塔体、裙座、接管等,所以说,焦炭塔是一种特殊的塔设备。

☞ 2. 焦炭塔的振动有几种?

答: 露天放置的焦炭塔在风力作用下,将在两个方向上产生振动:一种是顺风向的振动,另一种是横风向的振动(风诱发的振动)。运行中的焦炭塔还存在因生产过程中的介质与管路的影响产生较为复杂的低周振动。

☞ 3. 塔设备如何防振?焦炭塔可以采用哪些防振措施?

答: 塔设备的防振措施有:

① 增大塔的自振频率;

② 增加塔的阻尼;

③ 采用扰流装置。

焦炭塔采用的防振措施有:

① 增大塔的自振频率(采用阶段式不同壁厚);

② 采用扰流装置(梯子、平台、其他外部连接件);

③ 平稳操作工况。

☞ 4. 焦炭塔怎样选材?

答: 焦炭塔的下部塔壁通常都附着一层牢固而致密的由焦炭形成的保护层,隔离了腐蚀介质,因此一般腐蚀不明显,选材时考虑采用碳钢或铬钼钢。焦炭塔上部泡沫段以上部分,由于没有焦炭层保护,腐蚀介质直接与塔体接触,在生产过程中该部分塔体会产生高温硫腐蚀与低温露点腐蚀,塔体应选用碳钢+0Cr13Al复合板,或铬钼钢+0Cr13Al复合板,同时符合 SH/T 3096—2012《高硫原油加工装置设备和管道设计选材导则》延迟焦化装置主要设备的推荐用材中有关焦炭塔的选材标准，但需指出上部复合钢板高度应由焦炭塔顶部到泡沫层以下200mm处。

过去国内设计的焦炭塔一般直径较小，选材多以20g为主，焦炭塔原料含硫量较低，因此使用中未出现太多问题。国外设计的焦炭塔选用碳钢和铬钼钢的都有，但近年来设计的焦炭塔大部分选用铬钼钢，在含硫量较高时还选用410S型不锈钢复合钢板防腐。由于焦炭塔的大型化，使用碳钢钢板厚度已超出不预热的厚度，而且碳钢在焦炭塔的操作工况条件下长期使用还有可能产生石墨化现象，而铬钼钢的高温机械性能大大优于碳钢，强度高2倍以上，抗高温氧化性及抗疲劳性能均比碳钢好得多。在相同塔径的情况下，材质使用铬钼钢的塔其壁厚较薄，操作时产生的热应力也相应较小，重量较轻，可以节约钢材及投资，且使用寿命比碳钢塔长得多，目前国内生产的15CrMoR钢板性能基本稳定，因此设计时多数采用15CrMoR钢板。泡沫段以上部位采用15CrMoR+0Cr13Al复合板。

☞ **5. 试述焦炭塔用材的发展趋势？**

答：在过去焦炭塔采用20g，然而随着加工高硫油的规模不断扩大，对焦炭塔顶部的腐蚀加大，此时，推荐采用20g/20g+0Cr13Al。可是，近两年来，随着焦炭塔大型化的发展，20g已不能满足设计及热处理的要求，纷纷采用15CrMoR/15CrMoR+0Cr13Al。在2004年中国石化某公司1000kt/a延迟焦化装置中，其核心设备焦炭塔直径为8600mm，材质为：上段为1.25Cr-0.5Mo（国内牌号为14Cr1MoR）+410S复合钢板，下段为14Cr1MoR钢板，为国内首例。

☞ **6. 为什么焦炭塔大油气管线设计成类似“π”形？**

答：这是因为首先焦炭塔的热膨胀速度与管线的膨胀速度不一致，设计成“π”形，可以对其进行补偿，从而降低管线焊缝的热应力；此外设计成“π”形可以增加管线的挠性。

☞ **7. 目前焦炭塔的发展有什么趋势？**

答：随着装置大型化，焦炭塔的大型化已成为一个明显的趋势。目前延迟焦化装置中，焦炭塔单塔能力在500kt/a时，其塔直径都在8m以上。另外，焦炭塔的尺寸决定于原料性质、操作压力和温度。20世纪80年代末以来，我国焦炭塔直径一般为ϕ6000mm到ϕ6100mm，在这之前都是ϕ5400mm，只相当于国外20世纪50年代末期或60年代初期水平。20世纪60年代美国出现ϕ7930mm的焦炭塔，20世纪80年代美国焦炭塔最大直径为ϕ8230mm，到20世纪90年代，印度新建的焦化焦炭塔直径已达到ϕ8845mm。而我国上海石化延迟焦化装置焦炭塔的直径也达到了ϕ8400mm，成为国内第一套自行设计、施工安装的最大直径的焦炭塔，实现了单塔焦化最大生产能力，节省了工程投资和生产费用。

☞ 8. 焦炭塔裙座柔性槽的结构有哪些？现在设计一般采用哪种结构？

答：一般焦炭塔裙座柔性槽的结构有哑铃型和哑铃型+“U”型槽。裙座处由于温差的急剧变化将会产生较大的交变热应力，为了使热应力能更好地释放，降低对裙座焊缝的影响，所以现在设计的焦炭塔裙座都采用哑铃型+“U”型槽。

☞ 9. 焦炭塔裙座柔性槽产生裂纹的原因是什么？

答：在频繁而严重的加热和冷却循环下，焦炭塔裙座焊缝及其附近部位会受到较大的交变热应力作用，并且在急剧升温和急剧冷却阶段还会受到大于材料屈服应力的热应力载荷的周期性作用，再加上柔性槽结构不合理，都会在裙座柔性槽周围产生大量的热疲劳裂纹。

☞ 10. 如何解决焦炭塔裙座柔性槽止裂孔的开裂问题？

答：目前解决焦炭塔裙座柔性槽止裂孔的开裂问题主要有两种方法：对裙座结构进行改造，采用哑铃型+“U”型槽；对原有的裙座结构进行优化。下图是中国石化某公司焦炭塔的优化结构：

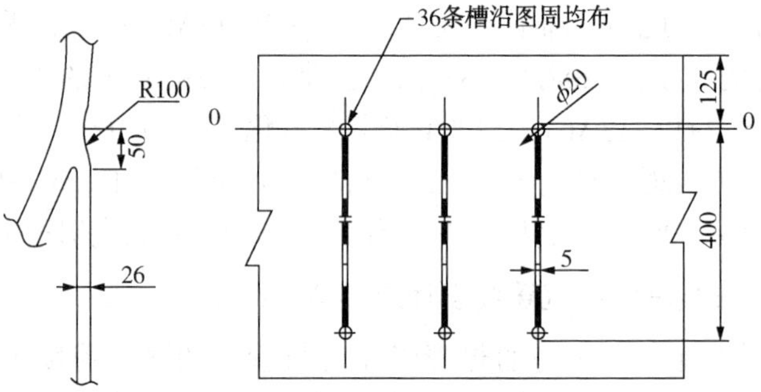

优化后的裙座焊接结构及柔性槽结构

☞ 11. 哪些因素会导致焦炭塔裙座的变形？

答：进油生焦的急剧升温阶段，由于热筒体与冷裙座之间存在温度梯度，筒体受高温作用而产生热变形时，必将受到相连裙座的约束，如图一所示。一方面，裙座具有一定的温度，也将产生一定量的热变形，但由于角焊缝的连接经端面转角变形协调后，其实际转角为 θ[如图一(a)所示]，由此将产生一部分变形协调力；另一方面，裙座与筒体之间存在较大的温度差，各自径向自由热变形并不一致，这样裙座对筒体将产生较大的刚度约束，所以最终二者取得径向位移的变形协调，将产生另一部分变形协调力。在这两部分变形协调应力的作用下，裙座实际变形如图一(a)虚线所示。由此可见，裙座焊缝及其附近部位将产生较大的轴向弯曲应力。根据上述变形特点，其应力分布如图一(b)所示。

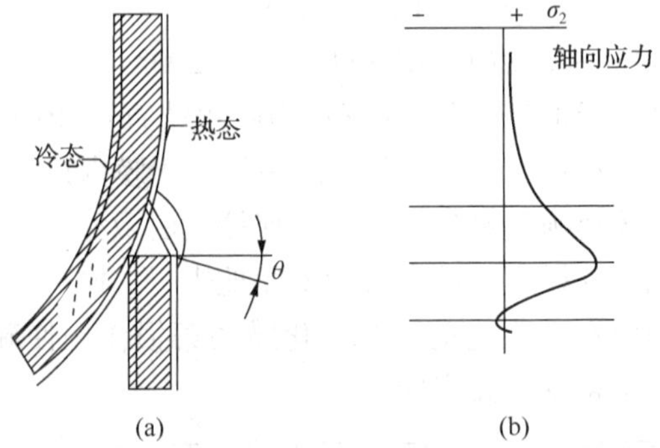

图一　升温时裙座焊缝区域实际变形与轴向应力分布

急剧降温阶段的分析与上面所述类似，所不同的是这一阶段的变形情况以及轴向弯曲应力的变化规律正好与升温阶段相反，如图二所示。

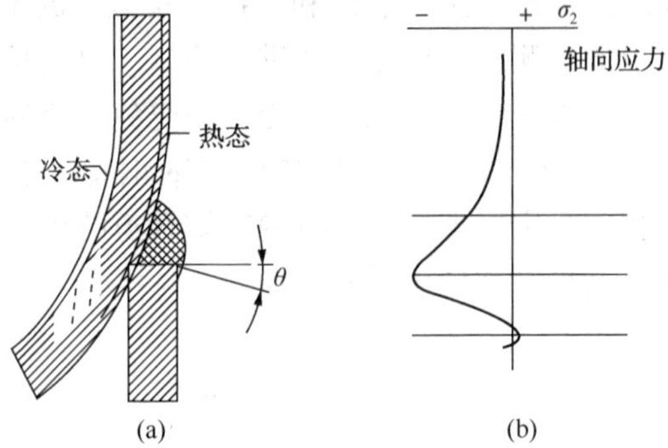

图二　降温时裙座焊缝区域实际变形与轴向应力分布

☞ 12. 在大负荷加工高硫原油的情况下，焦炭塔的主要问题是什么？

答：焦炭塔的主要问题是：塔体鼓胀变形；塔壁中上部气相及气液相交界处腐蚀减薄；裙座焊缝及柔性槽止裂孔处产生裂纹；大油气线接头焊缝易产生裂纹；安全阀及开工线接管腐蚀减薄严重等。

☞ 13. 焦炭塔封头气相段发生高温硫腐蚀的机理是怎样的？

答：高温硫腐蚀机理为化学腐蚀，具体类型如下：

① 硫化氢同铁在240℃以上就发生明显反应，生成FeS。360～390℃达到最大。$Fe+H_2S \longrightarrow FeS+H_2$（大于200℃）

② 在350～400℃的温度下，单质硫同铁很容易进行反应。同时，在这个温度下，硫化氢会分解出活性单质硫，活性单质硫和铁的作用极强烈。$H_2S \rightarrow S+H_2$（温度在350～400℃）

③ 在200℃以上，尤其是在350～400℃复杂硫化物也分解出硫化氢，加强介

质的硫化氢分解，使腐蚀加强。$Fe+S \longrightarrow FeS$

$RCH_2CH_2SH+Fe \longrightarrow RCHCH_2+FeS+H_2$（大于200℃）

由于高温硫腐蚀生成的硫化膜（对碳钢为硫化铁）的PBR（氧化物的离子体积同金属原子体积比）为2.6~2.7，这样就在FeS硫化膜内产生较大应力，在这种较大应力的作用下，硫化膜容易破裂，无法保持膜的致密性，也就无法隔断活性硫同金属基质的接触，这样腐蚀就会持续不断地进行。同时，当流体介质有固体颗粒存在时，固体颗粒在高速流动时对硫化膜的磨损作用使硫化膜更容易破裂、脱落，这样渐渐加速了钢材的硫腐蚀。

☞ 14. 焦炭塔高温部位防止高温硫腐蚀的措施有哪些？

答：防止腐蚀的措施有：在Fe-Cr合金的表面生成的硫化物膜为三层结构：FeS、$FeCr_2S_4$、铁铬硫化物。由于基体中的高Cr的作用，生成尖晶石硫化物$FeCr_2S_4$，形成较致密的膜，可抑制腐蚀的继续进行。因此，在高温部位，尤其在高温含固体颗粒介质的部位采用Cr_5Mo和含铬13%以上的不锈钢。由于高温硫腐蚀为均匀腐蚀，可以通过测厚等检测方法进行检测。建立长期的定期检测制度有助于对腐蚀的监控，可以做到早发现、早处理，避免事故的发生；在高温部位管道材料混用是应当严格禁止的，尤其是在Cr-Mo钢管线上使用碳钢管件。因此，在设计和施工过程中一定要把好关，Cr-Mo钢管道的主线管材和分支线、接管等材质以第一道法兰为界必须使用同种材料。

二、机　泵

☞ 1. 什么叫泵？

答：用来输送液体并直接给液体增加能量的一种机械设备。

☞ 2. 什么叫泵的流量？

答：单位时间内通过泵排出管排出的流体量称为泵的流量，泵的流量是制造厂实际测定的。流量可分为质量流量和体积流量两种：质量流量是指单位时间内所通过的流体的质量，单位为kg/s、t/h等，体积流量是指单位时间内所通过的流体体积，单位为L/min、m^3/h等。

☞ 3. 什么叫泵的最小连续稳定流量？

答：是指在不超过API标准所规定的振动限度下泵能够正常运行的最小流量。机泵在此流量下连续运行一般不会产生过热、汽蚀及机械故障等情况。

☞ 4. API标准规定的机泵振动烈度有哪些？

答：API标准规定的机泵振动烈度见下表：

<table>
<tr><th>振动强度</th><th colspan="4">适用机器类别</th></tr>
<tr><th>振动速度/（mm/s）</th><th>Ⅰ类
功率<15kW</th><th>Ⅱ类
15kW≤功率<300kW</th><th>Ⅲ类
功率≥300kW的刚性转子</th><th>Ⅳ类
功率≥300kW的挠性转子</th></tr>
<tr><td>0.28</td><td rowspan="3">A</td><td rowspan="4">A</td><td rowspan="5">A</td><td rowspan="6">A</td></tr>
<tr><td>0.45</td></tr>
<tr><td>0.71</td></tr>
<tr><td>1.12</td><td rowspan="2">B</td></tr>
<tr><td>1.8</td><td rowspan="2">B</td></tr>
<tr><td>2.8</td><td rowspan="2">C</td><td rowspan="2">B</td></tr>
<tr><td>4.5</td><td rowspan="2">C</td><td rowspan="2">B</td></tr>
<tr><td>7.1</td><td rowspan="4">D</td><td rowspan="2">C</td></tr>
<tr><td>11.2</td><td rowspan="3">D</td><td rowspan="2">C</td></tr>
<tr><td>18</td><td rowspan="2">D</td></tr>
<tr><td>28</td><td>D</td></tr>
</table>

注：A代表优；B代表良；C代表合格；D代表不合格。

☞ 5. 哪些机泵被界定为高危泵？

答： 高危泵包括高温泵（输送介质操作温度≥自燃点或260℃）、液态烃泵（输送介质为C_1~C_4的烃类）、中度有毒有害介质泵（含苯类、硫化氢及其他有毒有害介质，具体参考HG/T 20660—2017《压力容器中化学介质毒性危害和爆炸危险程度分类标准》）。有毒有害介质泵一般包括芳烃泵（指输送含苯环结构的泵，如苯、甲苯、二甲苯等）、含硫化氢介质泵（一般指酸性水泵、富胺液泵）。

☞ 6. 什么叫泵的扬程？

答： 泵的扬程是指单位重量液体通过泵做功以后其能量的增加值，单位：m，代号：H。

$$H=h_{表}+h_{真空}+(v_{出}^2-v_{进}^2)/2g$$

式中 $h_{表}$——出水扬程，m；

$h_{真空}$——进水扬程，m；

$v_{出}$、$v_{进}$——出口、进口的平均流速，m/s；

g——重力加速度，9.8m/s^2。

☞ 7. 什么叫流体的重度？

答： 流体的重度指的是单位体积的质量，常用符号r表示。

$$r=G/V$$

G表示流体的质量，kg；V表示流体的体积，m^3；r单位g/cm^3、kg/cm^3；

t/m^3等。流体的重度随温度的变化而不同，温度越高，物质的体积膨胀变大，其重度随之而变小。

8. 什么叫功率？

答：功率是指单位时间内所做功的大小，常用符号 N 表示，单位：hp，kg·m/s，它们之间的关系是：1kW＝102kg · m/s，1hp＝75kg · m/s。因此，1kW＝1.36hp，1hp＝0.735kW。

9. 什么叫作泵的效率？

答：泵的有效功率与轴功率之比称为泵的效率，常用百分数表示，即：$\eta = N_{有}/N_{轴} \times 100\%$。

10. 泵的效率有什么意义？

答：效率的高低说明泵性能的好坏及动力利用的多少，是泵的一项主要技术经济指标，泵的效率又称泵的总效率，是泵的机械效率、容积效率及水力效率三者的乘积。

$$\eta = \eta_{机} \cdot \eta_{容} \cdot \eta_{水力}$$

一般离心泵的效率在0.60~0.80。

11. 按工作原理，炼油厂常用泵可分为哪几类？

答：可为以下四类：

① 离心泵：依靠做旋转运动的叶轮进行工作；

② 往复泵：依靠往复运动的活塞进行工作；

③ 旋转泵：依靠旋转的转子进行工作，如齿轮泵；

④ 液体作用泵：依靠另一种液体进行工作，如喷射泵、空气升液器等。

12. 试述离心泵的工作原理。

答：离心泵运转之前泵壳内先要灌满液体，然后原动机通过泵轴带动叶轮旋转，叶片强迫液体随之转动，液体在离心力作用下向四周甩出至蜗壳，再沿排出管流出。与此同时在叶轮入口中心形成低压，于是，在吸入罐液位与泵叶轮入口压力差的推动下，从吸入管吸入罐中的液体流进泵内。这样，泵轴不停地转动，叶轮源源不断地吸入和排出液体。

13. 请用四种不同方式对离心泵进行分类。

答：可按下列方式对离心泵进行分类：

① 按液体吸入叶轮的方式可分为单吸泵和双吸泵；

② 按叶轮级数，可分为单级泵和多级泵；

③ 按壳体剖分方式，可分为水平剖分式和分段式；

④ 按输送介质，可以分为水泵、油泵、酸泵、碱泵等。

14. 什么叫离心泵的特性曲线？它有什么作用？

答：用来表示在一定的转数的条件下，泵的流量 Q 与扬程 H、功率 N、效率 η 的变化规律及相互之间的关系曲线，称为泵的特性曲线。利用特性曲线，可以帮助我们正确地选择和使用泵。

15. 从离心泵的特性曲线上能够看出离心泵的哪些特征？

答：从流量-扬程($Q-H$)曲线可看出，流量增大时，扬程下降，但变化很小，说明流量不变则泵内的压力稳定，流量变化后，泵的操作压力波动不大，但为了保证泵有足够大的压力，排液量不能任意增大。

从流量和功率($Q-N$)的曲线看出，流量和功率的关系是：功率的消耗随流量的增加而增大，当流量为0时(泵出口阀全关)，则功率消耗最小，故离心泵启动时，必须关闭出口阀，否则因功率消耗大，往往会跳闸或烧坏电机，也增加了机械磨损。

从流量和效率($-\eta$)的曲线上可以看出，$Q-\eta$ 曲线有一个效率最高点，这是最佳工况点(即最佳工作情况点)，在大于或小于这个最高点附近操作，才最经济合理。故和最高点效率相对应的流量、扬程、功率对选择和使用泵很重要。选泵时应根据各泵的特性曲线上表示出来最佳工况点来选择所需要的泵。

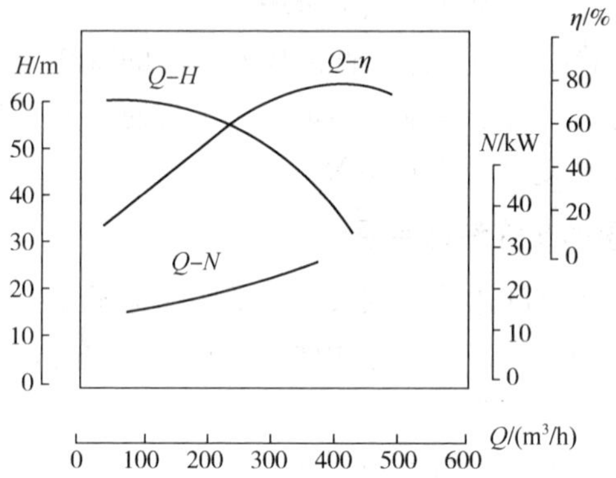

机泵特性曲线图

16. 液体的重度变化对泵的性能有什么影响？

答：当输入液体重度与常温下清水的重度不同(例如液态烃、各种油品的重度比水轻，而酸的重度比水重)时，在泵的性能参数中，扬程、流量和效率均不变，只有泵的轴功率随介质的重度变化，可用下式计算：

$$N_1 = N \cdot r_1 / r_2$$

式中　N_1、N——输送介质和常温清水时的轴功率；

　　　r_1、r_2——输送介质和常温清水的重度。

从计算的结果可以得到这样的结论：即当液体重度增加时，轴功率也随之增加，当液体的重度减轻时，轴功率也就随之而下降。

17. 当液体黏度改变时，对泵的性能有什么影响？

答：将离心泵输送黏度比水大的黏液（如原油、润滑油、硫酸等）与输入水时比较，性能参数变化如下：

① 泵的流量减小，由于液体黏度增大，切向黏滞力阻滞作用逐渐扩散到叶片间的液流中，叶轮内液体流速降低，使泵的流量减少。

② 泵的扬程降低，由于液体黏度增大，使克服黏性摩擦力所需要的能量增加，从而使泵所产生的扬程降低。

③ 泵的轴功率增加，在液体重度与水的差别不大时：主要是由于输送黏液时叶轮后盖板与液体摩擦所引起的功率损失（盘向损失）增大的缘故。此外液体与前盖板摩擦的水力损失增大也会引起轴功率的增加。

④ 泵的效率降低，虽然液体黏度增加后漏损减少，提高了泵的容积效率，但泵的水力损失和盖板损失的增大使泵的水力效率和机械效率降低，泵的总效率因而降低。

⑤ 泵所需要的允许汽蚀余量增大，由于泵进口至叶轮入口的动压降随液体黏度增加而增大，因而泵的允许汽蚀余量增大。

综上所述，可以看出，在输送黏性液体时，泵的特性会发生较大的变化。因此，对于黏度过大的油，由于其流动性很差，不宜使用离心泵输送，一般黏度大于 650cSt 时，应选用往复泵或齿轮泵等。

18. 什么叫作泵的允许汽蚀余量？

答：所谓允许汽蚀余量就是：该泵所要求的保障不发生汽蚀现象的一个安全余量。常用符号 Δh，单位 m，例如：由样本中查出某泵汽蚀余量为 5.3m，意思是说该泵的吸入高度等于当地大气压减去管路损失的高度后再减去 5.3m 所得的数值。假如经计算得到吸入管路阻力损失为 3m，那么很容易确定：该泵安装的吸入高度 $H_{吸}$。

$$H_{吸}=p_0/r-5.3-3$$

式中 p_0——当地大气压，假定为 1kgf/cm^2，即 10000kgf/m^2；

r——输送液体的重度，假定是水，$r=1000\text{kg/m}^3$。

则 $H_{吸}=10000/1000-5.3-3=1.7\text{m}$，就是说，该泵吸入液体的液位距泵中心线的高度应为 1.7m。当 $H_{吸}$ 为正值时，叫吸入高度（泵比液位高）。当 $H_{吸}$ 为负值时，叫灌注高度（或叫罐注头，泵比液位要低）。

19. 请以图示单级单吸离心泵为例，指出所标各部件的名称。

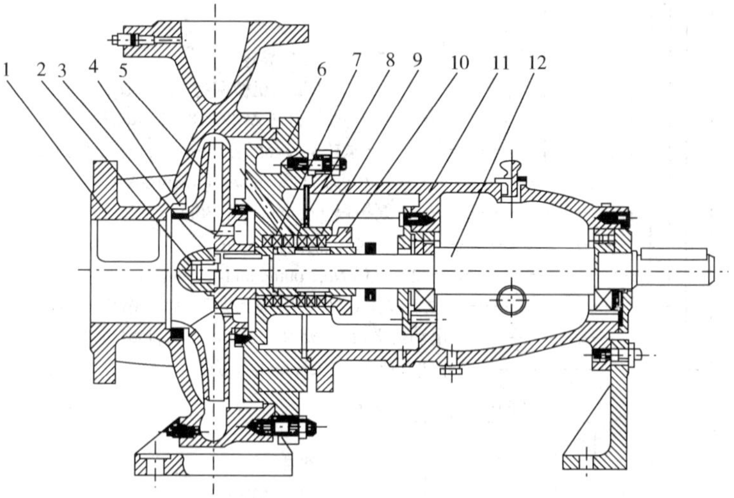

答：图示各部件名称如下：

1—泵体；2—叶轮螺母；3—制动垫片；4—密封环（口环）；5—叶轮；6—泵盖；7—轴套；8—填料环；9—填料；10—填料压盖；11—轴承箱；12—轴。

20. 请说出下列泵型号的含义。

80 A - Z Y 100 × 2

- 2——级数
- 100——单级扬程(m)
- Y——离心油泵
- Z——对A(第一次改造)进行改进
- A——第一次改造
- 80——吸入口直径(mm)

DSJH 4 × 6 × 13 $\frac{1}{4}$ L

- L——叶轮形式
- 13 $\frac{1}{4}$——泵叶轮直径(in)
- 6——泵入口直径(in)
- 4——泵出口直径(in)
- DSJH——单级双吸两端支撑流程泵

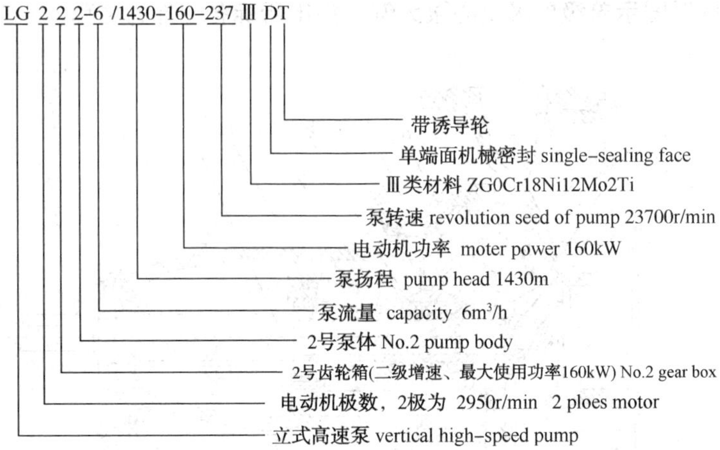

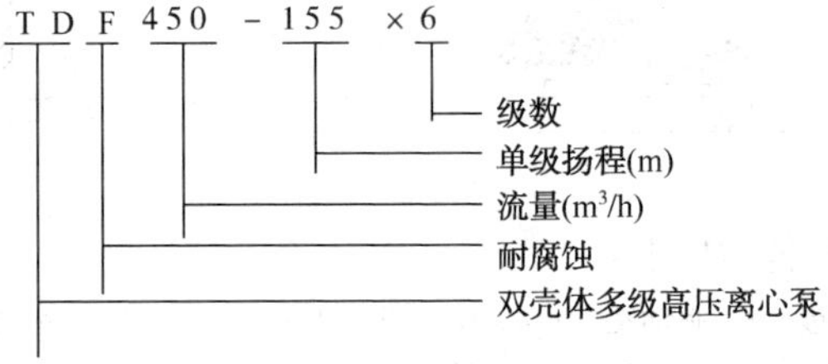

21. 试述卧式双壳体多级高压离心泵的结构特点。

答：该型泵吸入口、吐出口均垂直向上。外筒体锻造成形，吸入和吐出短管法兰采用对接焊与外筒体联接，筒体支承方式为中心线水平支撑。泵内壳为颈向剖分多级节段式。由吸入函体、中段、导叶、泵盖、叶轮、轴、平衡鼓、平衡套等零件组成。泵径向力由布置在两端的四油锲径向滑动轴承承受，残余轴向力由布置在非驱动端的推力可倾瓦轴承承受。轴承采用强制润滑，润滑油由稀油站供给。外筒体与泵盖结合面是唯一的高压密封部位，采用缠绕垫密封。其余各壳体间结合面采用金属加“O”形橡胶圈辅助密封。泵级间采用节流密封，泵轴伸出端(两侧)采用集装式机械密封。泵进口、出口法兰处均采用椭圆形金属环垫密封。

22. 多级泵常用的轴向平衡措施有哪几种？

答：有以下几种：①叶轮对称布置；②平衡鼓；③自动平衡盘；④平衡盘与平衡鼓组合装置。

23. 冷油泵和热油泵有什么区别？

答：①使用温度200℃以下为冷油泵，200℃以上为热油泵；

② 一般的热油泵密封机构都注封油，而冷油泵就不注；

③ 热油泵口环的间隙较大，冷油泵较小；

④ 热油泵的用材多为碳钢、合金钢，而冷油泵则采用铸铁；

⑤ 热油泵启动前需要预热，而冷油泵则不必要；

⑥ 热油泵的支座、轴承箱、盘根箱机械密封都需要用水冷却，而冷油泵就可以不采用。

☞ 24. 启动离心泵前应做哪些准备工作？

答：①检查泵体及出入口管线、附属管线、阀门、法兰、活接头、压力表有无泄漏，地脚螺丝及电机接地线有无松动，联轴器是否接好，机泵轴中心线是否已找正好(但热油泵应在泵预热后联系钳工找正)。

② 检查泵出口压力表和封油压力表是否安装良好，量程选择是否合适，压力表、电流表、油箱油面是否已用安全红线标记。

③ 按机泵润滑油使用规格和三级过滤制方法向轴承油箱注入合格润滑油，油箱必须用润滑油清洗干净，油面加至油标的1/3~2/3之间。检查甩油环有否脱落，挡水板螺钉是否紧固好。

④ 盘车检查转子是否灵活、轻松，泵体内是否有不正常声音和金属撞击声，检查电机旋转方向是否与泵旋转方向一致，上好对轮护罩。

⑤ 开冷却水和封油，使其畅通循环，调节好冷却水流量和封油压力(封油压力一般高于泵入口压力0.5~1.0kg/cm^2为宜，若泵入口线无压力表，适宜的封油压力应在实际操作中摸索出)，检查泵轴前后格兰漏出的冷却水中含油情况。

⑥ 灌泵，打开泵的入口阀和出口压力表排凝阀，引油置换出泵体内空气和水分(若热油泵解体检修后，钳工用封油打入泵壳内检查端盖法兰和端面密封泄漏情况，应将封油全部置换出泵)，新建流程开泵前引油罐泵，若全靠从泵出口压力排凝管线置换来不及时，也可采用打开泵出口阀顶入出口管线，然后再关闭泵出口阀启动泵，但必须说明，预热备用泵或切换泵绝对不允许这样操作，否则会引起运行泵抽空。

⑦ 热油泵启动前必须进行预热，预热必须缓慢，升温速度不得超过50℃/h，预热到与运转温度差40~60℃，预热过程中每隔10min盘车180℃。

⑧ 联系电工送电，对新安装泵或检修后的泵，应启动一下，检查机泵旋转方向是否正常，若反转，应立即停泵联系电工对电缆头接线“换相”。

⑨ 准备好油壶、工具、温度计、听针。

⑩ 启动时应有操作员在场，并已改流程，调节阀已遥控适当打开一定开度，已联系仪表工启用一次表，打开泵出口压力表引压阀；若是新安装机泵或是检修后的机泵，必须联系电工、钳工到现场。

☞ 25. 如何正确启动离心泵？

答：①按启动电钮启动机泵。密切监视电流指示和泵出口压力指示的变化；检查打封油的情况和端面密封的泄漏情况，查听机泵的运转声音是否正常，检查机泵的振动情况和各运转点的温度上升情况，若发现电流超负荷或机泵有杂音不正常，应立即停泵查找原因。

② 若启动正常(所谓正常，即启动后，电流指针超程后很快下来，泵出口压力不低于正常操作压力，无晃量抽空现象，油箱温度、格兰温度、电机轴承和机壳温度、电缆头和接线盒温度都低于允许范围，端面泄漏也在允许范围内)，即可缓慢均匀地打开泵出口阀门，并同时密切监视电流指示和泵出口压力指示的变化情况，当电流指示值随着出口阀的逐渐开大而逐渐上升后，说明量已打出去，当泵出口阀打开到一定开度，继续开大后电流不再上升时，说明调节阀起作用，继续提量应用二次表遥控进一步开大调节阀。

☞ 26. 机泵带负荷正常运行的验收，应符合什么技术要求？

答：带负荷后应符合下列要求：

① 滑动轴承温度不大于65℃，滚动轴承温度不大于70℃。

② 轴承振动：1500r/min，不大于0.09mm；3000r/min，不大于0.06mm。

③ 运转平衡，无杂音，封油、冷却水和润滑油系统工作正常，附属管路无滴漏。

④ 电流不得超过额定值。

⑤ 流量、压力平稳，达到铭牌所示或满足生产需要。

⑥ 密封漏损不超过下列要求：

机械密封：轻质油10滴/min，重油5滴/min；

软填料密封：轻质油20滴/min，重油10滴/min。

☞ 27. 离心泵首次开泵前为什么要灌泵？

答：离心泵开泵前不灌泵，泵内有可能存有气体，由于气体的重度小，因此造成泵的吸入压力和排出压力都很低，气体不易排出，液体就无法吸入泵内。所以，离心泵开泵前必须灌泵，使泵内充满液体，避免“气蚀”现象和抽空。

☞ 28. 运行泵应如何维护，要做哪些维护工作？

答：①检查泵出口压力足不足，压力和电流指针有无晃动和变化情况，检查泵上量情况，有无抽空情况，检查电流指示是否超过额定电流，应将检查出的有关异常情况及时汇报操作员和班长，及时处理。

② 检查泵格兰、油箱温度和电机轴承、机壳、电缆头、接线盒温度是否正常。轴承温度不得超过65℃。

③ 检查机泵各部的振动和声音情况，各部零件和地脚螺钉是否松动。

④ 检查端面密封的泄漏情况，保持好适当的封油压力。

⑤ 检查冷却水系统是否畅通，格兰冷却水量和油箱情况，泵座冷却水的回水温度情况，调节好冷却水量，若水质太脏、水流不畅应及时处理。

⑥ 检查油箱内润滑油的甩油情况。油质情况(如有无含水乳化、含有氧化胶质、杂质、金属粉末而变黑的情况)，液位情况以及油温情况。坚持润滑油的三

级过滤保养制度，液位太低及时补油，油变质应及时换油。

⑦ 严禁泵长时间抽空，严禁泵在允许的最低流量下(或关闭出口阀门)长时间工作。

⑧ 外操在紧急情况下(如轴承过热、抱轴等)，为了保护设备，有权紧急停泵或切换泵，但处理后应立即向内操和班长汇报。

☞ 29. 备用泵应如何维护，要做哪些维护工作？

答：①坚持备用泵的定时盘车保养制度。

② 坚持备用泵的定期切换保养制度。

③ 利用停运机会，做好备用泵的小修维护工作(如堵漏、更换冷却水胶皮管、紧固挡水板，更换油标、小阀门或压力表)。

④ 利用停运机会，彻底清洗脏的油箱，换上合格油。

⑤ 检查预热泵的预热情况，做好备用泵的正常预热工作。

⑥ 做好备用泵的脱水工作。

⑦ 冬季应做好备用泵的防冻防凝工作。

⑧ 应使备用机泵随时处于良好备用状态。

☞ 30. 备用泵为什么要定期盘车？

答：①泵轴上装有叶轮等配件，在重力的长期作用下会使轴变弯。经常盘车，不断改变轴的受力方向，可以使轴的弯曲变形为最小。

② 检查运动部件的松紧配合程度，避免运动部件长期静止而锈死，使泵能随时处于备用状态。

③ 盘车把润滑油带到轴承各部，防止轴承生锈，而且由于轴承得到初步润滑，紧急状态能马上启动。

☞ 31. 备用的热油泵启动前为什么要预热？

答：备用的热油泵在启动前，如果不预热，遇紧急启动时，热油迅速灌入冷泵缸内，就会造成泵内零件受热不均匀使主轴弯曲，并使泵体中的静止口环与转子上的叶轮密封圈卡住，造成磨损、抱轴、断轴等事故。此外，对黏度较大的油品如果不预热，油凝在泵罐内，启动后就不上量，甚至会引起电机跳闸，同样原因不均匀热胀会造成泄漏。如端面密封泵盖、平衡管接头、泵出入口线法兰、填料等处的泄漏严重，同时还可能造成着火事故。

☞ 32. 备用泵预热要注意哪些问题？

答：备用泵预热时要注意以下几点：

① 预热流程正确。一般是泵出口管线—通过横跨出入口的预热跨线—预热阀—泵体—泵入口，不要将预热阀开得过大，以防止泵倒转。

② 预热以 50℃/h 的速度进行，紧急情况下，采取措施后可以加快预热速度

(如有蒸汽吹泵体帮助预热)。但速度太快会使泵体急剧受热引起各结合处泄漏和转子弯曲卡住的现象。

③ 预热时要盘车，一般 30~45min 盘车一次，以避免主轴弯曲和便于排除泵内气体。

④ 轴承箱、泵座、端面密封的冷却水要全部打开，以保护轴和轴承。

☞ 33. 热油泵停运后需要降温时要注意什么?

答: 要注意以下几点:

① 各部冷却水不能马上停，要待各部温度下降至正常温度方可停水。

② 关闭关严入口阀、预热阀。

③ 降温时，千万不要用冷水浇泵体，以防止热胀冷缩，并且注意要每隔 15~30min 盘车一次，直至泵体温度降至 100℃以下为止。

☞ 34. 为什么离心泵要关闭出口阀启动?

答: 从离心泵的特性曲线图纸上我们已经得知，离心泵在其流量为零时，功率消耗最小，而电机由原来的静止状况一下升到工作转速，其启动时的电流(也就是电动机的功率消耗)要比正常运转时大 5~7 倍，在这种情况下，如果不关闭出口阀，让其增加机械负荷，有可能导致电机跳闸等事故的发生，为了使电机在最低负荷下启动，所以要关闭出口阀。

☞ 35. 离心泵如何正确停运?

答: ①先关闭泵出口阀门，后按停机电钮停机，酌情关入口阀门(如泵不检修，则不应关闭)。

② 停泵后停打封油，泵体温度降至常温后停冷却水(冬季可保持小量水流，以防冻坏设备)。

③ 热油泵停运后，可适当调小冷却水而不应停止冷却，打开泵预热线阀门(无专用预热线则稍开出口阀)，使之处于热备用状态，应防止预热量太大引起泵倒转。若泵需解体检修，则应关闭入口阀，适当打开泵出入口管线的联通线阀，停止泵体预热，冷却后待修，但应经常检查泵体的冷却速度，判断出入口阀门是否关严。

④ 停泵后 1h，应盘车 1 次。

☞ 36. 离心泵如何正确切换?

答: ①做好备用泵启动前的各项准备工作，按正常启动程序启动。切换前流量自动控制应改为手动，并由专人监视以使切换波动时及时稳定流量。

② 备用泵启动正常后，应在逐渐开大备用泵出口阀的同时逐渐关小原运行泵出口阀(若两人配合，一开一关要互相均衡，保持出口流量一次表输出风压不波动则说明切换平稳)，直到新运行泵出口阀接近全开，原运行泵出口阀全关后，

立即停原运行泵。在切换过程中一定要注意电机电流、机泵出口压力和流量有无波动的情况，保证切换平稳。

③ 原运行泵停车后按停泵处理。

☞ **37. 什么叫汽蚀现象？**

答：液体在时轮流道内流动，一旦叶轮入口处压力低于工作介质温度的饱和蒸气压时，液体就汽化，形成气泡。当气泡流动到泵内的高压区域时，它们便急速破裂，而凝结成液体，于是大量的液体便以极大的速度向凝结中心冲击。发生响声和剧烈振动，在冲击点上会产生几百甚至几千个大气压，使局部压力增高，使得该区叶轮内表面受到相当大的、反复不断的负荷，当时轮的压力超过极限时便遭到破坏。上述这些现象的综合称为汽蚀现象。

☞ **38. 离心泵的抽空有什么现象？**

答：泵在运动中，突然发生噪声，振动并伴随扬程、流量、效率的降低，电机电流减少，压力表上的指示压力逐渐下降，这种故障是开始抽空，如果更严重一些，压力表回零，打不上量泵就严重抽空。

☞ **39. 抽空对泵有什么危害？**

答：从操作来讲，压力为零，流体打不出去，这就打乱了平稳操作。从设备来讲，钳工在检修泵时，可以发现在叶轮的入口处靠近盖板和叶片入口附近出现“麻点”，或蜂窝状破坏，有时后盖板处也有这种破坏现象，严重时，甚至会穿透前后盖板，不仅如此，抽空引起的振动，还会引起轴承密封元件的早期磨损，端面密封泄漏、抱轴、断轴等事故，因此，工作中应严防抽空发生。

☞ **40. 抽空时，端面密封为什么容易漏？**

答：抽空时，如果弹簧的力量不够，静环就在密封腔内移动，造成一方面转销脱开防转槽，另一方面，静环在动环端面的带动下，便产生角位移。这样，在抽空停止后，静环回不到原来的位置，或者即使回到了原来的位置，静环的防转销因角位移而将密封圈剪坏，这两种情况都会使抽空后的端封泄漏。

☞ **41. 备用泵盘不动车时为什么不能启动？**

答：当备用泵盘不动车时，就说明泵的轴承箱内或泵体内发生了故障，这可能是叶轮被什么东西卡住，也可能是轴弯曲过度，还可能是泵内压力过高，在这样的情况下，如果压力指示高则可排压。不然就一定要联系钳工拆泵检查原因。否则，一经启动，强大的电机力量带动泵轴强行运转起来，就会造成损坏内部机件，以至于抱轴的事故，电机也会因负荷过大跳闸或烧毁。

☞ **42. 轴承箱发热的原因有哪些？应怎样处理？**

答：故障原因：

① 泵轴和电机轴不同心；
② 润滑油(脂)不足或太多；
③ 润滑油(脂)含杂质或质变；
④ 甩油环跳出固定位置；
⑤ 冷却水不足；
⑥ 轴承外径与轴承孔摩擦；
⑦ 轴承弹夹间隙大或松散；
⑧ 轴承滚珠(柱)破碎，轨道爆皮；
⑨ 轴向推力变大。
排除方法：
① 停泵找正；
② 添加润滑油(脂)或排掉一些；
③ 更换合格的润滑油；
④ 施放正甩油环；
⑤ 给足冷却水；
⑥ 停泵调整；
⑦ 更换轴承；
⑧ 更换轴承；
⑨ 找出原因，及时处理。

☞ 43. 什么是泵抱轴？它和轴承发热有关系吗？

答：泵抱轴是轴承卡死在轴上了，它的发生与轴承箱发热有着密切联系，有的操作员认为“轴承箱发热是泵抱轴的前兆”，这一点也不夸张。

泵抱轴前因发热关系，使油箱温度过高并有杂音，在摩擦点上的温度可高达几百度甚至上千度，它可以将轴承的滚珠(柱)溶化在轴上，因此，当发现轴承温度超过了控制指标时，应立即停泵，请钳工检查，如发现轴发红的情况，千万不要用水浇，将泵停下后，使其自然冷却，然后请钳工检修。

☞ 44. 哪些原因会引起泵串轴？怎样处理？

答：故障原因：
① 流量不稳或抽空；
② 平衡装置失灵或损坏；
③ 泵内部件损坏。
排除方法：
① 调整操作，保持流量平衡；
② 停泵检修平衡装置。

☞ 45. 挡油环或挡水环有什么作用？它们松动后有什么危害？

答：挡油环或挡水环位于轴承箱两端压盖的外缘用螺丝固定在轴上和轴一起旋转，挡油环起着防止润滑油甩出的作用，挡水环除了起到这个作用外，还要起一个防止端面密封的冷却水进入轴承箱的作用。当挡油环和挡水环松动时，不能掉以轻心，而应该加强维护，当挡油环和挡水环完全脱离轴承压盖时，应该将它们上紧以后再启动。因为挡油(水)环一经松动便不能起到密封轴承箱的作用，箱内润滑油沿轴漏出，液位显著下降，因箱内油少，就容易引起轴承发热，再则如果挡油(水)环脱落到对轮或端封压盖时，不停的撞击会产生火花，一旦遇上外漏的热油或易燃气体时，就会引起火灾，所以，挡油(水)环松动或脱落时，应及时停泵处理。

☞ 46. 热油泵的冷却水中断后有什么危害？

答：冷却水一旦中断，就无法控制泵的温升，短时间内就会引起轴承箱温度迅速升高，密封发热而使泵漏油，时间长会造成轴承发热而损坏，润滑油氧化变质，油箱烫手，甚至造成抱轴、跳闸，严重损坏泵内零件。

☞ 47. 泵冻了以后怎样解冻？

答：解冻的方法是：

① 先用冷水浇(决不能用蒸汽直接吹，以防止泵壳热胀不匀而破裂)；

② 待能盘动车后，再用热水浇，用蒸汽慢慢地吹；

③ 该泵应隔离系统，防止吹化后跑油。

☞ 48. 泵在冬天为什么要防冻？怎样防冻？防冻的主要部位有哪些？

答：因为留存在泵内的水一遇到零度以下的低温就会结冰，水在结冰时体积膨胀，这种膨胀的力会使泵体断裂，所以防冻是一项很重要的工作。

防冻方法有以下几种：

① 排净闲置泵内的存水；

② 保持长流水(冷却水的上下水阀都开一点)；

③ 保温或用蒸汽伴热；

④ 备用泵保持出入口流通。

防冻的主要部位是泵体、水套、冷却水管线和阀。

☞ 49. 冷油泵为什么不能打热油？

答：冷油泵不能打热油的原因有以下几点：

① 冷油泵与热油泵零件的材质是不一样的，如冷油泵叶轮是铸铁，而热油泵的时轮是铸钢或合金钢的。铸铁零件不能在高温下工作。

② 冷油泵口环间隙小，热油泵由于膨胀的缘故，口环间隙较大，若用冷油泵打热油，在高温下口环间隙变小，叶轮和泵壳便容易产生磨损。

③ 热油泵的轴承箱、盘根箱、机械密封和支座都有冷却机构，可防止这些部位过热，改善零件工作条件，同时保证支座没有过大变形，泵和电机不会出现不同心运行。而冷油泵没有这些机构，因此不能输送热油。

☞ 50. 轴、轴承、轴套起什么作用？

答：①轴：轴是传递功率的主要零件，它的作用是传递功率，承受负荷。

② 轴承：轴承是离心泵支承转子的部件，承受径向和轴向载荷，一般可分为滚动轴承和滑动轴承两种。

③ 轴套：轴套的作用主要是保护主轴不受磨损，轴套与密封件共同组成泵壳与轴之间的密封；轴上安装轴套，更换轴套就比更换轴方便、经济。如果轴套上安装的密封元件是软填料，则要求轴套表面硬度在 HRC40 以上；如果采用机械密封，就不用这样高的硬度。

☞ 51. 对轮起什么作用？

答：对轮又叫联轴器，它的作用是将电机和泵轴连接起来，把电机的机械能传送给泵轴，使泵获得能量。同时，对轮拆卸方便，利于检修。

☞ 52. 什么是机械密封？

答：机械密封是一种旋转机械的轴封装置。比如离心泵、离心机、反应釜和压缩机等设备。由于传动轴贯穿在设备内外，这样，轴与设备之间存在一个圆周间隙，设备中的介质通过该间隙向外泄漏，如果设备内压力低于大气压，则空气向设备内泄漏，因此必须有一个阻止泄漏的轴封装置。轴封的种类很多，由于机械密封具有泄漏量少和寿命长等优点，所以当今世界上机械密封是这些设备最主要的轴密封方式。机械密封又叫端面密封，在国家有关标准中是这样定义的："由至少一对垂直于旋转轴线的端面在流体压力和补偿机构弹力(或磁力)的作用以及辅助密封的配合下保持贴合并相对滑动而构成的防止流体泄漏的装置。"

☞ 53. 机械密封是由哪几部分组成的？

答：是由下列四部分组成的：第一部分是由动环和静环组成的密封端面，有时也称为摩擦副。第二部分是以弹性元件为主要零件组成的缓冲补偿机构，其作用是使密封端面紧密贴合。第三部分是辅助密封圈，其中有动环和静环密封圈。第四部分是使动环随轴旋转的传动机构。

☞ 54. 密封冲洗主要分为哪几种类型？

答：密封冲洗主要分为三种形式的冲洗，即自冲洗、外冲洗、循环冲洗。

① 由于泵本身输送的介质黏度和重度大，从外面引入较干净的介质注入密封腔，称为外冲洗。

② 利用泵本身输送的介质经端面密封压盖上的小孔打入密封腔内，与泵内介质混合，称为自冲洗。

③ 循环冲洗是指从外面引来的冲洗油进入密封腔内，由一根专用管引出，经冷却、过滤后，重新进入密封腔内。

55. 冲洗油的作用有哪些？

答：冲洗油的主要作用有以下几点：冲洗、冷却、润滑、密封。

① 冲洗动环和静环摩擦之间的杂质。

② 防止泵所输送的高温油品进入密封腔内，并将动环和静环在工作时间因摩擦而产生的热量带走，降低密封元件的温度，延长密封元件的使用寿命。

③ 保持密封端面之间有一层液膜存在，起到润滑作用。

④ 防止高温、有毒、有腐蚀性、易燃以及贵重介质从泵内漏出，防止含有颗粒的介质进入密封腔内磨损密封面，防止泵外的空气漏入泵从而起到密封作用。

56. 简述三相异步交流电机的工作原理。

答：当电机的定子绕组通以三相交流电后，便在定子绕组中产生了旋转磁场，在旋转磁场的作用下，转子绕组中就产生了感应电流，转子中因感应电流形成的磁场和定子磁场相互作用产生的作用力推动转子转动。

57. 三相异步电动机由哪些零件组成？

答：三相异步电动机的零件由转子和定子两大部分组成。其中转子部分有：轴、轴承、转子铁芯、转子绕组、风叶。定子部分有：机座、机壳、风罩、定子铁芯、定子绕组、前后轴承内盖、前后端盖、前后小盖、接线盒、接地线。

58. 电机为什么要装接地线？

答：当电机内绕组绝缘被破坏漏电时，机壳带电，手摸上去就会造成触电事故，安装接地线是为了将漏电从接地线引入大地回零。这样形成回路，以保证人身安全，所以，当操作员看到接地线损坏或未接上时，应及时处理。

59. 电机尾部为什么要有风扇？

答：电机在运动中，线圈与铁芯都会发热，如不消除，温度会逐渐上升，在超过铭牌上的“允许温升”后，绕组的绝缘就会遭到破坏，造成短路事故，所以，在电机尾部装有风扇进行强制通风。把热量带走，保持温升在允许的范围内。

60. 电机声音不正常有哪些原因？

答：原因有：

① 电机跑单相(类似老牛叫，并伴随着转速变慢)。

② 振动大(有时是周期性的)。

③ 扫膛：转子和定子摩擦。

④ 轴承有杂音(刹架松动，滚珠或滚珠跑边有麻点)。

⑤ 风罩内有杂物或风扇不平衡。

61. 机身温度超过正常值的原因有哪些？

答：原因有：

① 负荷过大。

② 电压过低。

③ 定子绕组匝短路情况。

④ 鼠笼环断条。

⑤ 扫膛(只是局部发热)。

⑥ 电源一相开路。

62. 电机轴承发热的原因有哪些？

答：原因有：

① 轴承装配过紧。

② 轴承缺油(正常情况下润滑脂应充满轴承盖的2/3)。

③ 轴承油太多。

④ 润滑脂里有杂物。

⑤ 轴承跑套，轴承外套与端盖摩擦，称为跑外套；轴承里套旋转与轴摩擦，称为跑内套。

⑥ 轴承盖和轴承相互摩擦。

63. 电机电流增高有哪些原因？

答：原因：

① 油品的密度或黏度大；

② 流量或压头大；

③ 叶轮中有杂物；

④ 转动部分与静止部分摩擦；

⑤ 盘根压得太紧。

64. 运转中的电机为什么会跳闸？

答：①电机内绕组短路，因为短路电流相当大，使电源保险丝烧断，控制线路无电，使中间接触器把它在电源线上的主触点断开，电机就跳闸了；

② 电网电压低；

③ 电机过负荷(如电机容量不够)；

④ 转子卡住；

⑤ 平衡管堵。

☞ 65. 运转中的电机应检查哪些项目?

答：运转中的电机应检查以下几点：

① 机身和轴承的温度是否正常；

② 检查电机运行中发出的声音是否正常；

③ 接线盒的温度；

④ 负载电流是否在额定范围内。

☞ 66. 机泵等机械设备为什么要进行润滑？怎样进行润滑?

答：机器运转时，在做相对运动的零件间，不可避免地要产生摩擦、磨损和发热现象，并消耗一部分动力，为了减小摩擦阻力、磨损速度和控制机器的温升，以提高机器的效率和寿命，必须注意机器的润滑问题。润滑的作用可大致归纳为如下几点：

① 减小摩擦。在摩擦面间加入润滑剂，使之尽可能形成液体摩擦或半液体摩擦，以便有效地降低摩擦系数，减小摩擦力。

② 减小磨损。当两摩擦面完全被一层润滑油膜隔离时，即可避免两摩擦面的相互擦伤、研磨磨损和胶合磨损；当摩擦面间落入硬质颗粒时，只要颗粒的大小不超过油膜厚度，也就不会擦伤摩擦表面，同时由于润滑油的保护作用，还可减轻摩擦表面的锈蚀磨损。

③ 降低温升。润滑是通过两个方面来降低零部件温升的：一方面是由于它降低了摩擦，减少了发热；另一方面是当润滑油流过摩擦面时，可以带走一部分热量。

④ 防止锈蚀。润滑油膜能保护零部件表面免遭锈蚀。

⑤ 缓和冲击振动。通过润滑油的阻尼作用，可将机械振动能量部分地转变为油液中的摩擦热而散失掉。

⑥ 清洗作用。润滑油流过摩擦面时，可以将摩擦面间的机械杂质和污物等带走。

⑦ 形成密封。润滑膜有形成密封的作用，可以防止机内介质的外泄和阻止外界杂质侵入。

☞ 67. 简述往复泵的主要结构和工作原理。

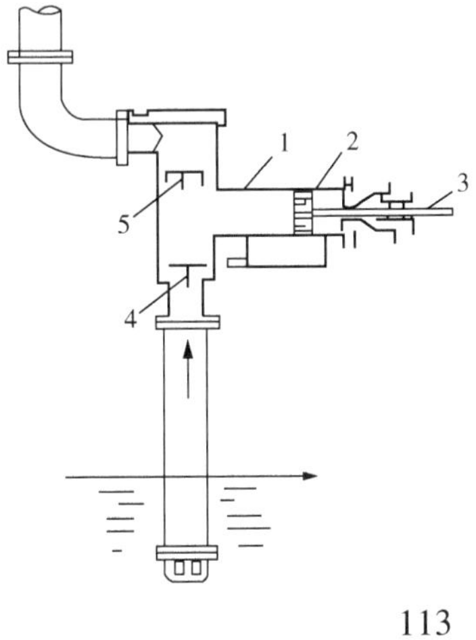

答：往复泵装置(见右图)的主要部件为泵缸1、活塞2、活塞杆3、吸入阀4和排出阀5。活塞杆与传动机构相连接，带动活塞做往复运动。将活塞在泵体内移动的端点称为死点，活塞在两死点间经过的距离称为行程或冲程。吸入阀和排出阀都是单向阀。吸入阀只允许液体从泵外进入泵内，排出阀只允许液体从泵内排出泵外。泵缸内在活塞与阀门之间的空间称为工作室。

当活塞自左向右运动时，工作室容积增大，形成低压，排出阀受压而自动关闭，吸入阀则受泵外液体的压力而被冲开，液体遂进入泵内，这就是吸液过程。活塞至右死点，吸液过程即结束。当活塞自右向左运动时，工作室容积减小。由于活塞的挤压力使缸内液体压强增大，吸入阀受压关闭，高压液体则冲开排出阀进入排出管路中，这就是排液过程。活塞移至左死点，排液过程即结束。这样，活塞不断地做往复运动，工作室就交替地吸液和排液。

☞ **68. 简述齿轮泵的工作原理。**

答：齿轮泵是一种旋转泵，其工作原理与往复泵相似，属于正位移泵。齿轮泵的构造如左图所示。泵的主要构件为泵体和一对互相啮合的齿轮，其中一个为主动轮，另一个为从动轮。两齿轮把泵体内分成吸入和排出两个空间。当齿轮按箭头方向转动时，吸入空间由于两轮的齿互相分开而增大，形成低压将液体吸入。被吸入的液体，在齿缝间被齿轮推着，沿泵体内壁分两路前进，最后进入排出空间。在排出空间，两齿轮的齿互相合拢，空间缩小，形成高压将液体排出。

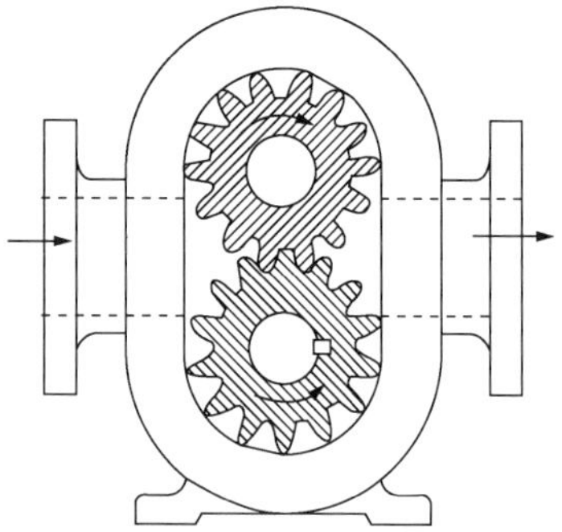

☞ **69. 简述螺杆泵的结构特点。**

答：螺杆泵为旋转泵的另一种类型。螺杆泵由泵壳和一根或多根螺杆所构成。它与齿轮泵相似，用两根互相啮合的螺杆，推动液体做轴向移动。液体从螺杆两端进入，由中央排出。螺杆越长，则扬程越高。螺杆泵扬程高，效率高，无噪声，适用于高压下输送高黏度液体。虽然螺杆泵比齿轮泵复杂，由于优点较多，在工艺用泵中，逐渐有取代齿轮泵的趋势。

☞ **70. 简述润滑的原理。**

答：由边界油膜+流动油膜而形成的完整的油膜将两个摩擦的金属表面完全隔开，将原来两个金属面之间的摩擦变成润滑分子之间的摩擦，从而降低了摩擦，减少了磨损，起到润滑作用。

☞ **71. 润滑油(脂)有哪些作用？**

答：总的来说，润滑油(脂)有七大作用：

① 润滑作用：润滑油(脂)在摩擦面间形成油膜，消除或减少干摩擦，改善了摩擦状况的同时，起到了润滑作用。

② 冷却作用：机泵运转时，摩擦所消耗的能量转化为热量，在用润滑油润

滑时，摩擦产生的热量，一般情况下大部分被润滑油带走，少部分热量经过传导和辐射直接散布到周围环境中。

③ 冲洗作用：将运转中磨损下来的金属碎屑带走，称为润滑油的冲洗作用。冲洗作用的效果好坏对磨损影响很大。在摩擦面间形成的油膜，厚度一般是很薄的。金属碎屑停留在摩擦面上会破坏油膜，形成干摩擦，造成颗粒磨损。特别是对于经过大修更换了摩擦件的设备，在最初运转时期的磨合阶段中，润滑油的冲洗作用更加重要。

④ 密封作用：蒸汽往复泵的汽缸与活塞环和活塞槽之间，常借助于润滑油对它们之间的间隙的填充作用，来提高密封效果。

⑤ 减振作用。润滑油或润滑脂在摩擦面上形成油膜，摩擦件在油膜上运动好像浮在“油枕”上一样，对设备的振动起一定的缓冲作用。

⑥ 保护作用：防锈、防尘，以保护设备。

⑦ 卸荷作用：由于摩擦面间有油膜存在，作用在摩擦面上的负荷就比较均匀地通过油膜分布在摩擦面上。油膜的这种作用叫作卸荷作用。另外，当摩擦面上的油膜局部遭到破坏而出现干摩擦时，由于油膜仍承担着部分或大部分负荷，可以作用在局部干摩擦点上的负荷不会像干摩擦时那样集中。

☞ 72. 什么叫黏度？它的表示方法及使用意义是什么？

答： A. 黏度：是润滑油一项最主要的质量指标，液体的分子之间在外力作用下发生相对运动时，在它们的分子之间会产生一种阻力，阻碍液体分子间的相对运动，液体的这种性质叫作液体的“黏滞性”。用来表示液体黏滞程度的指标，叫作“黏度”，黏度的大小，决定于液体分子间的内摩擦阻力，液体的黏度大，液体的分子之间发生相对运动时所产生的内摩擦阻力越大，液体的流动性就差。反之，内摩擦阻力越小的液体黏度就越小。液体的黏度越小，流动性就越好。

B. 黏度的表示方法：

① 绝对黏度：分为动力黏度和运动黏度两种。

动力黏度 1 泊 = 100 厘泊；

运动黏度 1 泊 = 100 厘沲，运动黏度 = 动力黏度/密度。

② 相对黏度：有恩氏黏度、雷氏黏度等，我国常用恩氏黏度来表示。

C. 黏度与温度、压力的关系：

润滑油的黏度是可变的，它随着温度的升高而减小，同时也随着压力的增高而增加。

D. 黏度的使用意义：

① 润滑油的牌号是根据润滑油的黏度来划分的。

② 润滑油的黏度越高，在摩擦面上越容易被挤出，动压润滑时，在其他条件相同的情况下，润滑油的黏度越高，形成的油膜就越厚。

③ 润滑油的黏度越高，其流动性就越差，所以间隙小的润滑部位不宜使用高黏度润滑油，润滑油的黏度高，流动性不好，其冷却和冲洗作用就比较差。但其密封和减振作用则比较好。

④ 黏度高的润滑油，油膜内产生的摩擦阻力较大，因而不适用于高转数的润滑部位。

73. 什么叫润滑脂？

答：润滑脂是稠化剂和润滑液体组成的一种塑性体，我们常用的润滑脂，是用“皂”做“稠化剂”稠化矿物油而制成的，这类润滑脂叫作“皂基润滑脂”，简称“皂基脂”。所谓“皂”做“稠化剂”稠化矿物油，就是在一定条件下把“皂”润滑油按一定比例均匀混合，使润滑油变“稠”，成为“半固体状”(膏状)的润滑脂，但是皂基润滑脂并不是“皂”和“油”的简单混合物，皂以结晶或凝聚状态存在于润滑脂中，形成网格或海绵状的骨架，润滑油则被吸附于这种骨架之中。

74. 机泵有哪些润滑部位？

答：离心泵、旋涡泵的润滑部位主要是轴承箱内轴和轴承。电动往复泵的主要润滑部位是曲轴箱内的齿轮主轴轴承、曲轴轴承、滑道、连杆轴瓦，以及减速箱内的蜗轮蜗杆。

75. 如何鉴别轴承润滑是否正常？

答：鉴别的方法有以下几种：

① 润滑油不变质(不乳化、不含杂质、不含水、不发黑)；

② 注油指示器具指示正常；

③ 甩油环甩油正常(前轴承箱要从加油孔往下看后轴承箱端盖，有有机玻璃看窗的，可以直接看到飞溅情况)；

④ 轴承的温度合适，不宜太高；

⑤ 用听音棒听轴承运转，无异常声音。

76. 润滑油使用前为什么要进行三级过滤？三级过滤是哪三级？

答：为了使润滑油中不含杂质，保证润滑效果，所以要进行三级过滤。

三级过滤：润滑油原装桶—固定油桶—油壶—加油点。

一级　　二级　　三级

77. ISO VG46 润滑油的主要指标有哪些？

答：① 运动黏度：41.4~50.6mm^2/s；

② 黏度指数：≮90℃；

③ 倾点：≯-7℃；

④ 闪点：≮180℃；

⑤ 酸值：0.02mgKOH/g；

⑥ 机械杂质：无；

⑦ 水分：无。

☞ 78. 简述机泵油雾润滑系统的构成？

答：油雾润滑系统：主机、油雾主管、油雾回收箱、油雾回收主机、泵轴承箱，配置分干油雾和湿油雾；其中干油雾包括中间进雾两端冒雾和双端进雾(两端需配轴承隔离器或磁力油封)，见下图。

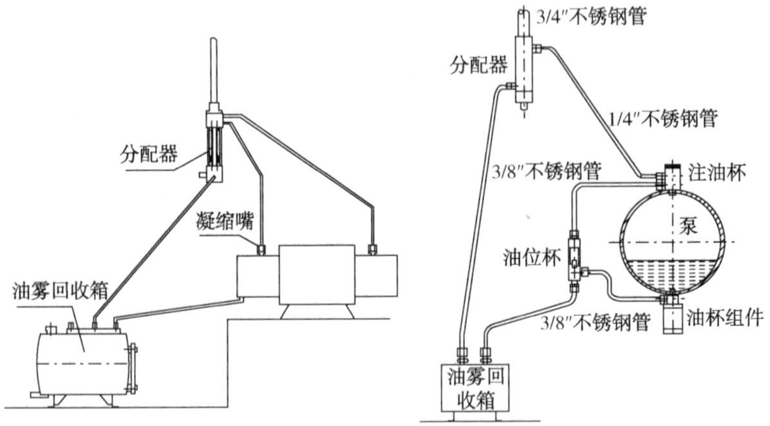

☞ 79. 简述油雾润滑系统油雾发生机理及油雾润滑原理？

答：机泵油雾润滑系统以压缩空气作为动力，使润滑油雾化，即产生一种像烟雾一样的干燥油雾，然后通过管道再经凝缩嘴使油雾重新凝聚成较大的油滴，送到需润滑的摩擦副，起到润滑效果。

☞ 80. 机泵采用油雾润滑的优点有哪些？

答：机泵采用油雾润滑后，可使机泵运行安全性显著提高，主要优点如下：

① 润滑油膜洁净优质，改善润滑效果，从而减少轴承损坏，延长轴承寿命；

② 可使轴承运行温度明显下降；

③ 油雾的通入使轴承腔内有微小正压，防止了潮气和外来污染物进入轴承腔内，使轴承得到充分保护。

☞ 81. 交流变频技术的特点是什么？

答：变频调速技术已经成为现代电力传动技术的一个主要发展方向。它具有卓越的调速性能、显著的节电效果，能有效改善现有设备的运行工况，提高系统的安全可靠性和设备利用率，延长设备使用寿命，随着应用领域的不断扩大而得到充分的体现。

☞ 82. 交流变频调速器的工作原理是什么？

答：异步电动机调速是指在某一转矩下，调节电动机转速使其为某一指定值。异步电动机的转速

$$n=60f_1(1-s)/p$$

式中 n——转速，r/min；

f_1——定子供电频率，Hz；

p——极对数；

s——变转差率。

通过改变极对数 p、变转差率 s 和变电源频率 f_1 均能调速。通过调节定子电压、转子电阻、转子附加电势及采取电磁离合器均可实现调节变转差率。三种方案中，变极对数调速是有级的，转速不能连续调节。变转差率调速时，不调同步速，低速时一般情况下转差损耗较大，效率低，而变频调速可调节同步速，效率高、调节范围大、精度高，是交流电动机较理想的调速方案。交流变频调速器是通过调速电路来调节定子供电频率来实现调速的。

三、往复式压缩机

☞ 1. 压缩机是如何分类的？

答：常用的压缩机通常分两大类：

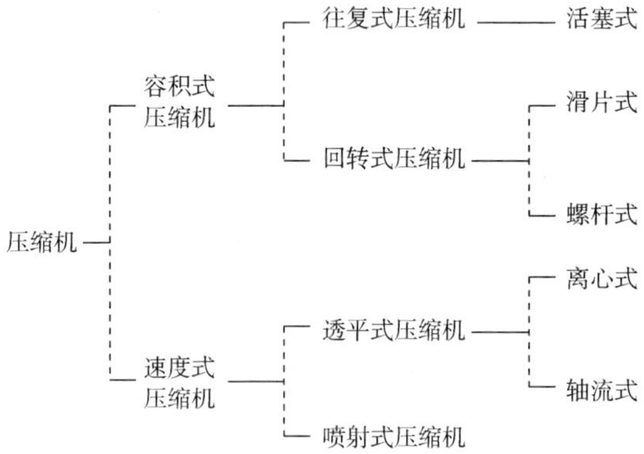

☞ 2. 简述容积式压缩机的工作原理及其分类。

答：容积式压缩机是依靠气缸工作容积周期性的变化来压缩气体，以达到提高其压力的目的。按其运动特点的不同，又可分为以下两种：

① 往复式压缩机：其最典型的是活塞式压缩机，依靠气缸内活塞的往复式运动来压缩气体，多适用于高压和超高压场合。

② 回转式压缩机：依靠机内转子回转时产生容积变化而实现气体的压缩。按其结构形式的不同，又可分为滑片式和螺杆式两种。回转式压缩机虽兼有活塞式和离心式的特点，但由于压力和排气量有限，多适用于中、小气量的场合。

☞ **3. 简述速度式压缩机的工作原理及其分类。**

答：速度式压缩机是依靠机内高速旋转的叶轮，使吸进的气流能量头升高，并通过扩压元件把气流的动能头转换成所需的压力能量头，根据气流方向的不同，又可分为：

① 离心式压缩机：气体在压缩机中的运动方向是沿着垂直压缩机轴的半径方向，气体压力的提高是由于气体流经叶轮对气体做功，使气体获得压力、速度，并通过渐扩流道如扩压器等使气体的动能继续转化为压力的提高，离心式压缩机具有结构紧凑、重量轻、尺寸小、流量大等优点。

② 轴流式压缩机：和离心式压缩机相同，也是靠转动的叶片对气流做功，不过它的气体流动方向和主轴的轴线平行。具有气流路程较短、阻力损失较少、效率高、排气量大等优点。

③ 混流式压缩机：用来处理大流量气体压送的轴流-离心组合式压缩机。

☞ **4. 通风机、鼓风机、压缩机是怎样划分的?**

答：通风机、鼓风机、压缩机其作用原理与基本结构都是相同的，所不同的是出口气体压力不同，习惯上按如下划分：

① 通风机：排气压力$<1.40\times10^4$Pa(表压)；

② 鼓风机：排气压力在$1.42\times10^4\sim2.45\times10^5$Pa(表压)；

③ 压缩机：排气压力$>2.45\times10^5$Pa(表压)。

☞ **5. 焦化装置富气系统一般采用什么类型的压缩机组?**

答：早期小处理量焦化装置一般采用对称平衡型往复式压缩机组来输送焦化富气，而近期大处理量焦化装置一般均采用离心式压缩机组，较多采用的是离心式压缩机，由工业汽轮机带动。

☞ **6. 活塞式压缩机的优点有哪些?**

答：①适用应力范围广。当排气压力波动时，排气量比较稳定。活塞式压缩机可设计成超高压、高压、中压或低压。

② 压缩机效率较高。一般活塞式压缩机压缩气体的过程属封闭系统，其压缩效率较高，大型的绝热效率可达80%以上。

③ 适应性强。活塞式压缩机排气量范围较广，特别当排气量较小时，活塞式压缩机就显示出优越性，另外，气体密度对压缩机性能的影响也不如离心式压缩机那么显著，所以对同一规格的活塞式压缩机往往只要稍加改造就可适用于压缩机其他气体介质。

☞ 7. 活塞式压缩机的缺点有哪些?

答: ①气体带油污。尤其是有润滑油的活塞式压缩机气体压缩后带有一定量的凝缩油和压缩机油。

② 因受往复运动惯性力的限制,转速不能过高,排气量较大时,外形尺寸及其基础都较大,制造难度较大。

③ 排气不连续。气体压力有波动,严重时往往因气流脉动共振造成管网或机件的损坏。

④ 易损件较多,维修量较大。

☞ 8. 对称平衡型活塞式压缩机的优点有哪些?

答: 对称平衡型活塞式压缩机的优点有三点:

① 惯性力可以完全平衡,惯性力矩也很小,甚至为零,转速可以提高,可达250~1000r/min。

② 相对两列的活塞力方向相反,能互相抵消,因此改善了主轴颈受力情况,减少磨损。

③ 可以采用较多的列数,装拆方便。

☞ 9. 活塞式压缩机的基本结构由哪些部分组成?各有什么作用?

答: 活塞式压缩机的组成及作用如下所述:

① 传动机构:传动机构是将电动机传来的动力传给活塞,并将电动机的旋转运动变为往复运动,它是一个典型的曲柄、连杆、滑块机构,主要零部件包括联轴器(皮带轮)、曲轴、连杆、十字头等。

工作部件:工作部件是形成工作腔以吸、排气体,给气体传递能量的部件,包括汽缸组件、吸排气阀组件、活塞组件及填料组件。

② 机体:机体是一个支持部件,由它来支撑曲轴、十字头和汽缸,使压缩机成为一个整体。机身下方兼作油箱。

③ 润滑系统:机器中相对运动的零部件及其传动机构都需要润滑,如曲轴的主轴颈与轴承、曲柄销与连杆大头瓦、十字头销与连杆小头瓦、十字头滑板与十字头滑道之间等部位。润滑用油一般用轴头齿轮泵或单独的齿轮泵由机体油箱通过一定的油路送往各润滑部位。无油润滑压缩机的汽缸和填料不注油。有油润滑的压缩机汽缸和填料用专门的注油泵注入压缩机油进行润滑。

④ 冷却系统:活塞式压缩机的冷却系统由冷却气体的中间冷却器和后冷却器、汽缸和填料的冷却水套、油冷却器及其他附件组成。气体压缩是一个热力过程,气体压力升高的同时温度也要升高。气体的温度受润滑油闪点及被压缩介质性质限制。多级压缩中每级排出的气体经中间冷却器冷却后再由下一级吸入,有些气体最后排出时也要求冷却,该冷却器被称为后冷却器。汽缸和填料的冷却水

套带走摩擦产生的热量，降低了温度，改善了润滑条件，同时还可降低压缩过程指数，从而降低压缩功耗和排气温度。传动机构的润滑油是循环使用的，由于工作过程中油的温度要升高，需用油冷却器进行冷却。因注入汽缸的油量较少，大都随气体带走并对气阀进行润滑。

⑤ 安全和调节系统：压缩机中气体压力的变化是生产过程中气量供求关系的反应。所以压缩机中有各种调节机构。当压力超过允许值时安全阀跳开排放，安全阀装在各级压力最灵敏的位置。

☞ 10. 活塞式压缩机按排气压力可分为哪几种形式？技术参数分别是多少？

答：可分为低压压缩机、中压压缩机、高压压缩机、超高压压缩机，其参数范围分别是：

① 低压压缩机：$0.2MPa < p \leqslant 1.0MPa$；

② 中压压缩机：$1.0MPa < p \leqslant 10MPa$；

③ 高压压缩机：$10MPa < p \leqslant 100.0MPa$；

④ 超高压压缩机：$p > 100.0MPa$。

☞ 11. 活塞式压缩机按排气量可分为哪几种形式？技术参数分别是多少？

答：可分为微型、小型、中型、大型，技术参数分别为：

① 微型：标况下排气量 $V_d \leqslant 1m^3/min$；

② 小型：标况下排气量 $1m^3/min < V_d \leqslant 10m^3/min$；

③ 中型：标况下排气量 $10m^3/min < V_d \leqslant 100m^3/min$；

④ 大型：标况下排气量 $V_d > 100m^3/min$。

☞ 12. 以2D25－50/0.6/14－BX往复压式缩机为例，说明其各参数分别代表什么意思？

答：2表示两列，D表示对称平衡，25表示活塞力127，50表示吸入状态下的排气量，0.6表示吸气压力，14表示排气压力。

☞ 13. 活塞式压缩机的一个工作循环分哪几个过程？

答：实际压缩循环分四个过程：

① 吸气过程：气体压力低于入口压力，吸气阀开启；

② 压缩过程：气缸压力高于入口压力，但低于出口压力，吸、排气阀都关闭，气体被压缩；

③ 排气过程：气缸压力高于出口压力，排气阀开启；

④ 排气膨胀过程：气缸压力高于入口压力，低于出口压力，吸、排气阀都关闭，缸内气体膨胀。

☞ 14. 气缸余隙容积由哪几个部分组成？

答：①活塞位于止点时，活塞端面与缸盖之间的容积。

② 在活塞端面与第一道活塞环向间距，气缸镜面与活塞外缘之间的环形空间。

③ 在气阀至气缸容积的通道形成的剩余容积。

④ 气阀内部形成的剩余容积。

15. 压缩机的级数是否越多越好？多级压缩的优点是什么？

答： 虽压缩机的级数越多越接近等温压缩过程，但是如果级数过多会造成：

① 结构复杂，辅助设备多。

② 管道系统的级间压力损失增多。

③ 操作维护不便。

多级压缩的优点有四点：

① 降低排气温度；

② 节省功率消耗；

③ 降低最大活塞力；

④ 提高余隙系数。

16. 什么叫压缩比？实际压缩机的压缩比有何限制？

答： 压缩机每一级出口压力与入口压力之比（绝对压力）叫压缩比。因为实际压缩机汽缸有余隙容积，容积系数 $\lambda_V=1-\alpha^{1/m}(\varepsilon-1)$，在极限条件下，即没有余隙时，$\lambda_V=0$ 时，$\varepsilon_{max}=(1/\alpha+1)^m$ 即决定了气缸的相对余隙容积和气体的多变指数。当 $\alpha=0.1$，$m=0.2$ 时，可求得 $\varepsilon_{max}=17.8$，实际情况下，这种过程是毫无意义的，因为没有气体排出，而且 ε 值过大，压缩机排气温度过高，一般一个级的压缩比通常不超过 4。

17. 影响压缩机生产能力的因素主要有哪些？

答： 主要因素有：

① 余隙；

② 吸入气阀的阻力；

③ 吸入气体；

④ 泄漏损失。

18. 往复式压缩机的报警系统一般有哪些？

答： 往复式压缩机的报警系统一般有吸入口压力低报警，Ⅰ、Ⅱ级排出压力高报警，Ⅰ、Ⅱ级排气温度高报警，Ⅰ、Ⅱ级分罐液位高报警，润滑油压低报警，冷却水压差低报警。

19. 活塞式压缩机的润滑油系统分哪两类？油路走向如何？

答： 通常分为有油润滑油系统和气缸填料函润滑油系统两类，油路走向是：

传动机构润滑油系统：

油箱→油泵→油过滤器→油冷却器→曲轴轴承→连杆大头→连杆小头→十字头滑道→回入油箱

气缸填料函润滑油系统：

油箱→注油器→┬单向阀→气缸各点
　　　　　　　└单向阀→填料函各点

☞ 20. 何为有油润滑压缩机？何为无油润滑压缩机？

答：气缸、填料函用注油润滑的压缩机称有油润滑的压缩机。没有注油润滑的压缩机称无油润滑压缩机。通常无油润滑压缩机的活塞环和填料函是用自润滑材料制成的。

☞ 21. 对气缸与填料函选用的润滑油有何要求？

答：气缸与填料函的润滑油，由于直接与气体接触，而且处于高温高压下，故有较高的要求。

① 应使润滑油在高温下具有足够的黏度，以保持一定的油膜强度及一定的密封能力。

② 要有良好的化学稳定性，即不会有变质，不与被压缩气体发生化学反应。

③ 应具有一定的闪点，通常要比排气温度高 20~25℃。

④ 不易与气体中所含有的少量水形成乳化物。

☞ 22. 活塞环是如何起密封作用的？

答：活塞环是靠节流与阻塞来密封的，如右图所示：当环装入气缸后，由于环的弹性，产生预紧力 p_k 使环紧贴在气缸壁上，当气体通过金属表面高低不平的间隙时，受到节流与阻塞作用，压力自 p_1 至 p_2。由于活塞环和环槽间有侧间隙，环紧靠在压力低的一侧。所以在活塞环内外表面与环槽的间隙处，气体压力近似等于 p_1，而沿活塞环处外部气体的压力是变化的，从 p_1 变至 p_2，其平均值近似等于 $0.5(p_1+p_2)$，这样在半径方向产生了一个压力差 $\Delta p \approx p_1-0.5(p_1+p_2)=0.5(p_1-p_2)$，使活塞环紧贴缸壁，起到密封作用。同理，轴向也有一个压力差，把环紧在环槽的侧面上，起密封作用。因此活塞环具有自紧密封的特点。

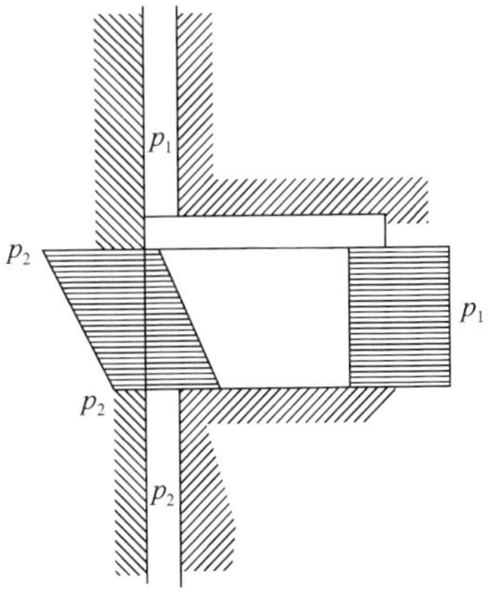

活塞环密封原理图

☞ 23. 活塞式压缩机飞轮的作用是什么？

答：飞轮的作用主要是保证压缩机有足够的

飞轮矩和均匀的切向力曲线，通过飞轮旋转过程中贮存的动能来缓冲活塞式压缩机旋转角度的波动。

☞ 24. 气缸冷却水套的作用是什么？

答：主要是供给冷却水带走压缩过程中产生的热量，改善气缸壁面的润滑条件和气阀的工作条件，并使气缸壁温度均匀，减少气缸变形。

☞ 25. 导向环起何作用？

答：导向环又称支承环，在无油润滑压缩机的活塞上，一般均需设置，其作用是承受活塞部件重量以及因其他原因所引起的侧向力，保证活塞运动的直线性，改善密封效果，同时还可避免活塞与缸体直接接触，防止缸壁拉毛。

☞ 26. 平衡铁的作用是什么？

答：平衡铁的作用是平衡曲轴的旋转惯性力，因为曲轴是偏心的，在旋转过程中，会产生旋转惯性力，从而造成机器振动，转速难以提高，加平衡铁是在原曲轴的旋转惯性力反方向加一平衡重量，使其在旋转中产生的惯性力和曲轴的旋转中产生的惯性力大小相等，方向相反。

☞ 27. 气阀的作用是什么？何为自动阀？

答：气阀是压缩机的咽喉要道。气阀工作的好坏直接影响压缩机的压力、温度、排气量等工况参数。检修时应注意其质量并检查阀片与阀座的严密性。严密性检查常采用煤油试漏法，即将煤油注入装配好的气阀阀座，只允许滴状渗漏现象存在。气阀的作用是控制气体及时吸入与排出。所谓自动阀即气阀的关闭不需采用强制机构而是靠气阀两边的压力差来实现。以吸气阀为例，活塞退出时，汽缸容积增大，缸内压力下降，当缸内压力低于吸气管道内压力时，气流顶推力将阀片顶开，气流进入缸内，此时阀片则紧贴于升程限制器上。

☞ 28. 连杆的作用是什么？

答：连杆作用是将曲轴和十字头（活塞）相连，将曲轴的旋转运动转换成活塞的往复运动，并将外界输入的功率传给活塞组件。

☞ 29. 十字头的作用是什么？

答：十字头是连接活塞杆和连杆的部件，它在中体导轨里做往复运动，并将连杆的动力传给活塞部件。

☞ 30. 活塞式压缩机的排气量调节方法有哪些？

答：调节方法有三种：

① 顶阀器调节。

② 余隙容积调节。

③ 吸排气管道旁路阀调节。

☞ **31. 压缩机三个热过程是什么？不同性质的气体为何要用不同的压缩机压缩？**

答：压缩机三个热过程是：①等温压缩；②绝热压缩；③多变压缩。性质不同的气体，绝热指数 K 不同，可燃性、腐蚀性均不同，因而密封要求、材质、压缩比和润滑方式不同，这样就产生了按气体不同而分类的各种压缩机。

☞ **32. 为什么压缩后的气体需要进行冷后分离？**

答：压缩后的气体需要进行冷后分离，具有四个作用：

① 减少下端压缩的功耗；

② 使气体中油雾和水蒸气凝结出来，在分离器中分离出来；

③ 不致使下一段温度过高，影响生产能力；

④ 使压缩机保持良好的润滑。

☞ **33. 活塞式压缩机排量不足的原因有哪些？**

答：排量不足的原因有：

① 余隙腔太大；

② 顶阀器作用；

③ 活塞环密封不严；

④ 填料函泄漏；

⑤ 吸、排气阀关闭不严；

⑥ 吸、排气阀阀片开启、关闭阻力大；

⑦ 旁路阀关闭不严；

⑧ 吸气压力低；

⑨ 吸气温度高；

⑩ 吸入气体组分变轻，流量表指示也会下降。

☞ **34. 影响活塞式压缩机出口温度的因素有哪些？是怎样影响的？**

答：影响因素有：

① 入口温度：入口温度高，出口温度升高。

② 压缩比：压缩比大，出口温度升高。

③ 气体绝热指数：绝热指数大，出口温度高。

④ 气缸润滑情况：润滑不良，出口温度高。

⑤ 冷却效果：水温高或水流不畅，则出口温度高。

☞ **35. 压缩机排气温度超过正常温度的原因是什么？如何处理？**

答：原因及处理方式如下：

① 排气阀发生泄漏——检查排气阀；

② 吸气温度超过规定值——检查工艺流程；

③ 气缸或冷却器冷却效果不良——检查冷却系统。

☞ 36. 为什么焦化用往复式压缩机曲轴箱润滑油油质易变差？

答： 这是因为：

① 焦化气中带一定量的焦粉，通过拉杆的往复运动从缸体带入滑道；

② 富气通过填料函溢出直接或从低压尾带进入曲轴箱内，使油变稀。

☞ 37. PEEK 塑料阀片和金属阀片相比，有什么优点？

答： 优点如下：

① 塑料阀片的密度小、弹性模量小、冲击力减小，疲劳强度随之降低，阀的寿命大大延长。

② 塑料阀片综合性能好，致使密封性能好，漏气减少。

③ 具有良好的耐磨性和柔韧性，阀片不易断裂，即使断裂，其裂纹的传播速度较慢，裂片掉入气缸也不会造成气缸的损坏。

④ 通流特性优于金属阀片，因气流摩擦引起的能量损耗降低。

⑤ 自润滑性好，可用于有油润滑和无油润滑的工况。

⑥ 运行时噪声较低，运动平稳。

☞ 38. 活塞式压缩机振动大的原因有哪些？

答： ①基础原因，例：设计、施工质量问题。

② 机械原因，例：制造、检修、精度问题。

③ 配管原因，例：管道有装配应力，形成气柱共振，造成支承支架松动等。

④ 操作原因，例：气体带液，压缩比太大，气体变重，工况波动等。

☞ 39. 压缩机气阀产生异常声音的原因是什么？如何处理？

答： ① 气阀有故障——检查气阀；

② 气缸余隙容积太小——调整余隙容积；

③ 润滑油太多或气体中含水多，产生水击现象——检查处理；

④ 异物掉入气缸内——检查气缸；

⑤ 气缸套松动或裂断——检查气缸；

⑥ 活塞杆螺母松动——紧固螺母；

⑦ 连杆螺栓、轴承盖螺栓、十字头螺母松动或断裂——紧固或更换；

⑧ 主轴承连杆大、小头轴瓦、十字头滑道间隙过大——检查并调整间隙；

⑨ 曲轴与联轴器有松动——检查处理。

☞ 40. 为什么往复式压缩机的气缸冷却水的进口温度必须高于工艺气的入口温度？

答： 这是为了防止工艺气中的某些组分因受到冷却水的冷却而冷凝，以致影响压缩机的正常运行。

☞ 41. 刮油环带油是什么原因？

答：原因是：

① 刮油环内径与活塞杆接触不良；

② 刮油环与填料盒的端部间隙过大；

③ 刮油环的抱紧弹簧过松；

④ 活塞杆磨损（椭圆、出沟等）。

☞ 42. 气缸填料磨损时，有什么现象？

答：现象是：

① 填料温度升高；

② 有气体漏出；

③ 填料函冒出黑点；

④ 填料泄油管、回气管发热。

☞ 43. 气缸内有严重的鼓击声的原因是什么？

答：原因是：

① 缸内带油；

② 活门压套松；

③ 活塞连杆螺丝松；

④ 气缸内有异物。

☞ 44. 曲轴箱内发生严重的鼓击声是何原因？

答：原因是：

① 曲轴箱或十字头松；

② 曲轴连杆机构装配不良；

③ 主轴承或连杆轴瓦磨损间隙过大；

④ 机内紧固螺丝或销子松。

☞ 45. 压缩机如何从电机的转动变为活塞的平动？

答：电机带动曲轴旋转后，通过连杆，推动十字头，使活塞杆推着活塞往复运动。

☞ 46. 冬天往复式压缩机停车后应注意什么？

答：要注意各段冷却器、油冷却器以及气缸冷却水都要全部放掉，以防冻裂设备。

☞ 47. 压缩机轴瓦发热、抱轴有什么现象？原因是什么？

答：现象：

① 温度过高；

② 电流增大；
③ 轴瓦冒烟。
原因：
① 轴瓦间隙过小；
② 润滑不好，中断。
处理：
① 换机停运；
② 检修；
③ 换油。

48. 电机不能启动是什么原因？

答：原因有：
① 电源未接通或接触不良；
② 熔断器烧坏或空气开关跳闸；
③ 堵转(卡住了转子)；
④ 单相启动；
⑤ 定子线圈开路；
⑥ 转子开路或鼠笼环断条多。

49. 电机尾部为什么要有风扇？

答：线圈与铁心都会发热，如不消除温度会上升，当超过铭牌上的“允许温升”后，绕组的绝缘就会破坏，造成短路事故。所以，要在电机尾部装上风扇，通风降温。

50. 冷却水回水有气泡是什么原因？

答：原因是：
① 水夹套与气缸冷却器破裂；
② 冷却水管连接垫裂或螺丝松；
③ 汽缸头裂，油管漏气。

51. 压缩机产生液击时有何现象？

答：①液体冲击声激烈；
② 机身和气缸会剧烈振动；
③ 电流升高。

52. 往复式压缩机润滑油压力低的原因是什么？如何处理？

答：原因和相应的处理措施如下：
① 吸油管不严，内有空气——堵漏；
② 油泵故障或密封泄漏严重——检查；

③ 吸油管堵塞——检查处理；

④ 油箱内润滑油太少——加润滑油；

⑤ 滤油器太脏——清洗过滤网。

☞ 53. 往复式压缩机排气压力降低的原因是什么？如何处理？

答：原因和相应的处理措施如下：

① 活塞环漏气——检查、更换活塞环；

② 阀片漏气——更换阀片。

☞ 54. 为什么往复式压缩机在开车、停车之初要适当减少气缸的冷却水量？

答：在开、停车之初适当减少气缸的冷却水量可以避免气缸缸套在骤冷骤热下产生过大的热应力而损坏。

☞ 55. 备用往复式压缩机为什么要定期盘车？

答：①盘车可不断改变轴的变形，在曲轴本身和其他部件的重力下，会使轴变弯，盘车可不断改变轴的受力方向，可以使轴的弯曲变形最小。

② 检查运动部件的松紧配合程度，避免运动部件长期静止而锈死。

③ 盘车可把润滑油带到轴承各部，防止轴承锈死，而且轴承得到初步润滑，紧急状态下可马上启动。

☞ 56. 以2D25型往复式压缩机为例，开机前的检查工作和准备工作有哪些？

答：①循环油箱油位保持1/2~2/3，检查注油器及电机轴承箱油质。

② 各缓冲罐及油水分离排除油水。

③ 检查冷却水压力，缸套给各冷却水上水。

④ 联系电工，给压缩机、润滑油泵送上电。

⑤ 打开负荷调节阀的供风。

⑥ 关二级出口阀，开放空阀。

⑦ 检查润滑系统及油泵是否良好，并盘车2~3周。

⑧ 打开一回一、二回一的回流阀。

☞ 57. 检修前如何进行 N_2 置换？检修后如何进行 N_2 置换？

答：检修前：

① 打开 N_2 总阀，引 N_2 进系统。

② 打开 N_2 进机体阀。

③ 开二级出口放空阀放空，N_2 置换后采样 O_2 含量 ≤1.0%、H_2S 含量 ≤ $10mg/m^3$，且要测爆合格方为置换合格。

④ 检修后的 N_2 置换的方法和检修前一样，N_2 置换后采样 O_2 含量 ≤1.0% 为置换合格。

☞ **58. 往复式压缩机正常运转时，应如何维护？**

答：应做到：

① 每小时记录各工艺参数。

② 每两小时检查一次压缩机运转情况、润滑状态、各部声响。

③ 检查各分级缸，每 4h 脱油水一次。

④ 保持入口压力不小于 0.06MPa，用二回一调节。

⑤ 检查冷却水压力及各冷却器冷却情况。

⑥ 润滑油压力及油位、油质。

☞ **59. 往复式压缩机如何进行开车？**

答：往复式压缩机开车步骤如下：

① 打开入口阀，启动主机电钮；

② 详细检查各部轴承、十字头、滑道的润滑情况，注意运转声音、电流及温度；

③缓慢关闭一回一阀、二回一阀等级间回流阀，同时打开末级出口阀。

☞ **60. 往复式压缩机如何进行停车？**

答：往复式压缩机停车步骤如下：

① 协调好进出口分馏和稳定系统；

② 慢慢打开末级放空阀，同时迅速关闭末级出口阀；

③ 由高压向低压逐个打开油水分离器放空油阀；

④ 按停机电钮，关闭入口阀；

⑤ 打开一回一阀、二回一阀；

⑥ 停运后即应开启循环油泵。

☞ **61. 带注油器的往复式压缩机，注油口不上油是何原因？对机组有何危害？**

答：原因是：

① 柱塞磨损过度，油缸间隙过大。

② 集油器内油量太小。

③ 滤油器或油管堵。

④ 气缸内进入空气或止逆阀回气。

⑤ 注油器油量调节螺丝不当。

危害有：会使气缸和填料函处产生干摩擦，导致局部过热和磨损，毁坏汽缸及其他部件，对机组危害相当大。

☞ **62. 碰到哪些事故往复式压缩机需作紧急停车？**

答：碰到下列情况往复压缩机需作紧急停车：

① 压缩机严重振动，声大。

② 压缩机轴瓦冒烟。
③ 轴承温度>60℃。
④ 油压低于0.1MPa，主电机联锁失效，继续下降到0.08MPa。
⑤ 冷却水中断或压差<0.05MPa，改排放空，后水压差低于0.02MPa。
⑥ 机体及主要设备管线泄漏严重或裂纹。
⑦ 装置内发生火灾或爆炸，并威胁压缩机正常工作。
⑧ 电机电流超过规定值。
⑨ 电机温升>70℃。

☞ 63. 润滑油压力突然下降是何原因？怎样处理？

答：原因和处理步骤如下：
① 机箱内油量不够，立即加油。
② 过滤器堵，切换清洗。
③ 油压表失灵，更换油压表。
④ 油管堵或破裂，检修油管路。
⑤ 油泵失去作用，检修油泵。

☞ 64. 润滑油温度过高是何原因？如何处理？

答：原因是：
① 油供应不足。
② 油质不好。
③ 油太脏，增加机械磨损。
④ 运动机构发生故障。
处理：
① 检查油路，添加油。
② 更换油，清理油池。
③ 检修故障。

☞ 65. 往复式压缩机正常运行时，哪些原因会造成气体流量指示逐渐下降？

答：原因有：
① 压缩机入口压力下降。
② 缸入口瓦鲁漏气严重。
③ 密封不严或管线易漏气。
④ 流量表失灵。

☞ 66. 往复式压缩机入口条件对机组工作情况有何影响？

答：①入口压力高，则压缩机排气量升高，排气温度降低。
② 入口升温高，则排气量减少，排气温度升高。
③ 气体比重增大，则压缩机功率消耗增大，排气温度升高。

☞ **67. 往复式压缩机主电机电流升高，原因是什么？如何处理？**

答：①负荷增加或介质组分变化。

② 电压降低。

③ 气体带油。

④ 撞缸或拉缸。

⑤ 电机故障。

处理：

① 调整机组负荷，查明原因。

② 联系电工及电力调度，查明原因。

③ 加强入口罐脱液。

④ 换机检修。

⑤ 联系电工，换机处理。

☞ **68. 往复式压缩机空载运转试车要检查哪些方面？**

答：①循环油压 0.25MPa，当油压降至 0.15MPa 时应报警，油压降至 0.12MPa 时应联锁停机。

② 油冷却器进口油温不应大于 65℃。

③ 检查运动部件有无不正常声响，并及时消除。

☞ **69. 计算题**

①往复式压缩机的入口压力为 0.062MPa，出口压力为 0.42MPa，求Ⅰ级压缩比为多少？

答：Ⅰ级压缩比 $q=p_1/p_2=(0.1+0.42)/(0.1+0.062)=3.2$

② 往复式压缩机的Ⅰ级缸的气缸直径为 610mm（内径），活塞行程为 320mm，转数为 375r/min，活塞杆直径为 80mm，求理论吸入量。

答：理论吸入量 $Q=[n(2F-f)\times S]/60=375\times(2\Pi/4\times0.61^2-\Pi/4\times0.08^2)\times0.32/60=1.16\text{m}^3/\text{s}$

③ $p_1=0.4\text{MPa}$，$p_2=0.9\text{MPa}$，$F=0.1\text{m}^2$，$f=0.005\text{m}^2$，求活塞杆推力为多少？

答：活塞杆推力 $F=P_2\times F-p_1(F-f)=0.9\times9.8\times0.1\times10^4-0.4\times9.8\times(0.1-0.005)\times10^4=5096\text{kg}$

④ 已知往复式压缩机的入口压力为 1.6kg/cm³（绝压），吸入气体温度为 40℃，求标准状况下排气各为多少？（吸入状况下排气各为 50m³/min）

答：$p_0=760\text{mmHg}=1.033\text{kg/cm}^3$，$p_1=1.6\text{kg/cm}^3$，$V_0=50\text{m}^3/\text{min}$，$T_0=273\text{K}$，$T_1=313\text{K}$，由 $p_0V_0/T_0=p_1V_1/T_1$

$V_0=p_1V_1T_0/p_0T_1=(1.6\times50\times273)/(1.033\times313)=67.5\text{m}^3/\text{min}$

⑤ 往复式压缩机的型号为2D25-50/0.6-14，转速375r/min，Ⅰ、Ⅱ级气缸活塞行程320mm，求该活塞平均速度。

答：活塞平均速度 $C_m = 2NS/60 = 4m/s$

四、离心式压缩机

1. 离心式压缩机有什么优缺点?

答：离心式压缩机主要有下列优点：

① 结构紧凑、尺寸小，因而机组占地面积及重量都比同一气量的活塞式压缩机小得多；

② 运转平稳，操作可靠，备件的需用量小，因此它的运转率高，维护费用及人员少；

③ 离心式压缩机的压缩过程可以做到绝对无油，这对化工生产是很重要的；

④ 离心式压缩机是做回转运动的机器，转速较高，因此适宜用工业汽轮机或燃气轮机直接拖动。

离心式压缩机缺点有：

① 离心式压缩机目前还不适用于气量太小及压比过高的场合；

② 离心式压缩机稳定工况区较窄，其气量调节虽较方便，但经济性较差；

③ 目前离心式压缩机的效率一般仍低于活塞式压缩机。

2. 离心式压缩机气体压缩的热力过程是怎样的?

答：对于离心式压缩机，由于在气缸内部进行冷却十分困难，同时气体通过叶轮时的流速极高，因此，压缩过程几乎是绝热过程。特别是高速气体和叶轮表面以及流经扩压器、变道及回流器的过程因摩擦产生的热量无法向外散失，又加在气体本身，所以形成特殊的热力过程。它的功率比绝热过程大，我们把这种特殊的热力过程称为多变过程。

3. 离心式压缩机的主要性能参数有哪些?

答：离心式压缩机的主要性能参数有：

①流量：容积流量(用 Q_j 表示)，是单位时间内流经压缩机的气体容积。其单位为 m^3/h、m^3/min、m^3/s 等。在炼油化工等流程中使用的压缩机，常以标准状态下的容积流量为指标，称作标准容积流量，用 Q_N 表示，其单位为 Nm^3/h、Nm^3/min。

质量流量：指单位时间内流经压缩机的气体质量，用 G 表示，其单位为kg/s、kg/min。如忽略外漏量，则压缩机进口和出口的质量流量是相等的。

② 压力：气体在单位面积的容器壁上所作用的力叫气体压力，其单位有

atm、mmH_2O、mmHg、kgf/cm^2、Pa、bar、MPa、psi(Pounds/Inch)等，换算关系为 $1MPa=10bar=10^6Pa=9.869atm=1019.7mmH_2O=75.01mmHg=10.2\ kgf/cm^2=145.0377psi$。

动压：单位体积气体流动时所具有的能量，用 p_d 表示。$p_d=\rho c^2/2$。

静压：单位体积气体所具有的势能，垂直作用在壁面上，用 p_{st} 表示。

全压：单位体积气体所具有的总能量。全压等于动压和静压之和，用 p 表示。

表压力：用压力表测量所得的压力，用 p_g 表示。

绝对压力：气体的真实压力，即表压加上当地大气压，用 p_a 表示。

进口压力：指压缩机进口法兰处的气体压力，用 p_j 表示。

出口压力：指压缩机出口法兰处的气体压力，用 p_c 表示。

压比：出口压力与进口压力的绝对压力之比，用 ε 表示。$\varepsilon=p_c/p_j$。

③ 功率：单位时间内所做的功叫功率，常用单位是 kW。

有效功率：用来提高气体压力所消耗的功率，用 $N_{有}$ 表示。

内功率：用于提高气体压力和克服内损失(流动和泄漏)所消耗的功率，用 N_i 表示。

轴功率：用于提高气体压力和克服内、外损失(机械损失)所消耗的功率，也就是驱动压缩机所需的功率，用 N_S 表示。

④ 效率：效率是评价压缩机质量的重要指标之一，用 η 表示。效率是相对值，为无因次量。对透平压缩机来说，它表示气体经过压缩后，气体所获得的有效功与实际耗功的比值，即 η=气体获得的有效功/实际耗功。

多变效率：指多变压缩功 h_{pol} 与实际总耗功 h_{tot} 之比，用 η_{pol} 表示。

绝热效率：指绝热压缩功 h_{ad} 与实际总耗功 h_{tot} 之比，用 η_{ad} 表示。

等温效率：指等温压缩功 h_{is} 与实际总耗功 h_{tot} 之比，用 η_{is} 表示。

⑤ 转速：指压缩机转子单位时间内转动速度，用 n 表示。其单位为转/分(r/min)。

⑥ 温度：一般用 t℃表示，工程上也用绝对温度 T_K 来表示，两者换算关系为 $T_K=t+273$。

☞ 4. 为什么离心式压缩机一般转速都很高？

答：因为离心式压缩机是靠叶轮在高速旋转时通过叶片对通道里的气体做功，在离心力的作用下，使气体的压力提高。当然详细地说还有动能转变为静压能。实际上叶轮气体通过叶轮时，叶片对气体所做的功与叶轮外缘的圆周速度 μ 成正比，而 μ 与叶轮的转速成正比。设 D 为叶轮的外缘直径，n 为转速，则有：$\mu=\pi Dn/60$，因此转速越高，气体获得的能量越多，压力就提高得越多。同时若要求 μ 不变，D 就可以减少，可使压缩机的重量和体积都减小。故设计时，一般只要机械强度无问题，转速尽可能设计得高些。

☞ **5. 透平式压缩机常用的调节方法有哪几类?**

答: 透平式压缩机常用的调节方法可以分三类：节流调节、变转速调节和进气管装导向片调节。

☞ **6. 何为透平式压缩机的变转速调节法?**

答: 压缩机的不同转速有与之相对应的特性曲线，变转速调节就是通过改变转速来适应管网的要求，与节流调节方法比较起来，它最经济。因为没有附加的节流操作，所以是现在大型压缩机经常采用的调节方法。

☞ **7. 什么是离心式压缩机的特性曲线? 在实际使用中有什么用途?**

答: 为了反映不同工况下压缩机的性能，通常把在一定进气状态下对应各种转速、进气流量与压缩机的排气压强、功率及效率的关系用曲线形式表示出来，这些曲线称为压缩机的流量特性曲线。如右图所示，在实际使用中的用途有：

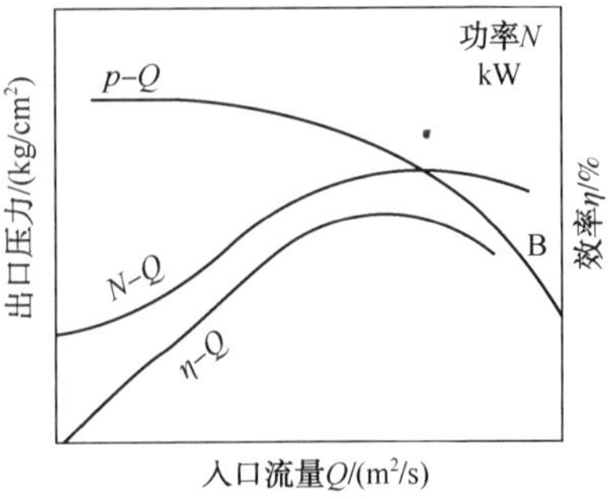

压缩机的特性曲线图

① p–Q 图(压力–流量图)是用来选择离心式气压机，看能否达到使用者要求的操作条件(主要是压力和流量)。p–Q 图可表示压缩机允许的最小流量。

② N–Q 图(功率–流量图)用来正确选择原动机的功率。

③ η–Q 图(效率–流量图)是用来检验气压机使用是否合理，是否经济、节能。

☞ **8. 压缩机进气条件的变化对性能的影响如何?**

答: 压缩机进气可能发生变化的主要是进气温度、进气压力和进气分子量三个条件。

① 进气温度的影响。在转速不变和容积流量不变的情况下：A. 进气温度和质量流量成反比。B. 温度降低，压比将升高，反之，则相反。C. 进气温度与功率也成反比，温度升高，功率下降。反之，则相反。

② 进气分子量的影响。对容积流量一定时，分子量增加，压强比升高，反之，压强比降低。压缩机功率和分子量成正比。

③ 进气压力的影响。和进气分子量一样，进气压力和质量流量成正比，进气压力不影响压力比，因而排气压力和进气压力成正比。压缩机功率和进气压力成正比。

☞ **9. 离心式压缩机的主要构件有哪些? 其基本工作原理如何?**

答: 离心式压缩机是由下列主要构件所组成：

① 转子，转子上的主要零件是主轴、叶轮、平衡盘、推力盘、联轴器及轴

套、隔环等。其中叶轮是压缩机的唯一做功元件，是最重要的核心元件，其结构和离心泵叶轮相似。

② 扩压器：气体从叶轮流出时速度很高，为了充分利用这部分速度能，常常在叶轮后设置流通截面逐渐扩大的扩压器，以便将速度能转变为压力能。一般常用的扩压器是一个环形的通道，其中装有叶片的是叶片扩压器，不装叶片的便是无叶扩压器。

③ 弯道：为了把扩压器后的气流引导到下一级叶轮去进行压缩，在扩压器后设置了使气流由离心方向改变为向心方面的弯道。

④ 回流器：为了使气流以一定方向均匀地进入下一级叶轮进口，设置了回流器，在回流器中一般装有导叶。

⑤ 蜗壳：其主要作用是将由扩压器(或直接由叶轮)出来的气流汇集起来引出机器。此外，在蜗壳汇集气流的过程中，由于蜗壳外径及通流截面的逐渐扩大，它也起着降速扩压的作用。

⑥ 吸气室：其作用是将需要压缩的气流，由进气管(或中间冷却器出口)均匀地送入叶轮去进行增压。因此，在每一段的第一级前都置有吸气室。

在离心式压缩机中，一般将叶轮与轴的组件称为转子。而将扩压器、弯道、回流器、蜗壳及吸气室等称为固定元件。

☞ 10. 离心式压缩机的转子由哪些零件组成?

答：转子是离心式压缩机的主要部件，它是由主轴以及套在轴上的叶轮(平衡盘)、推力盘、联轴器和卡环等组成。

☞ 11. 离心式压缩机叶轮的结构如何？其作用是什么?

答：叶轮是压缩机对气体做功的唯一部件，其中闭式叶轮是由轮盘、轮盖和叶片组成的，根据其制造工艺的不同，叶轮还可以分为焊接叶轮、铆接叶轮、铸造叶轮和电蚀加工叶轮。叶轮也称工作轮，它是压缩机中一个最重要的部件。气体在叶轮叶片的作用下，跟着叶轮做高速的旋转。而气体由于受旋转离心力的作用，以及在叶轮里的扩压流动，使气体通过汽轮后的压力得到了提高。此外，气体的速度能也同样是在叶轮里得到提高。因此，可以认为叶轮是使气体提高能量的唯一途径。

☞ 12. 离心式压缩机的叶轮有什么特点?

答：叶轮的叶片都用后弯的，叶片出口角为30°~60°。由于气体比液体轻得多，所以压缩机的叶轮都比较大，转速较高，这样才能达到提高动压的目的。

☞ 13. 平衡盘的作用是什么?

答：在多级离心式压缩机中因每级叶轮两侧的气体作用力大小不等，使转子受到一个指向低压端的合力，这个合力被称为轴向力。平衡盘是利用两边气体压力差来平衡轴向力的零件，它的一侧压力是末级叶轮轮盘间隙中的压力，另一侧通过大气或进气管，通过平衡盘只平衡一部分轴向力，剩余轴向力由止推轴承承受。在多级离心式压缩机中，通常平衡盘与平衡管配合使用。

☞ **14. 离心式压缩机的静子由哪些部分构成？**

答：静子元件包括：机壳、扩压器、弯道、回流器和蜗室，另外还有密封、支撑轴承和止推轴承等部件。

☞ **15. 离心式压缩机机壳的结构如何？有什么作用？**

答：机壳也称为气缸，是静子中最大的部件。通常是用铸铁或铸钢浇铸出来的。对于高压离心式压缩机，都采用圆筒形锻钢机壳，以承受高压。机壳一般有水平剖分面，利于装配。上、下机壳用定位销定位，用螺栓连接，下机壳装有异柱，便于拆装。轴承箱与下机壳分开浇铸。吸气室是机壳的一部分。它的作用是把气体均匀地引入叶轮，吸气室内浇铸有分流肋，使气流更加均匀，也起增加机壳刚性的作用。

☞ **16. 什么是离心式压缩机的喘振(飞动)现象？**

答：当离心式气压机的流量减少到某一最小值，气流的分离区扩大到整个叶道，就是使叶片通道内无法流过气体，这时叶轮没有气量甩出，压力便突然下降，具有较高压力的背压气体就会倒流回叶轮里来。瞬间，倒流来的气流使叶轮暂时弥补了气体流量的不足，而使叶轮恢复正常工作，重新把倒流回的气流压出去。但这样又使叶轮流量减小，气流分离重新发生，压力又突然下降，背压气体重又倒流回来，再一次重复上述过程。如此周而复始地进行，就使压缩机和其他连接的管线、设备中产生一种低频率高振幅的压力脉冲，声音如吼叫喘气，所以称“喘振”现象，又称“飞动”现象。喘振时，噪声严重，机器强烈振动，操作很不稳定。

☞ **17. 何为压缩机的“滞止工况”？**

答：压缩机的“滞止工况”与产生喘振现象的原因相反，当气体流量增大时，进入叶轮的气流相对速度方向角较大，气流冲向叶片的非工作面，在叶片的工作面上形成气流分离现象，由于工作面压向气流，所以这种气流分离现象不会扩大。当气体流量继续增加到某一程度时，叶道内最小截面处的气流速度将达到音速，则流量再也不能增加了。此时叶轮对气体做的功已全部用来克服流动损失，变动能为热能，气体压力并不升高，这种状况就称为“滞止工况”。

☞ **18. 喘振有什么现象？**

答：喘振的现象有：

① 压缩机工作极不稳定。压缩机正常运转时，排气压强、流量等参数脉动值小，频率高。减少流量到出现喘振时，气动参数会出现周期性的波动，振幅

大，频率低，同时平均排气压强值下降。

② 喘振有强烈的周期性气流噪声，出现气流吼叫声。正常运转时气流的声音为哨声，到喘振前气流声音变化不大。喘振时突然出现周期性的爆音，再减少流量，会出现轰隆隆声。

③ 机器强烈振动。机体、轴承等振幅急剧增加。

☞ **19. 喘振现象对机组有什么危害？**

答：压缩机运行发生喘振现象时，对机组的危害很大，具体有：

① 可能损坏如密封、"O"型环等压缩机零部件，甚至引起动静零部件碰撞。对止推轴承产生冲击力，破坏轴承油膜稳定，损坏轴承。可能破坏油密封系统，使油膜密封的油气压差失调，造成油膜密封故障。

② 可能破坏机器的安装质量，破坏各部分调整好的间隙值，甚至引起轴的变形等，引起机器在以后运行中振动加剧。

③ 可能使一些有关仪表失灵或使仪表准确性降低。

☞ **20. 实际操作中引起压缩机喘振的原因有哪些？**

答：实际运行中引起喘振的原因有：

① 因失速区的产生与扩展结果，管网流量、阻力的变化与压缩机工作不协调是引起压缩机喘振的重要原因。这种工作的不协调可以分为两点：第一，压缩机的流量等于或小于喘振流量；第二，压缩机排气压强低于管网气体压强。

② 凡是运行中使压缩机特性曲线下移(如进气压强降低、进气温度升高、进气分子量减小等)或管网特性曲线上移，或者两者同时发生，或减量过多，使联合运行点落入喘振区都会引起压缩机喘振。

③ 开车过程中升速升压不协调，如升压太快；降速降压不协调，如降速太快都可能引起压缩机喘振。

☞ **21. 压缩机防喘振方法有哪些？**

答：防喘振的方法可以分为两类：第一类为压缩机设计时采取的，尽可能增加叶片气体绕流无脱离的稳定区。例如，减小圆周速度，采用大的相对厚度叶型、大圆头叶型，增加叶栅稠度等，这类措施的结果是使压缩机具有宽阔的稳定工作范围，运行时还要设防护装置。第二类措施是针对运行条件采取的，比较普遍的是采用防喘装置。一方面设法在管网流量减少过多时增加压缩机本身的流量，始终保持压缩机在大于喘振流量下运转；另一方面就是控制管网的压力和压缩机的出口压力相适应。

☞ **22. 离心式压缩机 CCC 防喘振控制的特点有哪些？**

答：CCC 防喘振控制算法是根据喘振发生的特点，通过设定不同的控制线，当操作点越过不同的控制线产生不同的控制响应，把这些响应组合在一起产生一个独特的控制响应，这种响应既能防止喘振，又不会产生工艺上的波动，也不会浪费能耗。具有以下特点：

① 采用先进的防喘振控制算法，压缩机可以在更靠近操作极限的位置运行，而不必打开回流阀，使压缩机运行更经济。

② 工艺过程控制更加精确，实行全自动控制，通过内置多种独特的算法，更快地协调并消除防喘振控制动作可能产生的间断效应。

③ 采用退守策略，控制算法能够在变送器发生故障时继续防止喘振，使压缩机运行更可靠。

④ 开停机操作过程简化，减少了操作者的介入。

⑤ CCC 防喘振控制算法消除了因喘振或者过载引起的不必要停车。

⑥ 防喘振控制算法和过载保护延长了压缩机的寿命。

☞ 23. 离心式压缩机转子的轴向推力是如何产生的？其平衡方法有几种？

答：由于叶轮的轮盘和轮盖两侧所受的气体作用力不同，相互抵消后，还剩下一部分轴向力作用于转子，所有叶轮轴向力之代数和就是转子的气体轴向推力，作用方向一般是从高压端压向低压端。一般多级压缩机常采用两种方法进行轴向平衡。

① 叶轮对置或分段对置。使叶轮产生的轴向力相互抵消一部分，这种方法的缺点是管系布置复杂。

② 装置平衡盘，平衡盘一般装在高压端，外缘与气缸间没有迷宫式密封，使平衡盘两侧保持压强差，一侧是高压气体，另一侧通过转子的第一级入口，使气体压强接近于进气压强。这样平衡盘两侧的压强差作用在平衡盘上，产生了一个轴向力，方向与叶轮的轴向力相反。

☞ 24. 什么是轴向位移？轴向位移变化有什么危害？

答：气压机与汽轮机在运转中，转子沿着主轴方向的窜动称为轴向位移。当机组的轴向位移超过允许范围时，会引起动静部分发生摩擦碰撞，发生严重损坏事故，如轴弯曲、隔板和叶轮碎裂、汽轮机大批叶片折断等。

☞ 25. 运行中引起离心式压缩机轴向推力增加的原因有哪些？

答：原因大致如下：

① 压缩机出口超压。造成超压的原因很多，如转速升高或在转速不变的情况下减量生产等，都可能使出口压力增加。

② 轮盖密封、定距套密封损坏。如果密封片磨损，使间隙增加，或者密封齿间被脏物堵塞，密封效果变差，都会增加泄漏量，从而使转子的轴向推力加大。

③ 平衡盘密封装置损坏，或者平衡管堵塞，都会使平衡盘的轴向力减小，从而增加轴向推力。

☞ 26. 离心式压缩机轴承有几类？各有什么作用？

答：离心式压缩机轴承分支撑轴承（又称径向轴承）和止推轴承两类。支撑轴承的作用是承受转子重量和其他附加径向力，保持转子转动中心和气缸中心一致，并在一定转速下正常旋转。止推轴承的作用是承受转子的轴向力，限制转子的轴向窜动，保持转子在气缸中的轴向位置。

☞ 27. 离心式压缩机一般采用何种支撑轴承？

答：离心式压缩机一般采用滑动轴承，这是因为滑动轴承运转平稳、噪声小，能在高速重载下可靠地运行。支撑轴承的作用是支持转子，并保持转子与定子的同心。为了便于安装，滑动轴承都制成上、下两个半圆。轴承体用铸铁或钢制成，而在内表面上浇上一层锡基轴承合金，又叫巴氏合金。这种合金的主要特点是在软韧的基体组织中，均匀地含有硬度大的锡锑与锡铜化合物的细粒，这样使轴承工作面既容易形成与轴相适应的表面，又有很好的耐磨性。轴承体的外圆可以做成圆柱形，也可以做成球面，球面可以使轴承具有自位性。

支撑轴承的支持方式为双支式的，即轴承的转子的两端，一端为单独的支撑轴承，另一端为综合式轴承，即支撑与推力轴承制成一体，轴承内孔的孔形有圆柱形、椭圆形和多油楔轴承。

☞ 28. 简述止推轴承的构造和作用。

答：止推轴承主要由推力瓦块和安装圈组成，如下图所示。推力瓦块呈扇形，由 8~12 片组成一圈，支承于安装圈上。瓦块与安装圈之间有一个支点。当推力盘转动时，瓦块自动摆动形成油楔，因而能保证很好的润滑条件。这种轴承又叫米楔尔轴承。

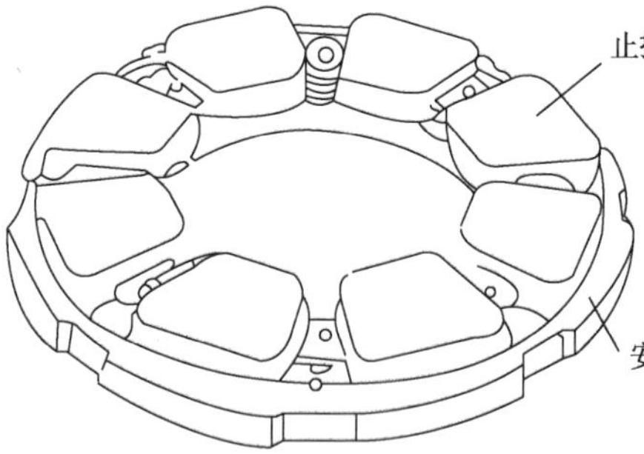

机组正常工作时，轴向力总是指向压力低的一端，承受这个方向轴向力的推力瓦块称主推力块。而机组甩负荷时，轴向推力就改变方向，为此就在主推力块的对面安装了推力块，以承受这一方向的轴向力，这种推力块称为副推力块。

止推轴承的作用是保证转子和定子之间轴向位置固定，以保证叶片与隔板封轴等之间的间隙，使机组能够安全运转。

☞ **29. 离心式压缩机一般采用什么方式来消除轴向力？**

答：离心式压缩机消除轴向力的措施有：①以叶轮背靠背对排的方案来平衡轴向力；②未能平衡部分才用平衡盘平衡；③残余轴向力采用叠块式（金丝伯雷型）双向推力轴承来抵消。

☞ **30. 什么叫多油楔轴承？有何特点？**

答：支撑轴承有三块或多块内表面浇有巴氏合金的瓦块，瓦块沿轴径向外圆周均匀分布，瓦块在结构上能就地摆动，工作中可形成多个油楔，这样的轴承叫多油楔轴承。

多油楔常用的有三油楔与五油楔。三油楔轴承承载能力高，可用于高速重载场合，五油楔轴承适宜轻载场合。右图所示为五块的支撑轴承。

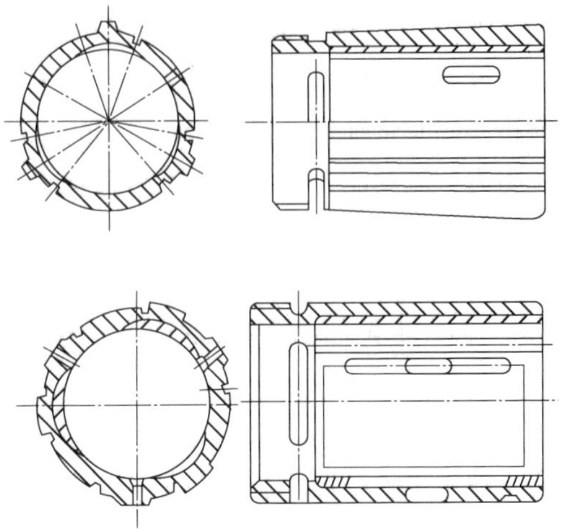

多油楔轴承有以下几个特点：

① 抗振性能好，运行稳定，能够减轻转子由于不平衡或加工安装误差造成的振动危害；

② 在不同的负荷下，多油楔轴承中轴颈的偏心度比普通轴承小得多，保证了转子的对中性；

③ 当负荷与转速有变化时，瓦块能自动调节位置，以保证有较好的润滑油楔，所以温升不高。

☞ **31. 滑动轴承有什么特点？**

答：特点是：①承载能力大；②噪声小；③寿命长；④转速高；⑤安装精度要求高。

☞ **32. 压缩机轴承在运行中会出现哪些故障？引起故障的原因有哪些？**

答：压缩机轴承在运行中常出现的故障有轴瓦拉毛、磨损和刮伤；轴承咬合以至巴氏合金熔化和轴瓦的疲劳破裂等。

引起故障的原因有：

A. 供油系统的原因：

① 润滑油量不足或中断，将会引起轴承温度升高，使轴承产生咬合，严重的会使巴氏合金熔化。

② 润滑油不清洁，含有沙粒杂质等异物，带入轴承后使轴瓦刮伤，甚至使轴承温度升高而引起巴氏合金熔化。

③ 润滑油冷却器工作失常，进油温度过高，油的黏度下降，轴承的热量不

能及时被带走，在轴瓦内不能形成良好的油膜。

④ 润滑油中含水，使油膜破坏。

B. 机器和轴承本身的原因：

① 压缩机转子由于不平衡或由于喘振引起的轴承过大。

② 轴承安装不符合要求，对中不好，间隙不合适。

③ 轴瓦的巴氏合金浇铸质量不合格，巴氏合金可能有脱落、裂纹、砂眼等缺陷，含有铁屑、沙粒等杂质。

④ 轴承结构不合理，一些零部件在运行中变形过大。

⑤ 对止推轴承来说，轴向推力过大就会引起烧瓦事故。导致轴向推力过大的原因可能是压缩机超压，轮盖密封、级间密封损坏等。

☞ 33. 什么是机组轴承的强制润滑？

答：大机组是高速旋转机械，靠注入润滑油使轴承相互之间的摩擦变成液体摩擦，同时将轴承中因摩擦而产生的热量带走，如果油压不高，则克服不了油系统阻力，流动能力减小，达不到需要的油量，轴承中产生的热量也就不能全部带走，轴承及油温升高。同时轴承中油膜的建立也需要一定的油压，否则油膜破坏会烧瓦，因此规定一定压力的润滑油注入，这就是强制润滑。

☞ 34. 轴承上的润滑油油膜是怎样形成的？影响油膜的因素有哪些？

答：油膜的形成主要是由于油有一种黏附性。轴转动时将油黏在轴与轴承上，由间隙大到小处产生油楔，使油在间隙小处产生油压，由于转速的逐渐升高，油压也随之增大，并将轴向上托起。影响油膜的因素很多，如润滑油的黏度、轴瓦的间隙、油膜单位面积上承受的压力等，但对一台轴承结构已定的机组来说，最主要的因素就是油的黏度。因油质劣化，造成油的黏度上升或下降，都可能使油膜被破坏。

☞ 35. 离心式压缩机一般采用什么测量仪监测轴瓦温度？轴瓦温度由什么因素决定？

答：离心式压缩机轴瓦温度测量是将热电偶深埋至离巴氏合金运行表面仅2~3mm的地方测量轴瓦金属温度，测温元件能灵敏地直接按各种条件的变化而快速变化。轴瓦温度由进口油量、油温以及汽轮机转子的负荷大小、转速来决定。

☞ 36. 轴承超温的主要原因是什么？

答：①轴瓦间隙不符合要求；

② 轴与轴瓦接触面不符合要求；

③ 油压低或供油不足；

④ 油温过高；

⑤ 润滑油黏度不符合要求，油膜强度低；

⑥ 润滑油机械杂质、水分超标；

⑦ 机组轴向推力大；

⑧ 机组振动值超标。

☞ 37. 离心式压缩机密封形式有哪些？一般采用哪些密封形式？

答：离心式压缩机密封有很多形式：迷宫密封、浮环密封、机械密封、抽气密封等。一般较多采用浮环密封与干气密封。干气密封(即非接触式机械密封或气膜螺旋槽端面密封的简称)，近年来已逐渐取代离心式压缩机上原有的轴封，由于该密封具有以下突出优点：端面非接触、可靠性高、寿命长；密封功耗低、节约能源；省去了庞大的密封油系统、占地少、总投资低；无污染、适用范围广和运行、维护费用低等。

☞ 38. 干气密封的基本原理是什么？

答：干气密封主要是由一对动环和静环配合组成，如下图所示，动环上开有螺旋槽，通过旋转气体由进口泵入螺旋槽的根部，在此环形面形成密封隔墙。该密封墙对气流产生阻力，气体被压缩，压力增高，产生的压力使静环从动环表面被推开。这样密封面间始终保持一层极薄的气膜，使动环和静环之间存在间隙，密封始终工作在非接触状态，动环和静环的正常间隙为3~5μmm。

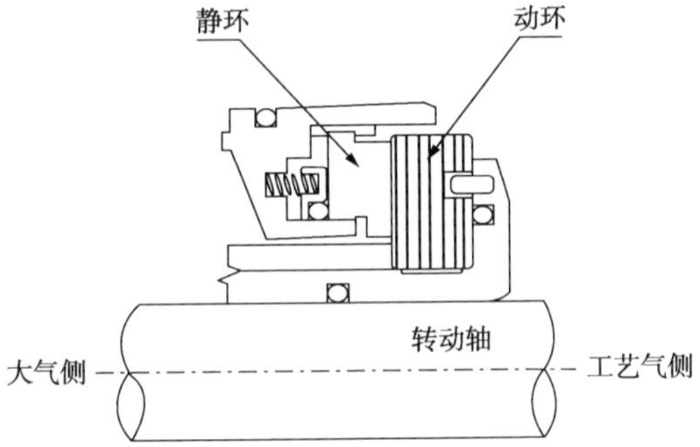

☞ 39. 干气密封的密封间隙如何调整？

答：在动力平衡条件下，作用在密封上的力可按下页图表示：

闭合力 F_C 是由系统压力(即密封气压力)加上弹簧力而得到，开口力 F_O 是由系统压力加上由螺旋槽产生的压力而得到，当闭合力与流膜内产生的开口力相等时，即 $F_C=F_O$ 时，密封工作处于平衡状态，动环与静环之间就产生一个稳定的间隙，对于大多数常用气体，膜厚度(密封面之间的间隙)在3~5μmm。如果产生导致密封面之间的间隙减少的扰动，由螺旋槽产生的开口力显著地增加，使平衡恢复，如下图所示：

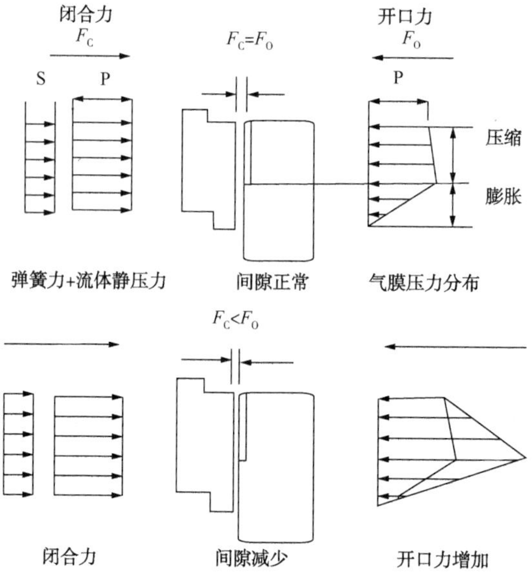

密封面间隙减小时受力情况

同样地，如果扰动使密封面之间的间隙增加，由螺旋槽产生的开口力减少，密封将很快地重新恢复平衡，如下图所示：

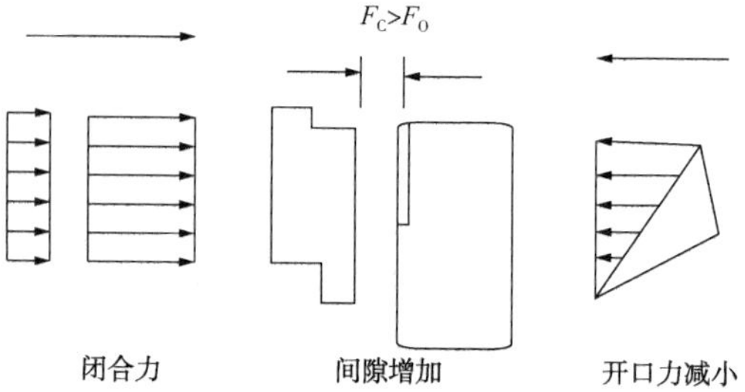

密封面间隙增大时受力情况

☞ 40. 干气密封的类型有哪些？焦化富气压缩机一般采用什么密封类型？

答：干气密封的类型可分成单列密封、串联密封、双列对置密封和三列密封等。如下图所示。焦化富气压缩机一般采用双列对置式干气密封。

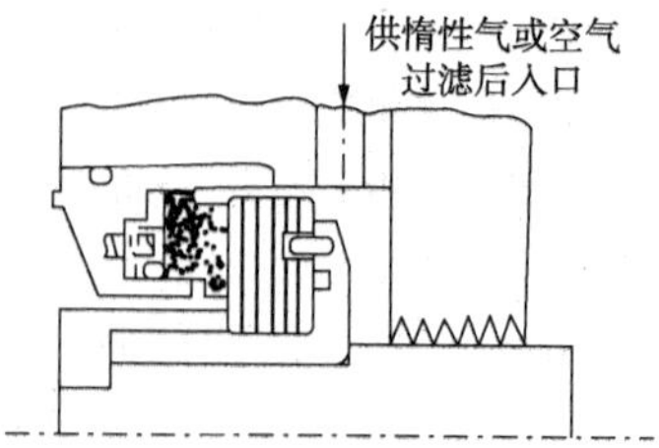

单列干气密封

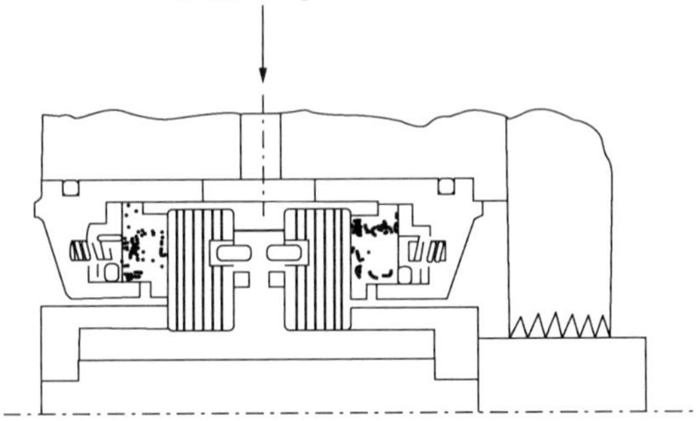

双列对置式干气密封

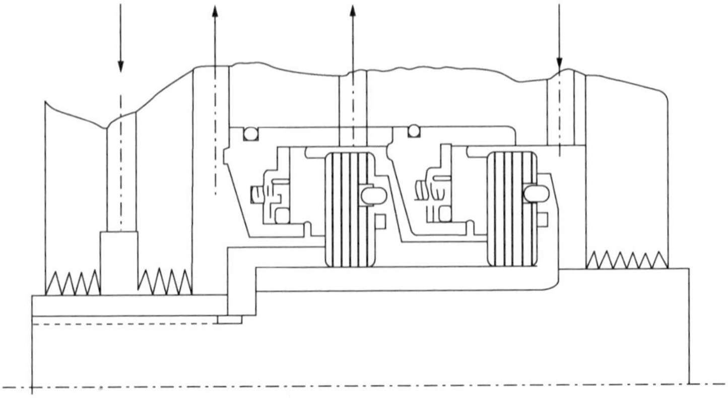

串联式干气密封

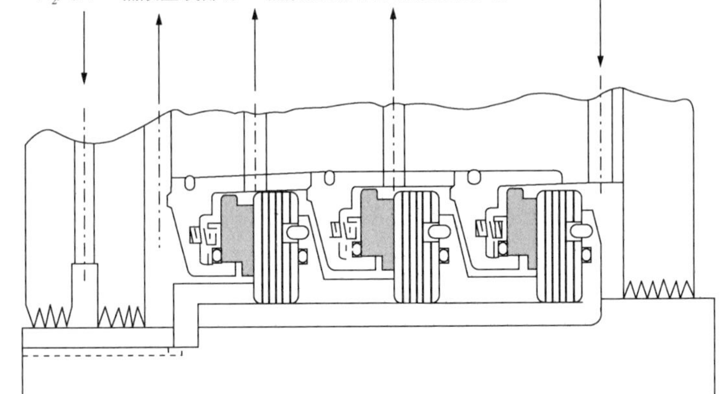

三列串联式干气密封

☞ 41. 迷宫密封有哪些类型？使用在哪些场合？具有什么优缺点？

答：迷宫密封的轴线断面呈梳齿状，也称为梳齿密封。迷宫密封既用作轴封，也用于叶轮入口与壳体之间的密封及平衡盘与壳体之间的密封，是离心压缩机上使用最广泛的一种密封形式。下图所示是几种常用的迷宫密封结构。其中阶梯形多用于叶轮入口外周与壳体之间的密封；蜂窝密封多见于平衡盘外圆与壳体之间的密封；径向排列形用于轴封；平滑形与曲折形既可用作叶轮轮盖密封，也可用于轴封。平滑形密封轴的制造较简单，但密封效果不如曲折形密封。密封齿片可以制成镶嵌式结构，也可以与密封体制成整体结构。齿片材料应比轴软，一般采用铝、青铜等，以免因摩擦而损伤轴。蜂窝密封用 0.2mm 厚的不锈钢片焊成蜂窝状密封环，再与密封体焊成整体。

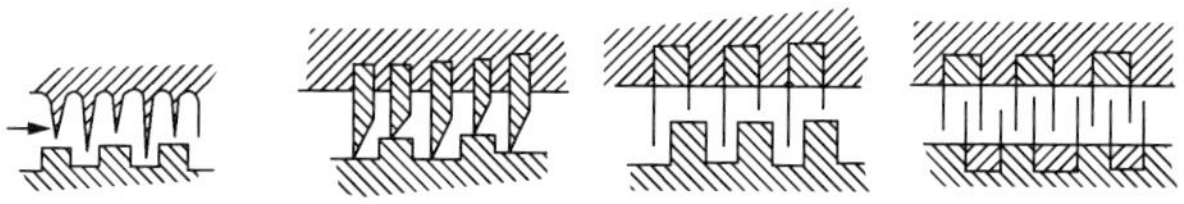

(a)曲折形

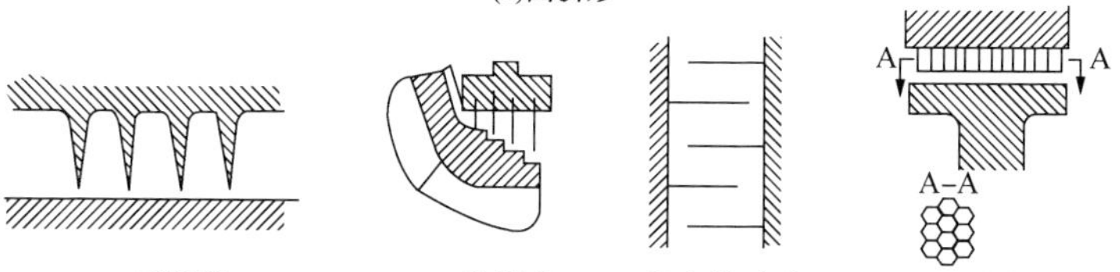

(b)平滑形　(c)阶梯形　(d)径向排列形　(e)蜂窝密封

迷宫密封结构

迷宫密封和轴之间有一定的间隙，所以只能减少泄漏而不能完全避免泄漏，故当用于轴封时，必然有一部分气体泄漏到大气中。对于无毒无害的气体，压力又不高的情况下，允许气体少量泄漏时可采用迷宫密封，如催化裂化装置中的主风机。但对于输送易燃易爆、贵重或有害于人体健康的气体，不宜采用该密封型式作轴封。

☞ 42. 浮环密封使用在哪些场合？具有什么优缺点？

答：如果运转良好，浮环密封可以做到气体绝对不混到大气中，它特别适用于高压、高速及压缩危险气体的压缩机，如许多催化裂化装置的裂化气压缩机、加氢装置的氢气压缩机、合成氨的合成气及氨压缩机、乙烯生产中的乙烯压缩机等都采用浮环密封。

浮环密封结构简图如下图，它由几个浮动环组成，浮环能在轴上进行上下浮动，但受销钉限制不能随轴转动。浮环密封需要专门的密封液，一般为润滑油。封油从进油口注入，通过浮环和轴之间的间隙，沿轴向左右两端流动。封油压力仅比轴封前机内气体压力高约 0.05MPa，所以向机内泄漏的封油量很少。流至高压侧的封油与气体混合，排出到油气分离器，经分离后封油继续使用。流到低压侧(即大气侧)的封油没有被气体污染，可以返回油箱循环使用。浮环密封利用了轴承工作原理，当轴转动且有封油存在时，磨得很光的浮环端面在压力油和弹簧作用下紧贴在L形固定环上，防止泄漏。同时因浮环不能转动，环与轴之间形成油楔。油的流体动压将浮环托起，轴与环之间形成油膜，不仅避免了轴和环的直接接触磨损，且又阻止了机内气体的外漏。由于轴与环的间隙很小，也大大降低了封油的泄漏量。

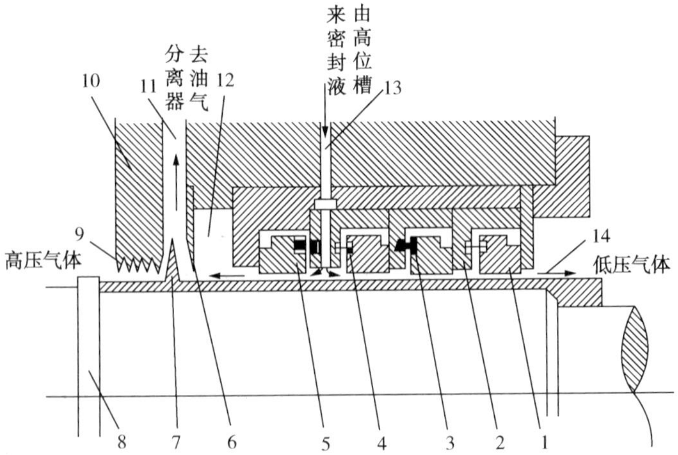

浮环密封结构简图

1—低压侧浮环；2—L形固定环；3—销钉；4—弹簧；5—高压侧浮环；6—挡油环；7—甩油环；8—轴；9—高压侧预密封梳齿；10—梳齿座；11—高压侧回油孔；12—泄油腔；13—进油口；14—低压侧回油腔

一般高压侧浮环只有一个，低压侧浮环数量由介质压力与大气压力的压差而定，压差大时则用两个甚至三个浮环。浮环密封安全可靠，在离心式压缩机上使用比较广泛。但是这种密封有一套较复杂的压力控制系统，包括封油循环系统、高位罐及控制仪表等。如前所述，该系统应严格控制封油压力。

☞ 43. 抽气密封的使用场合及优缺点是什么？

答： 抽气密封是在迷宫密封的基础上发展的一种密封，如下图所示。

它是在两段迷宫密封之间增加一段环形空间，利用抽气器(气体喷射器)在环形空间造成低压，同时把泄漏气体抽出，抽气器也称喷射泵或气体喷射器，下页图为抽气器的工作原理简图。

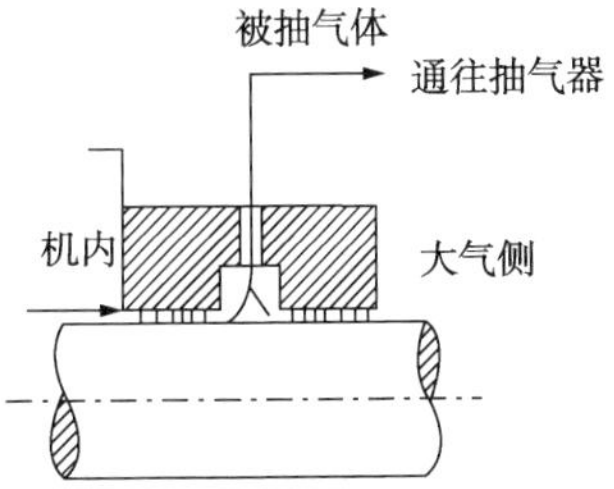

抽气密封

工作介质高速流出喷嘴，在出口造成低压，将泄漏气体抽出。被抽出气体可以送至安全处排放。工作介质(气体)可以采用高压水蒸气，也可用压缩机所

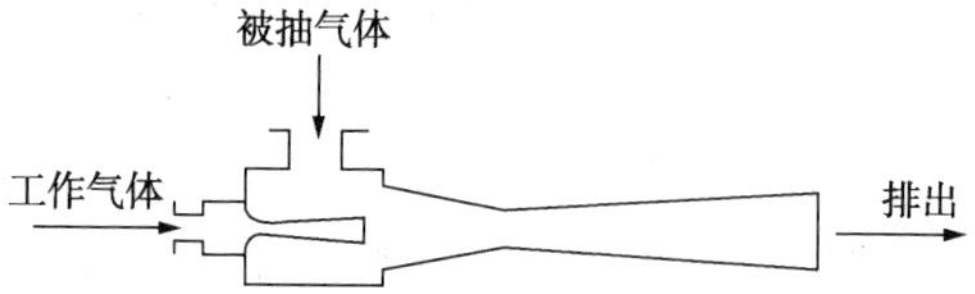

抽气器原理图

输送的介质。若用被压缩后介质作为工作气体时，泄漏气体和工作气体混合后返回压缩机的低压系统（入口），这样既避免了大气污染，又节约了宝贵的介质。抽气密封结构简单，操作方便，但仅适用于低压介质的密封。我国有一部分催化裂化气体压缩机采用这种轴封装置。

44. 离心机组的平衡管有什么作用？

答：用来平稳一部分由于气体压差而引起的使转子指向进气侧的轴向力，以减轻止推轴承的负载。

45. 气压机中间冷却器的作用是什么？

答：多级气压机常分成几个段，每段有2~3级，每段都有独立的进气室与排气室。在段与段之间安装有中间冷却器，其作用是对前一段经过压缩的气体进行冷却，使其温度下降，体积减小（比容也减小）送入下一段，这样就可以节省压缩功，使最后的排气温度下降，并且可以使气压机总的级数减小，提高每个级的压比。在操作时要保证冷却器出口的气体温度达到工艺要求值。对于裂化气，在进行中间冷却时，还会产生一部分液态的凝缩油，这部分凝缩油再进到气液分离罐，分离罐的液体再打到吸收稳定系统的凝缩油罐，而气体则进到气压机的下段。

46. 离心式压缩机启动时为什么要开反飞动阀？

答：离心式压缩机在启动时，入口阀全开，出口阀处于全关状态。由于装置在开工过程中，处理量是慢慢增大的，所以气体量开始比较少；为保证气压进入口有一定流量，故反飞动阀也需打开。随着气体的增加，逐渐关小反飞动阀。此时，一般用压缩机出口放火炬调节气压机出口压力。这样开机平稳，并可避免机组飞动。

47. 引起离心机组振动的原因有哪些？

答：引起振动的原因主要有以下几点：

① 轴承油压下降、轴承油温过高或过低和油质劣化；

② 主汽的温度过高或过低和主汽中带水；

③ 压缩机进口带液；

④ 滑销部分失灵，汽鼓因膨胀而偏离中心；

⑤ 主轴弯曲或叶轮与主轴接合松动；

⑥ 叶片断裂或飞出，破坏动平衡；

⑦ 迷宫式轴封损坏，梳齿之间碰撞或与轴发生摩擦；

⑧ 因升、降温不合适，热应力过大造成缸体变形；

⑨ 转子与定子间存有异物；

⑩ 联轴节中心不对或轴瓦间隙不合规格；

⑪ 机组基础螺栓及轴承座与基座之间连接螺栓松动。

☞ 48. 离心式压缩机的油路系统如何分类？各有什么作用？

答：离心式压缩机的油路一般分为两个系统：一个为轴承、增速器的润滑油系统，另一个为轴端的密封油系统。它的作用有以下几个方面：

① 起润滑作用；

② 起冷却作用，由于润滑油、密封油分别在轴承中、密封装置中川流不息地流动，它将摩擦所产生的热量带出机外，以防止轴承、密封环过热而发生咬合或抱轴(即巴氏合金熔化)等现象；

③ 产生油膜来承受和传递载荷，例如在径向轴承中产生的油膜承受径向载荷，在止推轴承中产生的油膜承受轴向载荷；

④ 起到密封作用，例如油在轴端密封中，防止压缩机内的气体跑出机外，或防止机外的气体进入机内。

☞ 49. 轴承进油管上的节流孔起何作用？

答：轴承进油管上都装有节流孔，一般都装在下瓦上。通过节流孔来控制进油压力，以保证轴瓦工作正常。

☞ 50. 透平油质劣化对机组有什么危害？

答：①由于油的氧化使酸价增高，呈现酸性，使同油接触的各个部件发生腐蚀，同时生成大量铁锈，使轴承咬毛发热，调速系统卡涩，危急保安器因锈住而不动作。

② 由于油中带有水使油乳化失去润滑作用，导致轴承乌金熔化。

③ 由于轴中带有机械杂质，导致轴承损坏。

④ 由于油中混入了低沸点的液态烃和汽油等使油的黏度下降，使油的润滑及密封的性能下降，甚至会引起机组振动。

☞ 51. 为什么机组油系统会缺油、断油？危害性是什么？

答：油系统缺油或断油的危害很大，造成润滑油减少与中断，轴承油温急剧上升，轴瓦钨金全部熔化，转子下沉，动静部分摩擦。因此发生缺油时应及时查找原因，对症处理，否则应紧急停机。机组油系统缺油甚至断油的原因如下：

① 油系统因管路油箱破裂大量漏油，造成油压大降，如没有及时发现，就会造成油系统缺油以至断油；

② 主油泵故障而辅助油泵又不能联锁启动时；

③ 油系统窜入空气，造成油泵抽空；

④ 润滑油过滤网堵塞；

⑤ 操作错误(切换油泵、油冷器、过滤器等)。

52. 离心机组的油箱的容量根据什么决定？油的循环倍率为多少合适？

答：油箱的贮油量决定于油系统的大小，它应满足机件所需的润滑及调速系统的用油量。油的循环倍率指主油泵每小时的出油量与油箱总油量之比，一般应在 8~8.5。如果油的循环倍率过大，将促使油的使用寿命缩短，因为油箱的容量不足，使油在油箱内停留的时间减少，来不及排除油中的水和空气，促使油质迅速恶化。

53. 离心机组启动前，为什么油温必须达到规定值？

答：因为润滑油的黏度与温度有关系。温度低，则黏度大，而黏度过大，易造成内摩擦力增加，对机组启动不利。

54. 离心机组运行时，油箱内的润滑油液位为什么要有一定限制？

答：机组正常运行时，若油箱液位过高，在停泵后，管路及高位油箱内油全部回流到油箱，造成跑油。同时，油品脱气性能不好，影响润滑性能。若油箱液位过低，易造成泵吸入性能下降、回油静止时间短等问题，因而油箱设计时有最大液位、最小液位和正常液位值。

55. 如何切换离心机组润滑油过滤器？

答：①首先检查备用过滤器的各阀开关位置是否正确(排凝阀关闭，去油箱放空阀关闭)；

② 缓慢打开充油阀，向备用过滤器充油；

③ 打开备用过滤器顶回油箱放空阀；

④ 待回油看窗有油流过时，关闭备用过滤器的回油箱放空阀；

⑤ 缓慢转动切换手柄，手柄转到位；

⑥ 关闭充油阀，切换结束；

⑦ 若原运行过滤器需清洗，则排凝泄压后交付检修。泄压过程中要防止由于切换阀内漏造成油压下降。

56. 润滑油系统的油压控制阀如何改副线？

答：①首先了解控制阀为风开阀还是风关阀；

② 控制阀改手动控制；

③ 略微打开副线阀，使润滑总管压力比设定值稍高；

④ 缓慢关闭控制阀上游阀，当压力降至润滑油压时停止关阀；

⑤ 重复上述第③第④步，改副线过程中保持润滑油压平稳；

⑥ 切换完成后，控制阀上游阀全关，并关闭控制阀下游阀。

注意：上、下游阀全关后，副线阀不一定是全开位置。

☞ **57. 高位油箱的作用和原理是什么？**

答： 高位油箱的作用是内部贮存润滑油，专供机组因润滑油中断、机组跳闸以及停机惰走期间内轴承所需的润滑油。

原理如下图：当油系统建立循环时，打开手阀 1 向高位油箱充油，液位满时，关闭手阀 1，用限流孔板 3 不断地向高位油箱充油，液位达溢流口时，溢流返回油箱。当机组停运时，单向阀 2 打开，向机组轴承供油。

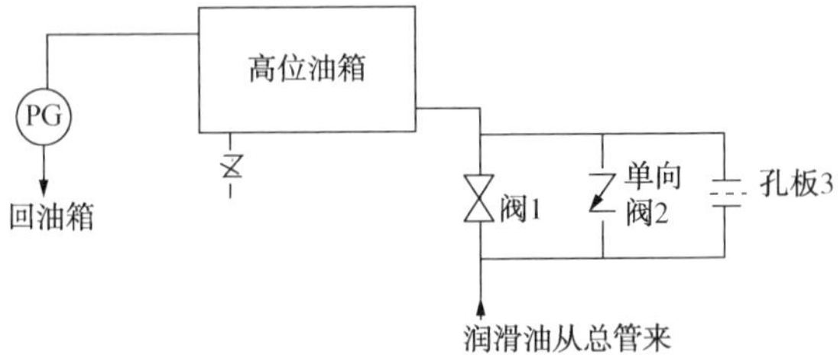

☞ **58. 机组的盘车装置有哪几种型式？盘车装置起什么作用？**

答： 机组的盘车装置有液压盘车、电动盘车和手动盘车。在机组停机后，需要经过一段较长时间才能冷却，如果转子在静止状态上冷却，由于温差不同，轴就会弯曲。为使转子均匀冷却，防止弯曲，就需要按着操作规程进行盘车。另外，当机组启动前，通过盘车装置使转子低速转动，以检查有无卡阻与碰撞，保证机组安全启动。

☞ **59. 什么叫临界转速现象及临界转速？**

答： 压缩机启动后，转子总会有些横向振动，起先振幅不大，当转速升高到接近某一转速时，振幅迅速增大，运转很不稳定。这时要很快升速，待超过这一特定转速后，振幅又迅速降下来，转子运转又趋稳定，在降速过程中也会出现类似的现象，即在通过这一转速时振幅同样迅速增大，而在其他转速下运转振幅较小，变化不大，工程上把这个现象叫临界转速现象，这一特定转速叫临界转速。

五、汽　轮　机

☞ **1. 汽轮机工作原理如何？它有什么优点？**

答： 蒸汽轮机是用蒸汽来做功的一种旋转式热力原动机。来自汽源的新蒸汽，通过汽阀和调节阀进入汽轮机，依次高速流过一系列环形配置的喷嘴和动叶片而膨胀做功，推动汽轮机转子旋转，将蒸汽的动能转换成机械能。它的优点是：功率大、效率高、结构简单、易损件少、运行安全可靠、调速方便、振动小、防爆等。

☞ 2. 工业汽轮机由哪几部分组成？各包括什么主要零部件？

答：工业汽轮机由静止部分和转动部分组成。转动部分通常称为转子，它包括主轴、叶轮、动叶栅、联轴器和装在轴上的其他零部件。汽轮机的汽缸、汽缸热膨胀所需的滑销系统、喷嘴组和隔板等零件构成了汽轮机的静止部分。

☞ 3. 汽轮机本身结构由哪几部分组成？喷嘴和动叶片有什么作用？

答：汽轮机本身结构由以下几部分组成：

① 转动部分：由主轴、叶轮、轴封套和安装在叶轮上的动叶片等组成。

② 固定部分：由汽缸、隔板、喷嘴、静叶片、汽封和轴封等组成。

③ 支承部分：由径向轴承和止推轴承组成。

④ 控制部分：由调节装置、保护装置和油系统等组成。

喷嘴的作用是把热能转换成动能，实现第一次能量转换。动叶片的作用是将喷嘴射出的高速气流的动力能转换成转子旋转的机械能，实现第二次能量转换。

☞ 4. 以 NG32/25/O 及 NK25/28/25 汽轮机为例说明各符号分别代表什么意思？

答：N：外缸受常压；

G：背压式；

K：凝汽式；

32/25：进汽缸内半径(cm)；

25/28：转子末级根部长度(cm)；

O/25：第一延长段长度(cm)。

☞ 5. 按热力学过程不同，汽轮机可以分为哪几类？

答：可以分为：

① 凝汽式，排汽压力低于大气压力；

② 背压式，排汽压力高于大气压力。

☞ 6. 按工作原理不同，汽轮机可以分为哪几类？

答：可以分为：

① 冲动式：蒸汽主要在喷嘴内膨胀。

② 反动式：蒸汽在静叶栅和动叶栅内膨胀。

☞ 7. 凝汽式与背压式汽轮机热力过程有什么不同？

答：凝汽式汽轮机将排出的蒸汽都引入凝汽器，因凝汽器真空度高，蒸汽在汽轮机中充分膨胀多做功。背压式汽轮机排出的蒸气压力远高于大气压，可供装置使用，背压式汽轮机的经济性差，但无须凝汽设备。

☞ **8. 汽轮机轴封的作用是什么？一般采用什么轴封？**

答：为了不使高压汽缸的蒸汽大量顺轴漏出，以及低压汽缸真空部分空气不致大量顺轴漏出。一般都采用迷宫密封。

☞ **9. 汽轮机油封环有什么作用？其结构如何？**

答：油封环的作用是阻止或减少润滑油沿着转轴从轴承座内向汽缸一侧飞溅出来。汽轮机油封环一般是水平剖分的，上下半分别安装在轴承座上下半的槽内并轴向定位。在其内圆上和转轴相配的地方嵌有油封齿，它和轴上的挡油盘一起阻止润滑油外流。在下半油封环的油封齿之间开有几个泄油孔，把挡住的油引入轴承座内。

☞ **10. 汽轮机转子有哪几种结构？有何特点？**

答：转子有以下几种结构：

① 套装转子：此转子仅适用于中低参数的冲动式汽轮机，结构简单，制造容易，并节约贵重金属。

② 整锻转子：此转子结构紧凑，刚性好，叶轮强度较高，可设计成等厚度叶轮，以便于加工，适宜在高温区段工作，适应快速启动。

③ 焊接转子：此转子具有锻件尺寸小、重量轻、强度高、刚性大、结构紧凑等优点，但要求材料有较好的焊接性能，焊接工艺要求高，焊接质量检查严格。

☞ **11. 什么是叶片的圆周速度？如何计算？**

答：叶片的圆周速度是由汽轮机的转速和叶片的旋转直径来确定的，而叶片的直径是以通汽部分中心的平均直径作为叶片的旋转直径，其圆周速度 V 可按下式计算：

$$V=\pi \cdot d_{\mathrm{p}} \cdot n/60$$

式中 d_{p}——叶片的平均直径，m；

n——转速，r/min；

π——圆周率，3.14；

V——叶片圆周速度，m/s。

☞ **12. 何谓汽轮机的级？**

答：汽轮机中所谓的级是指由喷嘴和与其相对应的动叶片构成的汽轮机做功的单元。级可分为压力级和速度级。

① 压力级：把由喷嘴和动叶片组成的级串联在同一根轴上，将蒸汽的能量分别加以利用，在第一列喷嘴进口处的蒸气压力最高，以后降低，其中的每个级都叫压力级。

② 速度级(又称复速级)：它与冲动式压力级的工作原理是一样的，不同的

是蒸汽动能可用导向叶片引入第二排叶片中(第一个叶轮可安装两排叶片)进一步推动转轴做功，称为速度级。

☞ 13. 汽轮机保安系统由哪几部分组成？各有什么作用？

答：汽轮机保安系统包括如下几个部分：

① 危急遮断器及危急遮断油门。

危急遮断器装在汽轮机主轴上，当转速超过额定值的9%~11%时，重锤离心力超过弹簧力而甩出，撞向危急遮断油门的拉钩，使之脱扣，从而关闭主汽门，当危急遮断器使危急遮断油门的拉钩和滑阀脱扣后，在弹簧作用下滑阀上移，使高压油被堵，主汽门迅速关闭。

② 磁力断路油门。

磁力断路油门是转子轴向位移、冷凝器真空度及轴承温度超过允许值时紧急停机进行机构。在机组正常运行的情况下，高压油经磁力断路油门到主汽门操纵座的滑阀下部，打开主汽门，当紧急事故时，磁力断路油门动作，一方面堵住高压油到主汽门的通路；另一方面，主汽门滑阀下部的压力油经磁力断路油门回到油箱，因而迅速关闭主汽门。

③ 轴向位移保护装置。

在汽轮机中，为防止轴向推力过大时，推力轴承被毁使转子产生过大的轴向位移，甚至造成转子与静止部分相碰，发生严重破坏事故，故在大多数机组上均装有轴向位移保护装置，当轴向位移过大时，则发生报警，超过最大允许值时，则自动停车。

④ 低油压保护装置。

其作用是避免由于某种原因汽轮机润滑油压力低时造成轴瓦损坏事故，为此，当油压降低到一定程度时，低油压保护装置首先发出信号，并启动备用润滑油泵，当继续降低到规定的一定值时，自动停车。

☞ 14. 危急保安器有几种型式？它们是怎样动作的？

答：危急保安器有两种型式：

① 重锤式。这种危急保安器的动作原理是重锤的重心与轴的重心不重合，有一定的偏心度。重锤外围装有弹簧，使重锤稳定在一定位置上。正常运行时弹簧力超过偏心度造成的离心力，使重锤不能飞出。当转速升高时离心力增大，离心力大于弹簧力，重锤就飞出，使脱扣器动作，从而使汽轮机进汽中断。

② 飞环式。其动作原理与上相似。飞环的重心不与轴的重心相重合。在转子转动时，产生离心力。在额定转速时，离心力小于弹簧力，飞环不会飞出。如果转速升高超过一定转速时，飞环的离心力就会大于弹簧的抵抗力，飞环即行飞出，碰击危急遮断油门的连杆使主汽门关闭，从而切断进汽。

☞ **15. 汽轮机危急保安装置动作的途径有哪些？**

答：危急保安装置可以通过以下途径动作：

① 手动：将危急保安装置手柄向下压；

② 转子轴向位移：拉钩被转子上凸肩抬起而脱扣；

③ 危急遮断器动作：拉钩被克服弹簧力而飞出的飞锤击打而脱扣。

以上动作均是切断压力油，同时泄掉速关油，使速关阀关闭，切断进入汽轮机的汽源。

☞ **16. 调节油蓄能器有什么作用？使用中要注意什么？**

答：在汽轮机调节器的进油管路上装上一定容量的压液蓄能器。一方面防止在主油泵失灵时把低压油输送到调节器，并且能用足够的压力来保证在辅泵启动期间调节器所需的油量；另一方面能提供调节器的瞬时调节油。

在设备正常工作的状态下，检查蓄能器的充气压力，不要高于蓄能器下部的油压。否则蓄能器将是完全空的，达不到蓄能的目的。

☞ **17. 什么是汽轮机组的差胀？差胀变化过大与哪些因素有关？**

答：汽缸与转子之间的相对膨胀之差叫差胀。正差胀大说明汽缸胀得慢，转子胀得快；负差胀大说明汽缸未收缩转子已经收缩了，或汽缸胀得快，转子胀得慢。差胀变化大一般与下列因素有关：

① 暖机不当，如升速过快或暖机时转子与汽缸温度相差悬殊。

② 增减负荷速度过快。

③ 空负荷或低负荷运行时间过长(尤其由满负荷降至空负荷时，差胀向负方向显著增大)。

④ 汽温、真空短时突变，如真空突然下降，引起低压缸部分膨胀造成负压差胀，水冲击造成汽温突然下降，也可能造成负压差。

☞ **18. 差胀与轴向位移有什么关系？**

答：在正常运行时，差胀与轴向位移读数都应该不变。一般负荷变化时，轴向位移变化很小，而差胀由于汽缸及转子的相对膨胀数值有变化，最初发生变化以后又逐渐恢复正常。如发生推力盘磨损，则转子在汽缸内的相对位置即起变化，这时引起差胀与轴向位移同时变化，其变动值也相仿。据此就可以准确地判断推力瓦的故障。

☞ **19. 造成汽轮机汽缸温差大的原因有哪些？有什么危害？**

答：造成汽轮机上下汽缸温差大的原因如下：

① 机组保温不佳，如材料不当、下缸保温层脱落等。

② 启动方式不正常，如进入汽轮机的蒸汽参数不符合要求、启动时间过短、暖机转速不对、汽缸疏水不畅、暖机时间不充足等。

③ 停机方法不正常，如减负荷过快、下汽缸进水、轴封过早停止送汽等。

④ 正常运行中机房两侧空气对流，使汽缸单面受冷。

温差大的危害性如下：

① 汽缸变形，中心不正。

② 螺栓断裂。

③ 动静部分之间摩擦。

④ 引起机组振动。

☞ 20. 汽轮机找中心的目的是什么？

答：①使汽轮机的转动与静止部件在运行时，其中心偏差不超过规定值，以保证转动与静止部件在轴向不发生触碰。

② 使汽轮机与从动机转子的中心线能连接成为一根连续的曲线。

☞ 21. 汽轮机调节系统的功能及主要组成部件是什么？

答：调节系统用于驱动压缩机的汽轮机，它接收来自外部的控制信号，对汽轮机的转速进行控制，从而自动调节压缩机的出口压力。调节系统主要由转速传感器(MPU)、Woodward505(伍德瓦特，简称505)数字式调节器、电液转换器、油动机、错油门和调节汽阀组成。

☞ 22. 调节系统的作用原理是怎样的？

答：Woodward505调节器同时接收两个转速传感器(MPU)变送的汽轮机转速信号，并将接收到的转速信号与调节器内部转速设定值比较后输出执行信号(4~20mA电流)，经电液转换器转换成二次油压，二次油压通过油动机操纵调节汽阀，使汽轮机转速保持稳定。

☞ 23. 汽轮机的启动系统由哪些部件组成？各有何作用？

答：启动系统由启动装置和速关阀组成。启动装置仅用于开启速关阀，而速关阀则是主蒸汽管网和汽轮机之间的主要关闭机构，在运行中当出现事故时，它能在最短时间内切断进入汽轮机的蒸汽。

☞ 24. Woodward505调节器有哪几种工作方式？

答：Woodward505调节器有两种工作方式，即程序方式和运行方式。所谓程序方式就是按汽轮机的用途，在选择项目中挑选出需要的内容给调节器组态；而运行方式即操纵汽轮机从启动到停机整个过程的工作方式。

☞ 25. Woodward505调节器有几种操作功能？它们的基本功能是什么？

答：Woodward505有4种操作功能，用FUNC键能从一个功能移到另一功能，也可以用STEP键在功能块中向上或向下移动，4个功能块及它们的基本功能是：

① 控制参数：显示正在控制执行机构位置的参数；

② 显示/调整：显示或调整所有输入、输出量及基准值；
③ 报警：显示调节器的全部报警；
④ 动态调整：显示或校正所有控制通道的动态调整。

26. Woodward505 的自启动过程是怎样的？

答：在 Woodward505 处于准备就绪状态时，按 RUN 键，待 LCD 显示提示后手动开启速关阀。待速关阀全开后再按一次 RUN 键，Woodward505 调节器开始自动将阀位限制从最小位置（阀门关闭）朝最大位置（阀门打开）方向移动，汽轮机被冲转，当转速提升到低速暖机转速或调速器下限转速给定值时，Woodward505 将在控制住执行机构位置使转速被保持在暖机或下限转速的同时，继续使阀位限制向它的最大位置移动。此后如按 SPD（或 speed）键接着再按 ADJ 键可将转速基准移至另一运行转速。在转速及阀位被显示的任何时间，可通过按 ADJ 键使自动启动中途停止，阀位由手动控制。按 STOP 键或紧急停机按钮也能取消自动启动特性。

27. 启动过程中 DG505 何时开始起转速控制作用？

答：在汽轮机启动过程中，如果暖机/额定外部触点是断开的，那么 DG505 在汽轮机转速达到暖机转速时开始起控制作用，此时如闭合触点，DG505 将以暖机/额定基准变化率匀速提升转速到额定转速。如在启动时暖机/额定触点被选定在闭合状态，那么 DG505 在额定转速时开始起转速控制作用。

28. DG505 的流程遥控有何作用？

答：流程遥控起二次转速设定作用。当流程遥控作用投入时，流程遥控器通过调节 DG505 的转速基准给定汽轮机转速，DG505 对流程遥控器所要求的基准转速与实际转速作比较，如两者不匹配，DG505 便增加或降低转速基准设定直到匹配为止。

29. 流程遥控如何投入或切出？

答：按 RMT/5 键，再按 YES/1 键可投入流程遥控；使流程遥控外部触点闭合也能投入遥控功能。要退出时则先按 RMT/5 再按 NO/O 键或断开外部流程遥控触点。一般来说投用流程遥控时，压缩机的转速应在额定转速的 70%～105%。

30. 505 调节器的报警功能是怎样的？

答：报警工况出现时，ALARM（报警）键上红色指示灯发光同时触发报警继电器。按 ALARM 键原因会显示在 LCD 中，如报警起因不止一个，则按 STEP 键能显示其他的原因。报警功能是锁住的，即使纠正所有报警起因消失，报警指示灯仍继续亮着，报警继电器保持触发状态，在报警起因得到矫正时，须按 CLR 键以消除报警。在报警状态仍然存在时，按 CLR 键使报警继电器不起使用，任何额外报警工况引起的报警继电器触发，每次都必须清除掉，在报警工况得到矫正之前，红色报警指示灯一直保持亮着状态。

☞ 31. 调速器系统应满足哪些要求？

答：调速器要满足下列各项要求：

① 当主汽门完全开启时，调速系统应能维持汽轮机空负荷运行。

② 当汽轮机由全负荷运行突然降到空速负荷时，调速系统应能维持汽轮机转速在危急保安器的动作转速以下。

③ 主汽门和调速汽门杆、错油门、油动机以及调速系统连杆上的各活动连接装置没有卡涩和松弛现象。当负荷改变时，调速汽门应均匀而平稳地移动；当系统负荷稳定时，负荷不应摆动。

④ 当危急保安器动作后，应保证主汽门关闭严密。

☞ 32. 什么叫汽轮机不能维持空负荷运行？

答：汽轮机启动后，在主汽门全开，真空正常，负荷为零的条件下，调速系统不能保持额定转速，甚至超过危急保安器的动作转速，叫作汽轮机不能维持空负荷运行。

☞ 33. 调速器在空负荷下不能维持额定转速，这是为什么？

答：一般是由于调速汽门关不严或调速系统不正常，大致有以下几个方面：

① 调速汽阀座接触不严密，阀座与阀门间的间隙太大。

② 调速系统连杆尺寸安装不正确，或者增大了调速弹簧的原有紧力。

③ 调速系统连杆、油动机、错动门及杯形阀门等卡住。

④ 传动杠杆或错油门连接处松弛。

⑤ 除了调速汽门外，尚有其他漏汽场所。

⑥ 传动杠杆与蒸汽室温度相差过多，受热膨胀不一致，而使错油门阀不在空负荷位置。

☞ 34. 什么叫汽轮机的静态特性曲线？对静态特性曲线有什么要求？

答：调速系统的静态性是指汽轮机在孤立运行的条件下，其负荷与转速之间的关系，如果把这种关系画在以负荷为横坐标、转速为纵坐标的图纸上，就得到调整系统的静态特性曲线。

对静态特性曲线的要求是：静态特性曲线应该是一根平滑而下降的曲线，中间不应有水平部分，曲线两端应较陡。

☞ 35. 错油门、油动机是怎样工作的？

答：在平衡状态下，中间的两个凸肩将其套筒上的油口封闭，此时错油门上下的作用力相平衡。如果当错油门中下油压升高时，则错油门上移，使上凸肩控制的活塞下排油口打开，使油动机活塞下移。当活塞下移时，通过反馈机构又使错油门回到中间位置，油口凸肩被封住，油动机停止移动，处于一个新的平衡位置。通过活塞杆上调节螺栓调整反馈导板的斜度可改变二次油压与活塞杆行程之间的比例关系。

反馈系统的作用是使油动机的动作过程稳定，它通过弯角杠杆、杠杆、活塞杆及错油门滑阀构成反馈环节。

☞ **36. 汽轮机速关阀的试验装置有什么作用？**

答：试验装置的作用是在不影响汽轮机正常运行的情况下，检验阀杆的动作是否灵活。试验装置是通过一个二位三通阀使压力油流向试验活塞，将试验活塞压向后面它的终点位置，并通过活塞及活塞盘使阀杆向关阀方向产生相应的位移。通过现场的压力表可读得实际的试验压力，与许用压力相比，判断阀杆工作是否正常。若阀杆部分结盐或油缸部分有油垢，可通过多次重复试验而排除。

☞ **37. 汽轮机调节系统中阻尼器有什么作用？**

答：阻尼器安装在靠近油动机的二次油管路上，在阻尼体上开有数条与流道孔相垂直的槽。于是，二次油路中出现的压力波动或振荡通过阻尼体上孔和槽构成的迷宫式流道而被衰减，从而防止二次油路中出现的压力波动传递到油动机的错油门滑阀上。

☞ **38. 润滑油节流阀有什么作用？**

答：节流阀的作用是：使供给轴承作冷却和润滑用的润滑油限制在需要的范围内，保证润滑油的温升不超过20℃，保证轴承得到正常的润滑。

☞ **39. 汽轮机遥控电磁阀的作用是什么？**

答：汽轮机遥控电磁阀的作用是：切断进入危急保安装置的压力油，同时引起危急保安装置动作而将速关油泄掉，最终使速关阀快速关闭。

☞ **40. 调速系统晃动的原因有哪些？**

答：调速系统产生晃动的原因有以下几点：

① 调速系统迟缓率大；

② 调速器门重叠率大；

③ 错油门重叠度大；

④ 油压晃动；

⑤ 调速器转动轴弯曲；

⑥ 调速系统静态特性曲线不合格；

⑦ 负荷波动。

☞ **41. 消除调速系统晃动的办法有哪些？**

答：消除办法主要有以下几条：

① 使调速系统静态特性曲线合乎要求；

② 稳定油压；

③ 定期检查及清洗调速系统；

④ 调整调速汽门及错油门的重叠度；

⑤ 稳定操作。

☞ **42. 透平油有什么作用？**

答：在机组运行中，透平油有三个作用，一是润滑机组各轴承、联轴节及其他传动部分，使形成一层油膜，大大减小了摩擦阻力；二是带走因摩擦而产生的热量和高温蒸汽及压缩后升温的气体通过主轴传到轴颈上的热量，以保证轴承及轴颈处温度不超过一定值（一般不超过60℃）；三是通过透平油进行液压调速和作为各液压控制阀的传动动力。

☞ **43. 透平油油质劣化对机组有什么危害？**

答：透平油由于和空气混合会出现泡沫过多，使油泵效率下降，油压降低，使调速系统动作缓慢。由于油的氧化使酸价增高，呈现酸性，使同油接触的各个部件发生腐蚀，同时生成大量铁锈，使轴承咬毛发热，调速系统卡涩，危急保安器因锈住而不动作。由于油中带有水和机械杂质，使油的色泽极不透明，变为乳状液，降低黏度失去润滑作用，使轴承钨金熔化。由于油中混入了低沸点的液态烃和汽油等使油的黏度下降造成油的润滑及密封性能下降，甚至会引起机组振动。

☞ **44. 什么是机组的惰走时间？惰走时间变化说明了什么？**

答：机组的惰走时间是指机组切除系统，并尽可能降低机组的负载（流量降至喘振限）后，自主汽门和调速汽门关闭到转子完全静止这段时间。由于气体压缩机组只能卸掉部分负载，故所测得的惰走时间是在负载条件下的惰走时间，为了使每次停机所测得的惰走时间能够互相比较，必须使每次测得的惰走时间的条件（如机组负载、转速、凝汽器真空度或背压等）尽可能相同。

惰走时间变长说明汽轮机主汽门及调速汽门有泄漏现象；惰走时间缩短则说明机组同心度变差，机械部分有摩擦，润滑油质劣化。

☞ **45. 汽轮机的盘车装置起什么作用？**

答：盘车装置的作用是，当汽轮机停机，汽轮机转子不再转动了，则在汽轮机冷却过程中，经过一定的时间间隔后，会或多或少地出现汽轮机转子的弯曲，倘若在这个阶段，汽轮机又重新启动，则可能引起叶片汽封的摩擦和损坏。为了使汽轮机的再启动不出现危险，将采用一个盘车装置。在一定的时间间隔内盘动汽轮机转子以防止弯曲。

☞ **46. 汽轮机启动前为什么要进行暖管？**

答：在启动前，由于主蒸汽管道和各阀门、法兰等处于冷却状态，故先要进行暖管，使管线缓慢受热，均匀膨胀，不致产生过大的热应力，暖管要正确地控制主蒸汽管道及附近的温升速度。在一定的压力下，把蒸汽管道连接法兰、阀门和气室均匀地逐渐提升温度，然后升压。升压也是为了达到暖管的目的。升压时一般以每分钟0.1～0.15MPa的升压速度逐渐升到额定压力。暖管升压不能太快，否则会使各法兰的连接螺栓、管道和阀门的金属壁温升高过快而受到额外压力，或管内外温差过大产生裂纹或损坏。

47. 汽轮机为什么要进行低速暖机？暖机转速太高与太低有什么不好？

答：低速暖机的目的是使机组各部件受热膨胀均匀，使汽缸、隔板、喷嘴、轴、叶轮、汽封和轴封等各部件避免发生变形和松弛。对于未完全冷却的汽轮机，特别是没有盘车装置的汽轮机，在启动时必须进行低速暖机，以防止轴的变形，造成通汽截面动静部分摩擦。暖机时转速太高，则易造成暖机温升太高；而暖机速度太低，则轴承油膜不好建立。所以，暖机速度要合适。

48. 冲转时，有时转子冲不动是何原因？

答：转子冲不动原因如下：

① 调速油压过低，真空限制器撑头未撑好。

② 操作不当，应开启的阀门未开，如自动主汽门、调速器门等。

③ 蒸汽参数和凝汽器真空太低。

④ 用总汽门旁路门启动时，在冷天由于天气冷，蒸汽在管道及气缸内很快就冷却凝结，转子不易冲动。

⑤ 用同步器盘车在复置启动手轮时，自动主汽门后放空汽门开得过大，自动主汽门前后压差过大。

⑥ 机械部分产生摩擦。

49. 汽轮机转子在停机静止后，转子向哪个方向弯曲？

答：停机后，汽轮机冷却时，由于对流作用使热的气体积聚在汽缸上部，所以汽缸和转子的上部冷却得慢，造成上、下部的温差，使转子向上弯曲，弯曲的大小与时间关系因各种汽轮机的结构而不同。

50. 当转子出现哪些现象时需要进行转子的晃动测量？

答：出现以下现象时要进行晃动测量：

① 发现轴封一面严重摩擦时及轴封套拆装前后；

② 汽轮机在运行过程中有振动或轴承钨金剥落时；

③ 轴端部件拆装前后及发现振动和摩擦；

④ 叶轮之间的轴段或轮壳有单侧严重摩擦及汽轮机振动时；

⑤ 轴有弯曲可疑迹象时；

⑥ 大修。

☞ **51. 汽轮机运行中有哪些常见事故？**

答：汽轮机运行中常见的事故有六种：断叶片、超速飞车、水冲击、强烈振动、缺油和失火、真空下降(对凝汽式汽轮机)或背压上升(对背压式汽轮机)。

☞ **52. 叶片损伤的原因有哪些？**

答：叶片损伤的原因主要有：

① 机械损伤；

② 水击损伤；

③ 腐蚀和锈蚀损伤；

④ 水蚀损伤；

⑤ 振动断裂；

⑥ 机组振动。

☞ **53. 汽轮机的叶片为什么会断？**

答：汽轮机叶片折断的原因有：

① 汽轮机超负荷运行时，使叶片超过许用应力而折断；

② 汽轮机叶片频率不合格，运行中发生共振而折断，特别是高、低频率运行时尤为严重；

③ 叶片由于机械杂质冲击，湿蒸汽水蚀和化学腐蚀等因素，使机械强度减弱而断落；

④ 汽轮机新蒸汽温度超过正常限额，使叶片受高温影响，材料许用应力降低或产生高温膨胀；

⑤ 其他重大事故，如水冲击，轴承烧毁引起叶片损坏。

☞ **54. 汽轮机叶片断裂的现象是什么？**

答：叶片断裂的现象如下：

① 汽缸内有金属响声或冲击声。

② 汽轮机振动有可能增大(当叶片断落后嵌入动静部分造成摩擦或引起质量不平衡时)。

☞ **55. 汽轮机为什么会超速或飞车？**

答：超速或飞车的原因是：

① 汽轮机甩负荷时调速系统作用不良或危急保安器卡涩。

② 汽轮机危急保安器动作，自动主汽门及调速汽门由于结垢、卡涩、垫料过紧、门杆变曲等原因而卡住。

☞ **56. 汽轮机超速、飞车的现象是什么？**

答：①转速表大大超过危急保安器动作转速或无法指示。

② 机组发出超速的异声。

③ 严重超速时汽缸内有金属响声，机组振动剧增甚至产生较大的冲击声，转子零件破缸而出。

57. 手动停离心式压缩机的方式有哪几种？

答：有四种：

① 手击危急保安器；

② 启动电磁阀；

③ 按就地仪表盘手动停车阀；

④ 按 505 紧急停机按钮。

58. 控制二次油压为多少时，主透平调节阀开始开启和全开？

答：

505	二次油压	调节阀
4mA	0.15MPa	开启
20mA	0.45MPa	全开

59. 在透平式压缩机实际操作中，可采用哪些调节方法来满足工艺的要求？

答：可以采用：①出口节流调节；②进口节流调节；③变转速调节；④变速调节和其他调节方法的联合运用。

比较：①出口节流方法简单，但调节是靠人为地加大管网阻力来改变管网特性，因此经济性最差，对于压缩机性能曲线陡的场合其经济性更差，为小功率的离心式鼓风机和通风机所采用。

② 进口节流调节方法简单，能够在较小的流量工作，调节范围较宽，经济性较好，是固定转速的离心式压缩机和离心式鼓风机最常用的调节方式。

③ 变转速调节是调节范围最宽，没有其他调节方法带来的附加损失，因此节省功率最多，其调节的经济性最好。适用于汽轮机、燃气轮机等可变转速原动机拖动的离心式压缩机和离心式鼓风机。

④ 采用联合调节方式可以扩大离心式压缩机的工作范围，联合调节后也可以使压缩机性能满足工艺流程大幅度变化的性能要求，但压缩机效率会大幅度降低。

60. 透平式压缩机的温度保护有哪几部分？

答：透平式压缩机的温度保护有三部分：透平式压缩机的缸、段间进气温度保护；透平式压缩机组的轴承温度保护；润滑系统油温和冷却水系统水温的保护。

61. 汽轮机一般采用何种气封，其密封作用是什么？

答：汽轮机一般采用迷宫式气封，其密封作用是：通过把位能(压力)转化成动能(流动速度)，再把动能以涡流的形式消散。在这种不接触的密封中少量的漏气是不可避免的，绝大部分漏气从其中间部位抽出，只有少量的蒸汽通过出汽端的冒汽管排到大气中。

☞ **62. 什么叫临界转速？**

答：汽轮机和压缩机的转子都是弹性体，具有一定的自由振动频率，离心力则引起转子的强迫振动。当转子的强迫振动频率与转子的自由振动频率相重合（相同或成比例）时，就产生共振，此时，转子的振动特别大，这一转速就称为转子的临界转速。由于在临界转速下，压缩机和汽轮机的振动特别大，因此，不允许在临界转速下工作。

☞ **63. 什么叫调速器的迟缓率？迟缓的形成有哪些主要因素？**

答：由于汽轮机调速系统中各部件之间有摩擦、间隙及错油门有重叠度的影响，当汽轮机负荷变化后，调速汽门会置后一段时间才能动作。特别是当负荷变化的方向变化时，同一负荷对应的转速就不同。把这个转速的最大差值 n 与额定转速 n 之比称为调节系统的迟缓率 ε，可用下式表示：$\varepsilon=\frac{\Delta n}{n}\times100\%$

调速系统的迟缓率越小越好。要求迟缓率 $\varepsilon\leqslant0.3\%\sim0.4\%$，最大不超过0.8%。迟缓率过大会引起转速波动和负荷波动，这对机组安全运行和装置的操作都是不好的。

汽轮机调速系统的迟缓率是随着该机运行时间的增长而增长的。一般形成迟缓的因素有以下几个方面：

① 传动机构从调速器到油动机各传动连杆接点，卡涩或松动，以及错油门重叠度过大均会引起迟缓，调速机构的摩擦力对迟缓率也有较大影响；

② 调速器本身迟缓率过大也会引起较大的迟缓；

③ 蒸汽品质及油质不符合要求也会影响汽轮机的迟缓率。

☞ **64. 汽轮机运行时对蒸汽有什么要求？**

答：对蒸汽的要求主要有两点：

① 要求温度在设计范围内。长时间超温，会使材料强度下降，同时也会减少某些部件的寿命。另外进汽机构的导向部分的表面也会因超温而变化和变形，超温还会使阀杆弯曲，并因此引起间隙减少和阀杆卡涩，使运行的安全性受到影响。长时间低温下运行，会使汽轮机的效率降低，在同一负荷下所需的蒸汽量增加，引起轴向推力增加，同时使后面几级叶片所承受的应力增加，严重时会使叶片变形。另外气压过低将使喷嘴达到阻塞状态，使汽轮机功率达不到额定数值。

② 蒸汽温度的变化平稳。蒸汽温度的变化速度及绝对值变化越大，瞬时叠加到基本应力上的附加热应力也越大。基本应力和附加热应力上升，会导致机组部件，特别是汽缸的弹性变形，但常常也会出现塑性变形和裂纹，使运行的安全性受到影响。

☞ **65. 汽轮机启动前为什么要疏水？汽缸为什么要疏水？**

答：启动前暖管暖机时，蒸汽过冷马上凝结成水，凝结水如不及时排出，高速的气流就会把水夹带到汽缸内把叶片打坏。因此开机前必须先将管道内的水排净．在管道疏水完毕，汽轮机启动前汽缸还会有蒸汽凝结为水，如不排走也会造成叶片冲蚀。另外在停机时，汽缸内存在凝结水，会引起汽缸内部腐蚀。

☞ **66. 汽轮机启动前为什么要暖管？**

答：在启动前，由于主蒸汽管道和各阀门、法兰等处于冷状态，故先以压力为 0.25~0.5MPa 的蒸汽进行暖管，使管路缓慢地受热，均匀膨胀，以减少热应力。暖管要正确控制主蒸汽管道及其附件的温升速度。在一定的压力下把蒸汽管道、法兰、阀门和汽室等逐渐均匀地升温，然后升压，升压也是为了达到暖管的目的。升压时以每分钟 0.1~0.15MPa 的速度逐渐升压到额定的压力。暖管升压时间不能太快，也就是升温速度不能太快。否则会使各法兰连接螺栓、管道、阀门因温升过快产生较大热应力，产生裂纹或损坏。

☞ **67. 背压汽轮机启动前为什么要先开启汽封抽气器？**

答：背压汽轮机因排汽压力高，启动前如不先开启汽封抽气器，会使大量蒸汽由轴端漏出机外，并且有部分蒸汽窜入轴承润滑油内，使润滑油内带水而乳化。因此必须先开启汽封抽气器造成一定的真空度，将汽引出。

☞ **68. 背压汽轮机启动前为什么要先将背压汽引到汽轮机排汽隔离阀后？**

答：背压汽轮机的排汽是排入蒸汽管网后再送到各用户，从汽轮机排汽隔离阀后到管网这段管线同样需要启动前的暖管。暖管要求与汽轮机进口主蒸汽隔离阀前管线暖管要求相同，逐渐使这段管线的压力达到正常的排汽压力值。因此背压汽轮机启动前要先将背压汽引到汽轮机排汽隔离阀后，在操作时要注意排凝，防止产生水击现象。

☞ **69. 汽轮机的正压汽封有什么作用？**

答：在正压汽封中，绝大部分漏气从其中间部位抽出，只有少量的蒸汽通过汽端的冒汽管排到大气中。在冒汽管部位，转子上有一薄薄的圆片，由于离心作用，把汽封外端的空气吸向冒汽管。同时也把漏出的蒸汽吸向冒汽管，排入大气，从而防止蒸汽流到附近的轴承中去。

☞ **70. 汽轮机的负压汽封有什么作用？**

答：负压汽封的作用在于阻止空气进入汽缸。在汽封中部开有接口，从这里通入比大气压稍高的密封蒸汽，它进入汽封后分成反向的两股，一股流入汽缸，另一股通过冒汽管排入大气，从而阻止了空气进入汽封内部。

☞ **71. 汽轮机的暖机及升速时间是由哪些因素决定的？**

答：汽轮机启动后，蒸汽进入汽缸内部，各部温度迅速上升，到满负荷各部温度达到最高，汽轮机的暖机及升速时间主要取决于这个温度。暖机及升速时间要考虑到转子和汽缸等部件温差的影响，一般经常控制的指示有：

① 转子与汽缸的差胀不致造成动静部分发生摩擦；

② 上下缸温差不大于 35℃；

③ 法兰内外壁温差不大于 130℃；

④ 法兰螺栓温差不大于 30℃。

☞ **72. 停机后为什么油泵尚需运行一段时间？**

答：当机轴静止后，轴承和轴承颈受汽缸及转子高温传导作用，温度上升很快，这时如不采取冷却措施，会使局部油质恶化，轴瓦和轴承钨金损坏。为了消除这种现象，停机后油泵必须再继续运行一段时间以进行冷却。油泵运行时间的长短，视汽缸与轴承的降温情况而定，要求汽缸温度降低到 90℃以下，轴承温度降低到 35℃以下，方可停泵。

☞ **73. 进汽压力过高或过低对汽轮机运行有什么影响？**

答：汽轮机在设计时是根据额定主蒸汽压力来考虑各部件的强度的，因此在主蒸汽压力高于额定值时，使主蒸汽管及管道上的阀门、调节汽门的蒸汽室和叶片等过负荷，甚至会引起各部件的损坏。另外，气压超过额定值，使汽轮机末几级蒸汽工作温度增加，造成末几级叶片工作条件恶化。气压低于设计值时，将使汽轮机的效率降低，在同一负荷下所需的蒸汽量增加，进而引起轴向推力增加，同时使后面几级叶片所承受的应力增加，严重时会使叶片变形。另外，气压过低将使喷嘴达到阻塞状态，使汽轮机功率达不到额定数值。

☞ **74. 背压式汽轮机停机时，为什么要维持背压不变？**

答：背压式汽轮机在停机时，是通过调速系统关小调节汽阀和主汽门，使蒸汽量减小逐渐降低转速的。由于这时机组的负载较小，如果背压也随着下降，则汽轮机的转速降不下来，甚至会升速，这对稳定停车是不利的，故背压式汽轮机停机时都维持背压不变。

☞ **75. 汽轮机背压增高有何危害？**

答：背压增高的危害性是使汽轮机出力下降，并且会造成进汽量增加而进一步增大背压的恶性循环，直到背压安全阀起跳；由于背压增高，造成排汽温度增加使排汽部分汽缸温度上升变形增大，增加了热应力，严重时会破坏机组的同心度，并引起振动。

☞ **76. 汽轮机超负荷运行会产生什么问题?**

答: 汽轮机超负荷后会产生几个问题:

① 由于进汽量增加,叶片上承受的弯曲应力增加;同时隔板、静叶片所承受的应力与引起的挠度增加。

② 由于进汽量增加,轴向推力增加,使推力瓦钨金温度升高,严重时造成推力瓦块烧毁。

③ 调速汽门开度达到接近极限的位置,油动机也到了最大行程附近,造成调速系统性能变坏,速度变动率与迟缓率都会增加,使运行的平稳性变坏。

由于以上几个问题所以不允许汽轮机长期超负荷运行。

☞ **77. 高位油箱三阀组如何作用?**

答: 在润滑油系统工作前,高位油箱中的油必须充满。当油泵启动后,打开到高位箱的入口闸阀,直到观察到油通过检视计返回油箱为止,然后关上闸阀。在工作期间,靠通过孔板的油量来维持高位油箱的正常液位及温度,一旦主油管线的油压降低,止回阀就自动打开,让高位油箱的油补充润滑油管线上的油压,可确保轴承的润滑。

☞ **78. 什么叫真空和真空度?**

答: 当容器中的压力低于大气压力时,把低于大气压力的部分叫作真空,而容器的压力叫作绝对压力。当容器内绝对压力等于零时,叫作完全真空,否则为不完全真空。

真空也可以用百分比表示,叫作真空度。即用测得的真空水银柱高 $h_{真空}$除以相当于大气压力的水银柱高 $h_{大气}$,再化为百分数。用分式表示为:

$$真空度=\frac{h_{真空}}{h_{大气}}\times 100\%$$

☞ **79. 汽轮机凝汽系统的作用是什么?凝汽系统由哪些主要设备组成?**

答: 凝汽系统的作用是:

① 在汽轮机排汽口建立并保持规定的真空度;

② 供应锅炉洁净的凝结水作为锅炉给水。

凝汽系统一般由直接空冷系统、凝结水泵、抽气器等组成。

☞ **80. 是否直接空冷系统的压力越低,汽轮机的功率就越大?**

答: 不是。对于某一确定的排汽量来说,背压(凝汽器压力)降低,汽轮机功率将增加,但其增加量是随着背压的不断降低而逐渐减少的。当背压降到某一数值后,汽轮机的功率将不再增加,因为这时由背压降低而增加的有效比焓降等于余速损失的增加量。此时的背压就是所谓的极限背压或极限真空。

☞ **81. 汽轮机为何要设置汽封装置?**

答: 因为汽机的动静部件之间存在着相对运动，为了避免动静机件之间的摩擦碰撞，必须留有一定的间隙。但间隙的存在又必然会导致蒸汽的泄漏，使汽机的效率降低。为了密封间隙处的泄漏，设置了汽封装置。

☞ **82. 根据汽封装置部位的不同可分为哪几类汽封? 每一类汽封的作用是什么?**

答: 在轴流式或汽轮机中，汽封根据其装置部位不同，可分为端部汽封、隔板汽封和围带汽封三类。端部汽封是指汽机轴伸出汽缸的两端处装设的汽封。高压端部汽封的作用是减少自高压汽缸向外的漏气，并将这部分漏气引出，合理加以利用。低压端部汽封起密封作用，防止空气漏入低压汽缸中，破坏真空。隔板汽封的作用是保持隔板前后的压力差，减少级间漏气。围带汽封可减少叶片顶部的漏气损失。

☞ **83. 凝汽器热井的作用是什么?**

答: 热井的作用是集中凝结水，以便较稳定地控制凝结水水位，有利于凝结水泵正常运行。如无热井，凝汽器内的水位就会不稳定，使部分冷却铜管浸入水内造成凝结水过冷却，影响运行经济性。

☞ **84. 射汽抽气器的工作原理是什么?**

答: 射汽抽气器的工作原理是：蒸汽从喷嘴进入抽气器，当蒸汽经过喷嘴时焓降很大，蒸汽流速很高，可达 1000m/s 以上。在这样高的流速下，蒸汽压力非常低，远低于凝汽器的压力，因此凝汽器里的空气和蒸汽混合在一起流进扩压管，由于扩压管的入口部分做成喇叭形，混合气体在扩压管中流速逐渐降低，压力则逐渐升高到略高于凝汽器压力，然后经过冷却室把蒸汽冷凝成水，空气再由第二级射汽抽气器抽出，其工作过程与第一级完全一样，只是在第二级的扩压管里，混合气体的压力被升高到比大气压略高一点，经过冷却器把蒸汽凝结成水，而空气被排到大气。

☞ **85. 影响射汽抽气器正常工作的因素有哪些?**

答: 影响射汽抽气器正常工作的因素主要有以下几点：

① 蒸汽喷嘴堵塞。由于抽气器喷嘴孔径很小，故比较容易堵塞，因此一般在抽气器前都装有蒸汽滤网。

② 冷却水量不足。这是因为在启动过程中，再循环阀门开度过小而引起的。

③ 疏水器工作不正常或铜管漏水，使冷却器充水，影响蒸汽凝结。

④ 气压调整不当。因为抽气器蒸汽阀门一般都关小节汽，有时阀门由于气流扰动作用而自行开大或关小，影响气压。

⑤ 喷嘴或扩压管破损。

⑥ 汽轮机严密性差，漏入空气量太多，超出抽气器负载能力，这可由空气严密性试验进行判断。

⑦ 冷却器受热面结垢脏污。

86. 热井液位过低对凝结水泵运行有何影响?

答: 凝结水泵入口侧是在高度真空下工作的，为了保证水泵的正常运行，在入口侧要求保持一定高度的水位，但当凝结水泵的流量大大超过原设计数值时，水位就会降低，从而引起水泵发生汽蚀。一旦发生汽蚀，水泵就会发出异常噪声。此外凝汽器内的凝结水的温度就是相当于凝汽器内绝对压力下的饱和温度，如要使凝结水泵内的水不汽化，就必须要维持一定高度的水位，用水的静压力来补偿凝结水在管路中的水压损失，以维持凝结水在泵入口的压力略高于该温度下的饱和压力。当凝结水泵汽蚀现象严重时，会引起水泵中断送水，叶轮受到破坏，因此热井液位不应过低。

87. 凝汽式汽轮机在启动前为什么要先抽真空?

答: 汽轮机在启动前，内部都存在着空气，机内的压力等于大气压力，如果不抽空，蒸汽就无法凝结，因而使排气压力增大，在这种情况下开机，必须要有很大的蒸汽量来克服汽轮机及气压机各轴承中的摩擦阻力和惯性力，才能冲动转子，使叶片受到较大冲击力，转子被冲动后，由于凝汽器内存在空气，降低了传热速度，冷却效果差，使排汽温度升高，造成后汽缸及内部零件变形。凝汽器内背压增高，也会使真空安全阀动作。所以凝汽式汽轮机在启动前必须抽真空。

88. 凝汽式汽轮机启动时为什么不需要过高的真空?

答: 汽轮机启动时，不需要过高的真空。因为真空越高，冲动汽轮机需要的进汽量就越小。进汽量太小将不能达到良好的暖机效果。一般将真空维持在500~600mmHg 比较适宜。真空降低些也就是背压提高些，在同样的汽轮机转速下，进汽量增大，排汽温度就适当提高，能达到较好的、较快的暖机目的。

89. 启动抽气器时，为什么要先启动第二级后再启动第一级?

答: 第二级抽气器的排气是直接排向大气的，而第一级的空气必须经过第二级后再排向大气，第一级疏水采用 U 形管疏水，如果先启动第一级再启动第二级，因 U 形管两边的压差增加，会使 U 形管中的水冲掉，造成第一级抽出来的空气经过 U 形管又回到凝汽器，也就是说第一级抽气器等于不起作用。所以启动抽气器时必须先启动第二级，再启动第一级。

90. 凝汽式汽轮机启动前为什么要先启动凝结水泵?

答: 这是因为汽轮机在启动前需要先建立真空，而建立真空，需要凝结水系统先建立循环，所以在凝汽式汽轮机启动前应先启动凝结水泵建立凝结水系统的循环。

☞ 91. 凝汽式汽轮机启动前向轴封供汽要注意什么？

答：汽轮机启动前，由于汽缸内处于真空状态，向轴封供给的蒸汽一部分就要被吸入汽缸内部，如果汽封蒸汽压力过高就会有大量蒸汽进入汽缸内，由于热气升在上面，就会使汽缸及转子的上部温度比下部高，转子就会渐渐地向上弯曲变形。因此在向轴封供汽时应特别注意蒸汽压力不要过大，使汽封冒汽管微微冒汽即可。另外要注意投入盘车装置，使转子受热均匀。

☞ 92. 凝汽式汽轮机停机时为什么要等转子停止后才将凝汽器真空降到零？

答：汽轮机停机时，除非是紧急停机，要破坏真空使其迅速停止外，一般情况是真空逐渐降低，当转子停止时真空接近于零。这样将每次停机时转子的惰走时间相互比较，便可发现汽轮机组内部有无不正常现象。如真空降得快慢没有标准，造成动力损失有大有小，影响惰走时间长短，就不能根据惰走时间来判断设备是否正常。另外保持真空，还有利于停机后保持汽缸内部干燥，防止发生腐蚀。

☞ 93. 凝汽式汽轮机停机时为什么不立即关闭轴封供汽？何时停止向轴封供汽？

答：停机尚有真空时，若立即关闭轴封供汽，则冷空气通过轴封吸入汽缸内，会使轴封骤冷而变形，在以后的运行中会使轴封磨损并产生振动。因此，必须等到真空降低到零，汽缸内压力与外界压力相等时，才关闭轴封供汽。这样，冷空气就不会从轴封处漏入汽缸，引起变形，损坏设备。

☞ 94. 凝汽式汽轮机的凝汽器真空降到一定数值为什么要停机？

答：当凝汽器真空降低到一定数值，必须立即停机。这是因为真空降低会使轴向位移增大，造成推力轴承过荷和摩擦；而且真空降低会使叶片因蒸汽流量增加而造成超负荷。

☞ 95. 凝汽系统真空下降的原因是什么？

答：引起真空下降的原因较多，一般有以下几个方面：

① 抽气器故障，不能正常抽气。

② 直接空冷系统管束堵塞或发生气阻，降低了空冷效率。

③ 冷却水量不足或冷却水温过高。

④ 真空系统不严密，漏入空气量较大。

☞ 96. 凝汽系统真空下降有何危害？

答：真空下降的危害性很大，主要有以下几个方面：

① 真空下降等于背压增大，会使蒸汽焓减少，增大汽耗，降低经济性。

② 真空下降会增加级的反动度，使轴向推力增加，严重时会使推力瓦钨金熔化。

③ 真空下降同时会造成排气温度上升，造成低压缸部分热胀变形，低压缸后的轴承向上移动，破坏机组同心度而发生振动，还会造成汽轮机动、静部分摩擦碰撞。

六、除焦设备

☞ **1. 延迟焦化装置采用什么方式除焦？**

答：目前，延迟焦化装置使用的除焦方式多为水力除焦，水力除焦系统是用高压水泵将除焦水通过工艺管线在钻具的喷嘴处汇聚成高压高速的线束，利用此线束来将焦炭切碎，从而达到除焦的目的。

☞ **2. 除焦设备由哪几部分组成？**

答：由塔底设备、塔中除焦设备以及塔顶设备组成。塔底设备包括塔底盖装卸机和电缆滑车；塔中除焦设备有切焦器和钻杆系统；塔顶设备包括钻机绞车、导向滑轮组、天车滑轮组、固定悬臂吊架、游车大钩、风动水龙头、钻杆支点轴承、塔口扶正器、钢丝绳张紧器及塔顶防爆定心堵盖。

水力除焦程序控制系统及延迟焦化水力除焦成套设备的分布图见下页图。

☞ **3. 除焦设备怎样实现除焦？**

答：有井架水力除焦设备是以井架为基体，钻机绞车安装于井架底部的旁侧。钢丝绳一端固定于钻机绞车卷筒上，另一端通过导向滑轮，将固定式滑轮组、游动式滑轮组联结成一个滑轮组系统，终端用钢丝绳夹、套环与游动式滑轮组固定。滑轮组下端与风动水龙头连接，往下依次为钻杆、自动切焦器。除焦时，除焦水由高压水泵泵出口经由泵出口电动球阀、除焦控制阀、工艺管线、塔顶给水电动球阀、高压胶管、风动水龙头、钻杆，最后进入自动切换切焦器，由切焦器的喷嘴射出。生焦结束后，打开焦炭塔顶盖，利用自动切焦器斜向下的四个喷嘴在焦炭塔的中心处钻出一个通孔，然后通过高压水回流泄压切换至切焦器四个水平喷嘴，从中射出高压水进行切焦，切下的焦炭从塔中心通孔及除焦溜槽通道中滑至焦池，此过程一直到整塔焦炭除完。除焦时切焦器有两个方向的运动：水平方向的旋转运动和竖直方向的上升下降运动，这两个方向运动是靠风动水龙头、钻杆来实现的。风动水龙头装在钻杆上端，当风源开通时，风动水龙头上的风动马达会带动与钻杆相连接的零件（行星齿轮减速器、扇形齿轮）及钻杆产生水平方向的旋转运动，带动钻杆和切焦器转动。上下运动通过变频绞车、各滑轮组及钢丝绳来实现。为对钻杆进行定位，与钻杆连接的风动水龙头上设有钻杆支点轴承及其运行导轨。钻杆底部设有塔口扶正器，以保证切焦器与塔口对位准确。为防止塔顶塔口油气外泄，钻杆在塔口部位上还设有防爆定心铝堵盖。

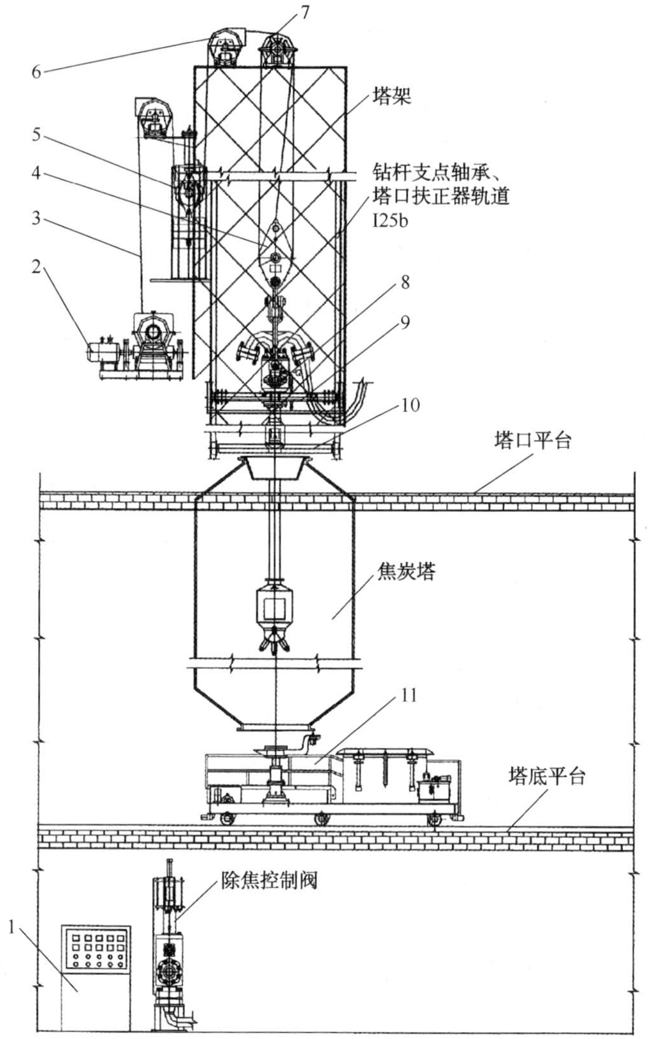

水力除焦设备

1—主控柜；2—钻机绞车；3—钢丝绳（GB 1102—74）；4—浮动滑轮组；
5—张紧器；6—导向滑轮组；7—固定滑轮组；8—风动水龙头；
9—钻杆支点轴承；10—塔口扶正器；11—塔底盖装卸机

☞ 4. 焦炭塔底盖装卸机的作用和结构是怎样的?

答：焦炭塔底盖装卸机采用电动和双向液压系统。塔底盖装卸机在延迟焦化水力除焦系统中起着拆装塔底盖以及焦炭通道的作用，是整套除焦设备中的一个重要组成部分。主要结构由车架、油压起重柱塞及风动扳手旋转臂、风动扳手、液压系统及配管、行车传动机构、保护筒及拨叉支架组成。

☞ 5. 焦炭塔底盖装卸机的工作原理和工作流程是怎样的？

答：焦炭塔底盖装卸机的工作原理是由液压系统提供油压起重柱塞、保护筒升降油缸运动动力，并且通过液压系统进行控制。具体如下图：

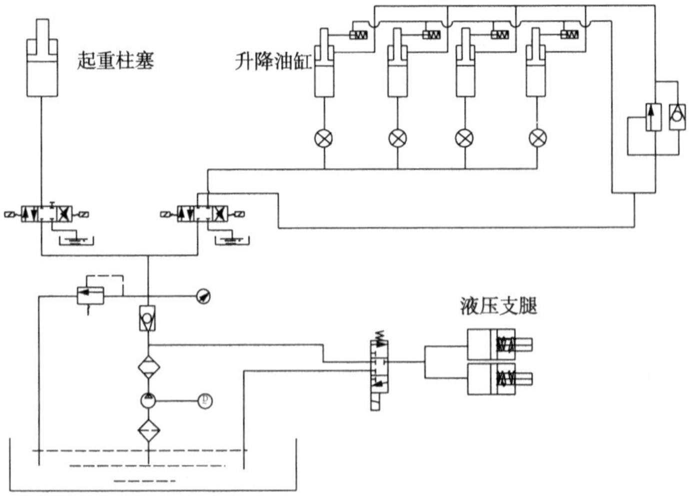

当除焦开始需要打开焦炭塔底盖时，首先启动行车电机，使油压起重柱塞托盘中心对准焦炭塔中心，再启动液压系统电机，使其顶紧塔底盖，此时液压支腿下降至轨道面撑住车架；然后转动旋转臂，调节风扳机位置对准焦炭塔底盖上的螺栓，开启风扳机，按对角线依次卸下所有螺栓；再按油压起重柱塞下降按钮，使其托着塔底盖下降至底部，同时液压支腿收回；启动行车电机，使保护筒中心对准焦炭塔中心，启动液压系统电机，使其上升至极限位置套住焦炭塔底部，此时液压支腿同时下降至轨道面撑住车架。这样就可以进行除焦了。

除焦完毕后，按保护筒下降按钮，使其下降至极限位置，液压系统停车，此时液压支腿收回；启动行车电机，使油压起重柱塞托盘中心对准焦炭塔中心，启动液压系统电机，使其托着塔底盖上升至顶点，此时液压支腿下降至轨道面撑住车架；转动旋转臂，调节风扳机位置，开启风扳机，按对角线依次安装紧固所有螺栓；按油压起重柱塞下降按钮，使其下降至底部，此时液压支腿收回；启动行车电机，塔底盖装卸机退回原位。

☞ 6. 如何操作底盖装卸机？

答：①检查及准备工作。检查装卸机地车轨道上有无障碍物，电缆滑车钢丝绳是否灵活好用，有无断裂现象；检查行车各部螺栓是否紧固可靠（包括电机地脚螺栓）；检查行车电机防护接地是否安全可靠，对轮连接是否可靠；检查各注油点、油箱油位（油质定期分析）、减速机的油面及油质；检查磁力抱闸是否灵活可靠；检查各阀门是否灵活好用，并在正确开度上，检查各输油管路接头是否牢固，两个节油阀应放在零位，变向阀处于回流位置；讯号系统是否正确好用，开车前应调试；底盖操作平台工具准备齐全，螺栓、润滑脂、抹布、高温防卡剂、垫片等是否满足生产需要；检查进料短管吊环是否紧固；检查消防器材是否齐全完好；给上0.4~0.6MPa风压，检查风动扳手正反转是否好用，并适当加注润滑油；检查底盖机左右两只卡轨器是否完好、使用灵活，卡轨功能是否良好，检查完毕，打开卡轨器，使大车达到可移动状态。

② 检查底盖机性能工况。将回油阀打开，关闭上油阀，盘车后，启动油泵进行循环，检查油路系统是否存在问题；操作回油阀和保护筒上油阀、起重柱塞上油阀，分别引油入保护筒小柱塞、起重大柱塞，检查上下保护筒及大柱塞是否降到位，不降到位，不准移动大车，否则负载过大易烧坏电控部分和行车电机；左右移动大车，要求平稳，检查刹车性能是否良好；移动大车，把大柱塞移至需除焦塔的正下方并把大车准确对位，使起重柱塞对准塔底口托盘；使用卡轨器固定大车，操作上油阀，引油入底盖机大车中间液压支腿柱塞，检查液压支腿是否正确定位。

③ 卸底盖。待焦炭塔放水完毕后，开启变向阀，启动起重柱塞，开大节流阀，引油入起重柱塞，使柱塞缓慢上升，将起重柱塞升起顶住塔底盖；卸下塔底进料短管法兰螺丝，并注意放水情况；当柱塞牢固顶住塔底盖后，用风动扳手反转将塔底盖螺丝卸下来，并放在规定位置，要求旋拧螺母时必须对称操作，防止螺母飞出打伤人，对个别拧不下来的螺栓，不可强卸，应用扳手人力卸下来，以免打坏风动扳手，人力卸螺栓时，必须套紧螺母，用力时谨防滑脱受伤；当全部螺栓取下后，打开回油阀缓慢地放下起重柱塞和塔底盖；切换油路，提升大车中间液压支腿；打开卡轨器，移动行车，联系外操岗位人员用汽扫尽进料管后，再开行车，使保护筒正对塔下口，停行车；启动油泵，开启变向阀，保持筒上油，关闭回油阀，与柱塞管线接通，使保护筒均匀升起；当保护筒升到塔底法兰口时，用三根支架顶牢内保护筒后，停油泵，打开回油阀；再次使用卡轨器固定底盖机大车；切换油路，引油入底盖机大车中间液压支腿柱塞，检查液压支腿是否正确定位；所有的准备工作就绪后，联系司钻岗位（给电铃信号）准备除焦；在除焦过程中，应经常注意保护筒有无喷出现象及28°溜槽有无积焦现象。

④ 装底盖前的准备工作。及时清理螺栓、清理底盖焦炭及进料线端部焦块，保证畅通无阻，检查螺栓是否损坏，视损坏情况进行更换，做好上盖前一切准备工作；保护并检查钢垫是否完好，密封面清理干净，用细晶相砂打磨光滑；清理焦炭塔与底盖连接密封面槽，保持干净并用细晶相砂打磨光滑。

⑤ 安装底盖。除焦完毕后，启动油泵，打开保护筒上油阀，拿下支架，缓慢地放下保护筒；检查钢圈的密封面是否完好。密封面不得有划痕、磕痕、裂纹和疵点，安放好垫片，并铲清塔底法兰及钢垫上的油污、焦粉；切换油路，提升

大车中间液压支腿；打开卡轨器，移动行车，使起重柱塞上塔底盖正对塔下口法兰，停车；升起起重柱塞，对好塔底盖；把已清理干净的螺栓涂上高温防卡剂，螺栓挂好，采用对称方法用风动扳手把紧螺母，再用风动扳手将全部螺栓按顺时针方向均匀地把紧2圈；把好进料短管法兰，停油泵，打开回油阀，放下起重柱塞，开动行车，使之停于两个焦炭塔中间。

☞ 7. 怎样检查底盖的安装质量？

答：安装底盖是焦炭塔每个生焦周期都要做的一项工作，其工作质量直接影响到装置的安全生产，因此对底盖的安装质量要严格进行检查。安装底盖时，应该保持法兰螺栓齐全；更换新螺栓时，必须整圈均匀布置；法兰螺栓把紧后，两头螺杆必须露出螺母1~2扣；螺栓上紧后，用小锤敲击，螺栓或螺母不能有松动；底盖上下法兰面及进料短管前后法兰面必须对齐，配对法兰对中良好，螺栓外缘不能凸出槽外；螺栓对称均匀拧紧；底盖消防蒸汽管喷嘴应保持畅通；联系外操岗位给蒸汽试压，塔压慢慢升至0.26MPa，试压时间不得少于10min，检查不漏为合格。底盖安装完成后还应清理平台焦块，清扫卫生，并做好下次卸盖工作的一切准备；焦炭塔预热升温至250~300℃时检查螺栓的松紧情况，对塔顶封头、塔底盖及时料短管法兰螺栓进行一次热紧，热紧螺栓采用对称把紧法。

☞ 8. 焦炭塔底盖装卸机定期维护的内容有哪些？

答：焦炭塔底盖装卸机定期维护的内容有：检查各连接、紧固件无松动；检查制动器摩擦片磨损情况，按规定每月检查一次，摩擦片磨损量不大于其初始厚度的一半，否则应予以更换(以最薄处计算)；检查制动器内液压油的质量、容量，在更换液压油后，应上下拉动推杆数次，排出缸内空气；检查更换减速机润滑油；检查电气接线是否牢靠、正确；检查液压系统、液压管道不得松动及泄漏；检查风动扳手旋转臂转动是否灵活；操作系统所指示操作方向是否与设备各机构运行方向一致；联轴器的安装是否符合有关规定，同轴度是否符合要求；通电试车。

☞ 9. 焦炭塔底盖装卸机设备安装检查的标准有哪些内容？

答：焦炭塔底盖装卸机设备安装检查的标准有：油压起重柱塞中心线与图纸给定中心线，同轴度公差为3mm，与安装基面垂直度公差为3mm；保护筒升降油缸均布，四油缸夹角为90°±1°，油缸中心线与安装基面垂直度公差为1.5mm；内外保护筒同轴度公差为2mm；保护筒中心线与图纸给定中心线同轴度公差为3mm，与安装基面垂直度公差为2mm；内、下保护筒升降过程平稳安全；油压起重柱塞升降平稳；风动扳手旋转臂转动灵活；控制系统标注清楚，接触器动作良好；液压管道及各接头、阀无泄漏；轴承、电机工作正常，符合国家有关规定。

☞ **10. 钻机绞车是怎样工作的？**

答：钻机绞车适用于有井架延迟焦化水力除焦装置，其作用是升降钻具系统。钻机绞车采用变频调速，实现无级变速；采用双液压推杆制动器制动和手闸制动同时工作，增加系统的安全系数。钻机绞车主要由以下部件组成：电动机、联轴器、双液压推杆制动器、蜗轮蜗杆减速器、卷筒部分和机架。其原理是卷筒通过电动机驱动蜗轮蜗杆减速器而旋转，从而经过钢丝绳升降钻杆系统。当系统断电时，制动器工作，可以将钻杆系统停止在任何位置。

☞ **11. 钻机绞车的定期维护有哪些内容？**

答：钻机绞车的定期维护内容有：检查轴承是否运转灵活；检查各连接部位的紧固情况，定期加油保持各润滑点充分润滑；检查蜗轮箱内的机油(或齿轮油)，应在试运行半个月后进行更换，以后每半年更换一次；检查更换密封件和易损件。

☞ **12. 滑轮组的定期维护有哪些内容？**

答：滑轮组由天车滑轮组、游车大钩及导向滑轮组组成，定期检查的内容有检查轴承是否运转灵活；检查各连接部位的紧固情况，定期加油保持各润滑点充分润滑；更换密封件和易损件。

☞ **13. 钻杆系统的作用是什么？**

答：钻杆系统适用于有井架延迟焦化水力除焦装置，用作高压水通道并升降钻具。为防止运输过程中的变形和运输的不便，需要现场进行热套连接定位和焊接。

☞ **14. 自动切换联合钻孔切焦器的工作原理是什么？**

答：水力除焦有两个基本工序，钻孔与切焦。在较早的水力除焦中，通常采用钻孔器与切焦器分别来完成，其后将钻孔器与切焦器合二成一为联合钻孔切焦器。但在钻孔与切焦工序转化时必须切断高压水，将除焦器提出塔外由人工更换除焦器或堵塞喷嘴来完成，需要15~25min，既延长了除焦时间，又增加了工人的劳动强度。自动切换联合钻孔切焦器，利用高压水压力回零原理，将钻孔与切焦状态在压力回零过程中进行自动切换，并且不需要将除焦器提出塔外，切换时间不到1min，简化了操作、降低了工人的劳动强度。自动切换联合钻孔切焦器的阀芯位于阀套内，将阀套分隔为上、下两个空腔，空腔与二位四通阀相通。当高压水进入切焦器时，一部分水流通过旁路进入二位四通阀，推动柱塞齿条移动，由棘轮-棘爪间歇运动机构完成高压水的换向(高压水由进入上腔切换为下腔，或相反)，切焦器的阀芯向下(或向上)移动，并与下(上)阀座形成硬面密封，上(下)腔的高压水能保证密封的有效、可靠。如此，通过高压水的一次有效切换，即可实现钻孔位向切焦位的转换(或切焦位向钻孔位的转换)。

☞ 15. 自动切换联合钻孔切焦器由哪些部分组成？

答：切焦器主要由阀体部分、防松法兰、二位四通阀、钻孔喷嘴和切焦喷嘴组成。阀体(也叫本体)是主要的承压部件，也是其他零部件的安装基础，高压除焦水通过阀体流向钻孔喷嘴或者切焦喷嘴；阀体由2Cr13锻造而成，阀体内有上阀套、下阀套、滑阀和过滤网等零件，在阀体上部是和钻杆相连接的螺纹部分；壳体部分主要是保护切焦器内部零部件在工作时不受损坏，它由上保护罩、保护罩、下保护罩和下壳体等零件组成；防松法兰可以防止切焦器和钻杆在运行过程中出现松动和脱落，防松法兰的下法兰焊接在切焦器的阀体上，上法兰卡在钻杆上；钻孔喷嘴安装在切焦器的下方，共有四个，一个安装在中心向下，另外三个安装在与中心线成35°角、均匀分布在下壳体圆周锥面上，钻孔喷嘴的直径为ϕ10mm；切焦喷嘴安装在阀体的中部，共有四个，按成对反向水平布置，达到反力矩平衡，保持除焦时钻具的稳定；二位四通阀是切焦器自动切换的执行部件，生产时从高压除焦水中引出少量($2 \sim 3m^3/h$)高压水，经过滤后作切焦器进行自动切换的动力；专用工具包括喷嘴更换式具、手切换器与停放架，喷嘴更换工具用于不同尺寸的喷嘴现场更换，手切换器用于初次使用或切换功能失效时对钻孔、切焦状态进行手动调整，停放架用于在检修和拆卸切焦器时停放。

☞ 16. 自动切换联合钻孔切焦器使用时有哪些注意事项？

答：检查切焦器使用前是否去掉了切焦喷嘴、钻孔喷嘴上的保护螺母；观察二位四通阀的阀芯指示是否指向钻孔位，若不是钻孔位，采用手切换器将阀芯指示拨向钻孔位；切焦器若不能自动切换，根据二位四通阀的阀芯指示判定其是否发生故障，必要时，可采用手切换器对钻孔、切焦状态进行调整；喷嘴一般可按现场钻孔、切焦情况适当做出调整，但必须保证四个切焦喷嘴直径完全一致，钻孔喷嘴(不包括主钻孔喷嘴)完全一致；当喷嘴磨损量超过0.1mm应及时更换；除焦过程中，密切注意钻杆晃动情况，有无异常响声、振动、松动、卡阻等情况，发现问题应及时处理。

☞ 17. 风动水龙头由哪些部分组成？

答：风动水龙头是实现除焦系统转动的关键设备，连接高压胶管、钻杆与游车大钩。主要由鹅颈管与配重块、壳体、扇形齿轮组件、中心管、冲管、风动马达与行星齿轮减速器及密封箱组成。

☞ 18. 风动水龙头使用时应注意哪些问题？

答：除焦作业前，必须给油雾器加满油，第一钻打通后，给风动马达加油，每半年检查一次扇形齿轮组件磨损及润滑情况；控制风压，保证钻杆系统转速；风动马达使用前，必须保证正确旋转方向(马达顶上带有一切换手柄，可以用于切换旋转方向)；风动马达声音持续、稳定，出现异常声音，及时检查处理；填料密封泄漏时，必须及时更换填料组件；中心管与冲管之间同心度和摆差不得大于0.3mm(在中心管下部丝扣处测量)。

☞ **19. 风动扳手操作时应注意检查哪些事项?**

答：使用前应检查各部连接是否完好，所有螺栓是否紧固；检查风压是否符合使用要求(0.5MPa)；向转子内加足46#汽轮机油；检查风带接头是否牢固，并牢固连接风带；试转向，并试验旋塞正反度是否灵活好用；在试转向和使用前必须把牢风动扳手，严防飞转伤人。在使用风动扳手拆螺栓时，必须有人把住螺栓，严防螺栓伤人。每次使用结束，将机体清扫干净，妥善保管。风动扳手还应定期拆卸检修，给减速机、轴承加足润滑脂。

☞ **20. 司钻在除焦前应进行哪些检查?**

答：①天车：检查天车固定螺栓有无松动；检查滑轮有无损坏，钢丝绳有无跳槽或超过规定的损坏(如发现钢丝绳有较严重的断丝现象，更换后才允许开车)；检查各个注油点油嘴有无损坏，并加好润滑油；检查大轴有无磨损。

② 游车大钩：检查各部开口螺母插销是否齐全、牢固可靠；检查卡销是否安全可靠，有无跳开的可能；检查滑轮有无损坏；检查大轴有无磨损；检查各注油点、油嘴、油杯有无损坏，并加好润滑脂；大钩卡颈是否牢固可靠，并加好润滑脂。

③ 风动水龙头：检查鹅颈管和高压胶管连接是否牢固；检查各部螺栓有无松动现象；检查伞形齿轮箱及各部轴承的润滑情况；检查风动马达各部螺栓是否紧固，转子部分加46#防锈透平油，游星齿轮减速部分加46#防锈透平油，并试验正反转手柄灵活好用；检查密封箱盘根松紧是否适宜，冬季还要检查是否有冰冻现象，并试验风动马达，风压达0.3MPa时，应转动自如。

④ 钢丝绳、高压胶管：钢丝绳在各滑轮槽内，润滑良好，游车、滚筒死端固定可靠；钢丝绳不允许有断丝现象，如发现每股断丝超过7根时，就应更换；高压胶管要求无断裂、破皮、老化现象，最小弯曲度为1.2m；高压胶管与高压水管法兰连接牢固可靠，应无漏、泄水的现象。

⑤ 支点轴承和导轨，塔口扶正器：检查支点轴承是否好用，并保证其垂直度、加注润滑脂；检查导轨是否安全可靠、无障碍物；检查行程开关是否灵活好用；检查扶正器是否在两端导轨内。

⑥ 自动切焦器：检查自动切焦器外壳体有无杂物，是否完好，与钻杆连接是否可靠牢固，是否有锈蚀；检查喷嘴安装是否正确牢固，喷嘴堵头是否齐全完好；检查二位切换阀转动是否灵活并旋至钻孔位置，盖板正常，螺栓紧固；检查各部螺栓有无松动现象。

⑦ 钻机绞车：检查钻机绞车蜗轮减速箱的润滑情况，油面以浸至蜗轮齿为宜，第一次加油应在运转半月之后更换，以后按润滑五定制度进行添加更换；检

查钻机油嘴、油杯是否齐全，并加好润滑脂；检查制动器两边和对轮的间隙是否相等、有无磨损、间隙应保持在0.9~1.0mm；电机接地是否完好、转向是否正确、正反转开关标记与钻杆升降是否一致；检查安全插销是否灵活好用，所有地脚螺丝应紧固，机身不振动；检查对轮是否连接可靠，对轮保持罩是否完好；检查定向轮和塔中心线是否一致，当切焦器钻到塔底部时，钢丝绳在滚筒上应留7~8圈。

⑧ 高压水管线所属阀门、风管：检查各大小手阀盘根松紧是否适宜，关启是否灵活、严密不漏；高压水管线各连接法兰螺丝是否紧固，并装上法兰罩；盘好清扫塔顶盖密封面的风管。

⑨ 仪表和电气设备：检查压力表、流量表、电流表是否校正正确、灵活好用，有无红线指示；检查各照明是否齐全完好；检查配电盘上各保护设施，接触器开关灵活好用、接线端是否牢固；检查塔顶防爆操作台就地仪表盘操作按钮是否灵活好用、指示位置是否正确；同高压水泵共同试验紧急停泵开关装置，确保灵活可靠；同塔顶和塔底平台共同检查，试验联系信号和指示是否正确好用。

☞ 21. 司钻在除焦前应做哪些准备？

答：准备内容有：和班长联系当天除焦塔号、放水情况，检查塔内温度是否符合除焦条件、程序控制联锁是否已投用；检查各部位，确认各阀门开关正确，操作台开关手柄处于零位，切焦器喷嘴改向正确、牢固、不堵，支点轴承导轨无障碍物，切焦器位置准确；打开进汽阀，给操作柜送电，检查系统是否正常；在操作柜上选好除焦塔；开启焦炭塔顶盖阀门，测量焦高并做好记录；启动钻机下钻将自动切焦器下降至距焦面1.0m左右；打开风阀，启动风动马达，要求声音正确、运转自如、转数达到9~12r/min，无卡顿现象；接塔底平台信号后，联系高压水泵房启动高压水泵；高压水泵启动正常后，在塔顶操作柜将除焦控制阀(三位阀)操作开关从“回流”旋至“预充”，高压水以小压力、小流量把上水线预充满，当管线压力到达塔顶管线上压力开关(设定压力3.5MPa)时，完成预充；将除焦控制阀控制开关拨至“全开”位，“全开”信号灯亮，压力流量正常后即可进行钻孔作业。

☞ 22. 怎样操作钻机绞车？

答：操作步骤是：启动绞车电源；控制绞车上升或下降；调整绞车速度。要加速时将调速开关拨至右边不松手，当速度达到你所满意的值时松开手则开关自复位(最大为4.93m/min)，绞车停止加速。要减速时将开关拨至左边不松手，当速度达到你所满意的值时松开手则开关自复位，绞车停止减速。绞车启动时自动以最低速启动，停止时要求操作人员以较低速停机(可延长钻机绞车机械寿命)。

☞ 23. 钻孔操作有哪些注意事项？

答：应注意：①钻孔时采用的行速、转速均可视焦炭质量和各项指标而定。钻孔时应控制下钻速度，顶钻时适当上下来回操作，不能强制下钻，防止卡钻。钻孔喷嘴采用底嘴（垂直）、斜嘴（45℃）共 4 个钻嘴，钻孔时间一般控制在 30min 左右。

② 井架上设有上/下极限位保护和进塔位（塔内距离塔口 5m）保护开关。绞车在上/下极限位时自动停止升/降。极限位指示灯闪烁，应将绞车升/降控制开关拨到"停止"位，只能反方向操作。

③ 当除焦控制阀在非回流状态，绞车上升至进塔位（塔内距离塔口 5m）时，绞车会自动停止上升，指示灯闪烁，应先将绞车"升/降"控制开关拨到"停止"位，然后将除焦控制阀控制开关拨至"回流"位，将钻具放在合适的位置，待闪烁消失后，并确认除焦控制阀已处在"回流"位，才能允许钻具继续提升提出塔口。出塔口时塔顶阀自动关闭。

④ 钻通焦层后，切焦器下至下极限停止，避免冲击底盖机保护筒，严禁切焦器出塔底口以防伤人，停留数分钟把塔底锥体部焦打尽后，带水提钻杆（附带扩孔）。

⑤ 钻孔时钢丝绳应处于正常运行状态；风动水龙头填料密封不泄漏，风动马达声响正常。注意绞车电流表的读数，不得超过额定电流。注意高压水流量、压力变化。遇到卡钻，不能强制拉起钻杆，否则会对塔顶井架支撑梁造成损伤。注意其他岗位发来的信号。

☞ 24. 司钻如何进行除焦？

答：除焦步骤如下：

① 当钻孔完成、钻杆拉出焦层后，塔顶操作人员将除焦控制阀（三位阀）操作开关由"全开"旋至"回流"，并向高压泵房打改回流信号（钻具不要提出塔外，在塔内进行高压水切焦），当压力低于 0.5MPa 时全自动切焦器自动由钻孔切换到切焦。

② 将除焦控制阀（又称：三位阀）操作开关由"回流"旋至"全开"位置，此时"全开"信号灯亮，通知高压泵房切换到切焦。

③ 先切除 1.5~2m 的泡沫层，待全部抓走后再进行切焦。切焦时自下而上切除塔底 2~3m 的焦，再由上而下进行切焦，直到焦炭全部切除干净。切焦时间一般控制在 2h 左右。

④ 除焦完毕，带水提钻进行扫塔作业，并检查除焦效果。

⑤ 将除焦控制阀切换到旁通回流阀，将切焦喷嘴转换到钻孔喷嘴工位以备下次钻孔时用，将钻具提升出塔口，出塔口时塔顶高压给水球阀自动关闭。

⑥ 通知高压水泵房停泵，选塔复位。

⑦ 清理塔顶闸阀密封面，关闭塔顶 *DN*800 阀门(确保试压不漏)。

⑧ 打扫环境卫生，检查各部润滑油液位，做好下次除焦准备。

25. 司钻除焦时有哪些注意事项？

答： 应随时注意高压水流量、压力的变化；注意绞车电流表读数变化，及时处理；除焦时防止塌方，出现塌方后，切换钻孔与切焦状态，打通下焦孔；焦孔尽量扩大，防止落焦卡钻，打弯钻杆，损坏钻具，扭坏风机转轴；如焦炭太硬，可降低下钻速度，采用小切距(150～200mm)；绝对禁止使用自由坠钻操作；夏季特别注意电机温升；冬季停泵后应用压缩风扫尽管线内存水。

26. 远程自动除焦有哪些关键设备？

答： 关键设备有：远程/自动除焦控制系统、井架极限开关、防坠落装置、电动捕捉装置、手动捕捉装置、钻杆顶驱(变频电动水龙头)、高压胶管、除焦控制阀(三位阀)、高压水泵、钻杆位移检测仪表、钢丝绳张力检测仪、导轨及焦炭塔壁高温振动探头。

27. 远程自动除焦系统操作过程是怎样的？

答： 焦化除焦过程主要包括：下钻—开泵钻孔—扩孔—切焦—扫塔—提钻共六个主要步骤。具体除焦过程如下：

① 远程除焦操作台进行选塔、选泵、初始位置的确认。

② 远程除焦操作台启动绞车电源、启动钻杆顶驱电源，再按下“下钻”按钮。

③ 钻具停留在塔内上极限位，对应的焦炭塔顶隔断阀自动打开并到位。

④ 高压水泵启动并运行平稳后，远程除焦操作台可按下“钻孔”按钮。

⑤ 当钻具行至焦炭塔内下极限位停止后，远程除焦操作台可按下“扩孔”按钮。

⑥ 当钻具上行至焦炭塔内上极限位停止后，远程除焦操作台可按下“切焦”按钮。

⑦ 当钻具切焦运行至下极限时，远程除焦操作台可按下“扫塔”按钮。

⑧ 当钻具扫塔运行至上极限且除焦检测系统给出除焦完毕信号后，远程除焦操作台可按下“提钻”按钮。按下“提钻”按钮后，高压水泵自动停机，钻杆顶驱自动停止运行，电动除焦控制阀由全开切换至回流位，除焦阀动作到位后，钻具恢复初始位停在停车驻位点。

⑨ 远程除焦操作台切断钻机绞车和钻杆顶驱电源，整个自动除焦过程结束。

28. 如何操作 TM6 型风动马达？

答： 检查所有螺栓是否紧固；检查空气过滤网是否干净、油雾器是否充满油；检查转向操作手柄是否灵活，旋转方向是否正确；检查减速机、贮油箱润滑油质量是否合格；检查风管是否畅通、压缩风是否带水、风管两端接头应连接可靠、不漏风；开启压缩风入口阀供风，逐步增加风压，使钻杆逐渐达到额定转速；钻孔结束后，向减速机和转子注油一次，并定期清除污油和污物；不要随意改变风动马达的旋转方向。

☞ 29. 除焦系统有哪些常见故障？如何处理？

答：常见故障及其处理方法见下表。

序号	故障现象	故障原因	处理方法
1	行车启动缓慢，或者有振动	制动器预紧力过大 制动器推杆行程不够	参阅制动器说明书进行调整
2	行车刹车距离过长，定位不准	制动器预紧力过小 制动器摩擦片磨损	调整制动器预紧力 更换摩擦片
3	油压起重柱塞有泄漏	密封圈磨损	调整压环，增大预紧力，更换密封圈
4	液压系统压力不稳定或压力过低，调节不灵敏	滤油器堵塞 油路或集成块有泄漏 溢流阀有所损坏 液压油黏度增大	清洗或更换滤油器 检查泄漏点，采取相应解决方法 检修溢流阀 更换液压油
5	起重柱塞和保护筒升降不灵	柱塞封漏油或油箱内油量太少 四个柱塞阀升降速度不同 油管或阀门堵塞或局部机械有卡阻	仔细检查原因，如保护筒下落受阻，可用大锤敲震下落，其他故障请维修班检查
6	油压起重柱塞升降缓慢	调定流量过小 密封圈预紧力过大	调整单向节流阀流量 调整压环的预紧力
7	保护筒升降不同步或有卡阻	内外保护筒不同心 分流集流阀不同步 升降油缸四支撑面不在同一水平面内或者不平行	调整内保护筒的位置 调节分流集流阀达到同步 测量升降油缸的水平高度及垂直度
8	升降油缸有泄漏	密封圈磨损或老化	更换密封圈
9	下保护筒升降有卡阻	下保护筒与外保护筒不同心	调节 4 根钢丝绳长度 检查锁紧支撑杆
10	自锁机构工作不正常	弹簧疲劳损坏 自锁活塞磨损 打开自锁的液压油压力需调整	更换弹簧 更换自锁活塞 重新调整单向顺序阀的压力
11	焦炭塔钻孔时顶钻	下降速度太快，转速太慢 压力、流量不够 若一切操作指标都在控制范围内，则发生顶钻是焦炭硬度太大	在开始发现轻微顶钻时，司钻应立即停止下钻，在原处停留几秒或上提 300mm 再行下钻，根据以上办法处理都无效时，应立即提钻切换高压水，检查原因，分别处理

续表

序号	故障现象	故障原因	处理方法
12	液压抱闸打不开	电气部分故障 液压油缸内的叶片掉	联系电气、钳工维修人员处理
13	液压抱闸合不拢	电气部分故障 闸皮之间的间隙过大	联系电气维修 调整闸皮间隙
14	风动马达不转	风动马达坏 换向手柄未打到位 负载过大	检查润滑油，更换风动头 检查换向手柄 提高风压和风量，降低下钻速度
15	钻杆弯曲	钻孔下钻速度过快 切焦器切焦喷嘴大小不对称 风动马达或水涡轮的固有频率和钻杆的固有频率重叠发生共振 切焦时塌方，钻杆本身强度不够	控制下钻速度 更换切焦器切焦喷嘴 改变转速或重量避开共振频率 更换强度大的钻杆
16	全自动切焦器切换不到位	两位阀故障 切焦器内的活塞密封圈坏 两位阀处的密封圈漏水	检修两位阀 更换切焦器内的活塞密封圈 更换两位阀处的密封圈
17	接近开关不能感应	接近开关至控制柜的接线不正确，或压线不牢固 感应距离不在接近开关规定的感应范围内，特别是井架上的开关 接近开关损坏	检查接线 调整井架接近开关感应距离 更换接近开关
18	除焦控制阀不能动作	所选塔的塔顶给水球阀和所选泵的泵进出口阀未正确打开 阀位控制器及接线不正常 其他线路故障	检查相对应阀门是否工作正常 检查电动头工作情况 检查电头动控制线路
19	钻机绞车不能动作	绞车动力电源未接通 选塔信号与绞车不对 自动切焦器到上、下极限位置，或有除焦控制阀非回流位切焦器出塔的情况 钢丝绳松弛，张紧器动作 其他线路故障 其他机械故障	检查绞车电源 重新选塔 检查钻杆位置 检查钢丝绳 检查线路及绞车机械部分

☞ 30. 高压水泵在开泵前应进行哪些检查？

答：①电器部分检查。试验总电源开关，试验停泵、紧急停泵按钮（含塔顶平台就地仪表箱上紧急停泵按钮），电压、电流表指示准确；检查泵出口阀、塔顶给水阀、三位阀执行机构是否状态良好，电动阀门的电机接地、各部螺丝紧固是否良好，试运开、停、关是否好用；检查高压电机各部温度计是否齐全好用，电机接线是否良好；高压电机冷却水（循环水）流程是否畅通、水量是否合适；检查高压电机地脚螺丝是否松动。

② 润滑油系统检查。检查油箱液位是否合格；润滑油泵盘车 2~3 圈，是否灵活无卡涩，泵电机接地良好；检查压力表、温度计是否好用，上下限数值是否正确；检查润滑油箱油温，控制油温在 35℃左右，若油温低于 32℃，则启动电加热器；检查润滑油冷却器情况，要求畅通无堵，管壳程不漏油，视油温情况，控制冷却水流量，一般情况下，在开泵前，油温相对较低，冷却水略开一点；检查润滑油过滤器是否泄漏；润滑油箱底部脱水，检查润滑油带水情况。

③ 高压水泵部分检查。检查压力表和温度计是否完好、准确；检查所有管线、法兰、阀门和丝堵等有无漏水、渗水现象，各高压水线路连接法兰的保护罩是否齐全；投用机械密封冲洗水系统，调至规定压力，机械密封无泄漏；检查轴瓦挡油环是否严密，保证溅水不会进入轴承箱内、不渗油；检查安全防护罩是否良好，盘车是否转动灵活、良好（备用泵每天盘车一次 540°）；检查地脚螺丝是否松动。

☞ 31. 高压水泵在开泵前要做哪些准备工作？

答：①投用润滑油系统。检查两台润滑油螺杆泵及其油压联锁系统工作状态（要求两台泵现场开关均置于手动状态，润滑油压力低启辅泵联锁切除）；两台润滑油螺杆泵盘车，要求转动灵活、良好；启动润滑油螺杆泵主泵（1#泵），检查润滑油泵转向是否正确，泵出口压力是否正常；润滑油路系统循环，检查油管是否畅通，调整好油压；检查各管路回流油情况，回流量从视窗看应不小于直径的 1/3；打开高位油箱三阀组中的充油阀，对高位油箱进行充油，充满后关闭，充油时操作人员必须待在现场，防止高位油箱中润滑油溢出；检查润滑油冷后温度，视油温情况，确定是否启用润滑油冷却器，控制润滑油冷后温度在 38℃以上；检查润滑油过滤器压差；待油压正常后，投用油压低自启泵联锁，并把辅油泵现场开关切至自动位置。

② 高压水系统准备。主控柜通电，检查是否正常；进行选塔操作，选中的相应塔（在高压泵房主控柜电脑上显示）指示灯亮，如发现选塔有误，且已经选定（塔号指示灯亮），则必须进行选塔复位（SA-FW3），重新进行选塔；观察主

控柜显示操作面板上除焦控制阀(三位阀)是否在回流位，此时回流显示灯应亮；选择待启动的高压水泵；通知外操人员，给切焦水罐送水，保持液位50%以上；打开选定高压水泵的出口阀，并检查另一台备用高压水泵出口阀是否全关。

③ 启动条件确认。由主控柜检查除焦控制系统各部分(塔顶操作柜、塔底联络柜、泵出口阀、塔顶给水阀、除焦控制阀)是否处于正常工作状态；由塔顶防爆操作柜选定待除焦的焦炭塔，被选定的焦炭塔的塔口联锁解除(塔阀处于手动挡)或处于开位(切焦器进塔内塔阀开；出塔外塔阀关)，未被选定的塔阀必须处于关位；除焦控制阀必须处于回流位；润滑油总管压力达到0.14MPa；切焦水罐水位在50%以上；泵入口压力达到0.1MPa以上；由主控柜选定所要工作的高压水泵，此时，选中泵的进出口电动阀门自动打开；由塔顶除焦操作柜对高压泵房内主控柜发出准备启泵信号(灯光、声响)；只有当高压泵允许启动灯亮时，方可进行启泵操作。

☞ 32. 如何开停高压水泵?

答: ①启动。接开泵信号后，再次检查润滑油冷却系统、仪表系统是否正常，三位阀是否处于回流状态，再次盘车；打开泵出口管排气阀，检查灌泵情况，完毕后，关好排气阀；再次检查各部分冷却水和润滑油流动情况；发开泵信号，待得到允许开泵的信号后，按启动按钮；泵启动后，立即检查电机电流不得大于额定电流、泵出口压力不大于32MPa、泵径向轴瓦温度不得大于70℃、泵止推轴瓦温度不得大于80℃、齿轮箱轴瓦温度不得大于100℃、电机轴瓦温度不得大于80℃、各注入点前后润滑油温差不得大于20℃；检查电机、泵体温升、泵入口压力、电机及泵振动情况；观察两路密封冲洗水及机械密封泄漏情况；经常检查润滑油的油量、油质、压力的工作情况；注意操作盘的运行情况；在中间操作步骤中，要注意三位阀的动作与主控盘上的仪表显示灯是否一致，密切注意电流变化。

② 停泵。接到停泵信号后，即可准备停泵；将除焦控制阀打到回流位，待主盘上三位阀回流显示灯亮，按停泵按钮；如停泵按钮失灵，可以联系塔顶司钻，按下紧急停泵按钮停泵，关密封冲洗水；通知外操，停用切焦水提升泵、放尽切焦水罐内剩水；停泵后，待各轴承温度接近室温时，可停用润滑油系统；切除润滑油总管压力低自启泵联锁；把辅油泵现场开关从自动切换至手动；现场手动停用主油泵；关润滑油冷却器的进出口阀门，停用冷却水系统；关总电源开关；停泵后，立即盘车3~6圈；搞好机泵及周围卫生，并做好下次开泵的一切准备工作；冬季停泵后，应放尽出、入口水线和泵内存水，并用非净化风吹干。

☞ **33. 高压水泵的常见故障有哪些？如何处理？**

答：常见故障及其处理方法见下表。

序号	故障现象	故障原因	处理方法
1	泵启动后不上量	泵入口阀未开； 切焦水罐低水位； 泵内或吸入管内有气体； 过滤器或吸入管或叶轮堵塞； 水温过高，产生气阻	立即停泵，针对原因进行处理，然后再启动
2	流量不够	入口阀开度不够； 吸入管或过滤器堵塞； 吸入管内有气体； 叶轮损坏； 储水罐液位过低或水温过高； 电压过低	开大入口阀； 停泵处理； 放出气体； 停泵检修； 提高切焦水罐液位或增加新鲜水量； 联系电力调度提高电压
3	流量突然降低	切焦水罐液位过低或没有水； 自动切焦器喷嘴堵塞； 外物进入叶轮	加大切焦水罐水量； 联系司钻岗位，除焦控制阀改回流，拉出自动切焦器，检查喷嘴； 停泵处理
4	启动后电流负荷过大	电动机软启动装置失效； 轴弯曲	立即停泵，查明原因并处理好再开
5	振动及杂音	在流量极低点运转； 外物进入叶轮； 轴未找正； 地脚螺丝松动； 轴弯曲； 轴承磨损	加大流量； 停泵处理
6	压力突然下降	入口阀芯脱落或入口管堵塞； 叶轮堵塞或损坏； 除焦器喷嘴脱落或切换操作不当； 泵抽空； 高压胶管严重破裂	设备故障引起压力下降，停泵处理； 除焦系统故障，联系司钻岗位处理好； 泵抽空应将除焦控制阀打到回流位，迅速查明原因，不能维持生产则停泵处理

七、行　　车

☞ **1. 什么是桥式起重机？**

答：桥式起重机又称“行车”或“天车”，是横架在固定跨间上空用来吊运各种物件的设备。

☞ **2. 桥式起重机有什么优点?**

答: 桥式起重机不占据地面作业面积,不妨碍地面上的作业,可以在起升高度和大小车轨道所允许的范围内负担任意位置的吊运工作。

☞ **3. 桥式起重机有哪几种分类?焦化装置使用哪种类型桥式起重机?**

答: 根据桥架的结构不同,分为箱型结构、四桁架结构和腹板梁结构,其中箱型结构使用最广泛。根据起吊装置不同,分为吊钩桥式起重机、电磁盘桥式起重机和抓斗桥式起重机。焦化装置一般使用抓斗桥式起重机,根据装置处理能力不同,有 5t、8t、10t 及 20t 等几种类型的抓斗桥式起重机。

☞ **4. 桥式起重机的技术参数有哪些?**

答: 桥式起重机的主要技术参数如下:

① 起重量:起重量又称额定起重量,它是指起重机实际允许的起吊最大负荷量,通常以吨为单位。

② 跨度:起重机主梁两端车轮中心线间的距离,即大车轨道中心线间的距离,以米为单位。

③ 起升高度:吊具或抓斗的上极限位置与下极限位置之间的距离,又可称为起升的最大高度,以米为单位。

④ 起升速度:起升机构在电动机的额定转速时,抓斗上升的速度,以米/分为单位。

⑤运行速度:运行机构在电动机额定转速下运行的速度,以米/分为单位。

⑥ 重量:起重机本身的重量,以吨为单位。

⑦ 外型尺寸:外型尺寸是指起重机长、宽、高的尺寸,以米为单位。

⑧ 工作类型:起重机各机构按照其载荷率和工作繁忙程度划分为轻级、中级、重级和超重级四种工作类型。焦化抓斗桥式起重机的工作类型为 A7 重级。

☞ **5. 焦化抓斗桥式起重机的结构是怎样的?**

答: 焦化抓斗桥式起重机的结构由桥架、装有升降、开闭机构和运行机构的小车、大车运行机构、操纵室、小车导电装置、起重机总电源导电装置、抓斗等组成。桥架由主梁、端梁、走台等部分组成。大车运行机构由电动机、制动器、传动轴、联轴器、车轮等部件组成。操纵室又称驾驶室,主要装有大小车运行机构和起升机构的操纵系统和有关装置,如控制器、控制屏、照明开关箱及安全开关等。小车运行机构由小车架、小车运行机构、抓斗起升机构、抓斗开闭机构组成。

☞ **6. 桥式起重机主要有哪些电器元件和部件?**

答: 桥式起重机主要的电器元件和部件有:

① 驱动用电动机和电阻器;

② 操纵用控制器;

③ 供电和保安用的保护配电盘；
④ 刹车用的制动电磁铁；
⑤ 供给小车上电器元件、部件，电源用的小车滑触线及集电器；
⑥ 供照明用的照明开关箱；
⑦ 保证安全用的门舱安全开关、紧急开关、限位开关及其他电器安全装置；
⑧ 电铃及绝缘材料等。

7. 什么叫桥式起重机的静负荷试验？

答：静负荷试验是将小车停在桥架中间，起升 1.25 倍额定负荷，离地面 100~200mm，停悬 10min，然后卸去负荷，检查桥架是否永久变形。

8. 什么叫桥式起重机的动负荷试验？

答：动负荷试验是起升 1.1 倍额定负荷试验，在试验中要开动起升机构、大车运行机构和小车运行机构，做正反向运转，累计时间不小于 10min。

9. 行车大梁为什么要有一定的上拱度？

答：因为行车在运送构件时，主梁会产生下拱，如果没有上拱度，则小车在运行中会产生附加阻或自行滑动，同时，有一定的上拱度，可使大车运行机构有较有利的工作条件，即吊运重物时，抵抗下拱的能力增强。当桥式起重机试车后，小车空载位于跨端时，主梁应具有均匀的上拱度，其上拱度不小于桥式起重机跨度的 1/1000。

10. 什么是钢丝绳的安全系数？

答：钢丝绳的安全系数就是钢丝绳能够被拉断的最小拉力(破断拉力)，是允许拉力的多少倍，其倍数就是安全程度，称为安全系数。

11. 什么是钢丝绳的公称抗拉强度？

答：钢丝绳的公称抗拉强度是截面为 $1mm^2$ 的钢丝能被拉断的最小拉力，一般有 $140kgf/mm^2$、$155kgf/mm^2$、$170kgf/mm^2$、$185kgf/mm^2$、$200kgf/mm^2$。

12. 钢丝绳的破坏过程及特征是怎样的？

答：钢丝绳通过卷绕系统时，反复弯曲和伸直并与滑轮或卷筒槽摩擦，在工作越繁忙的条件下，此现象便越严重。经过一定时间，钢丝绳表面的钢丝发生弯曲疲劳与磨损，表面层的钢丝绳逐渐折断；折断的钢丝数量越多，其他未断的钢丝承受的拉力越大，疲劳与磨损越甚之，断丝速度越快。当断丝数发展到一定程度，便不能保证钢丝绳必要的安全性，这时钢丝绳就必须报废，不能再继续使用了，否则就会整根断裂。

13. 钢丝绳的报废标准是什么？

答：①按断钢丝数来分，每捻距内，当钢丝断裂数超过原每根数的 2/3 时；

② 磨损、腐蚀断面面积相当于原钢丝绳面积的 10%；

③ 受到死角扭拧，部分受压变形；

④ 烧坏或断了一股；

⑤ 特殊场合下，如起吊物为炽热金属、酸等为标准断钢丝数的 1/3~1/2。

☞ **14. 怎样正确地使用和维护钢丝绳？**

答：正确地使用和维护钢丝绳不仅是为了保证起重吊运工作的安全，也是延长钢丝绳使用寿命，节约国家资财的不可缺少的措施。在使用和维护工作中应注意以下几点：

① 钢丝绳不应过短，不能成圈，不能打结。

② 遇到倾角快口时，应垫麻袋和其他木板之类，防止钢丝绳被快口割断。

③ 对于顺绕钢丝绳，禁止单根悬吊重物，因为此种钢丝绳一吃过重分量就有松散的可能。

④ 在几根同样规格，同样长短的钢丝绳同时起吊一重物时，钢丝绳之间的夹角不可过大，一则避免因角度过大使钢丝绳受力过大而绷断，二则避免钢丝绳从钩中滑脱。

☞ **15. 行车抓斗坠落的原因是什么？如何处理？**

答：原因：

① 抱闸失灵；

② 滚筒键损坏；

③ 钢丝绳脱落；

④ 制动轮上有油。

处理方法：

① 调整抱闸；

② 联系钳工处理；

③ 钢丝绳重新把紧固定；

④ 擦净油污。

☞ **16. 行车抓斗只能张不能合，或只能合不能张的原因是什么？应如何处理？**

答：原因：

① 接触器接触不良；

② 线路断或抱闸打不开；

③ 保险丝损坏。

处理方法：

① 检查修理；

② 重新接线修理抱闸；

③ 更换保险丝。

17. 当抓斗放到最低位置时，为什么卷筒两边的钢丝绳最少应各保留 3 圈？

答：因为钢丝绳是靠压板固定在卷筒上的，只有保留 3 圈以上才能使钢丝绳与卷筒产生很大的摩擦力，以减小压板的拉力，防止吊有负荷时将钢丝绳从压板抽出或将板螺钉拉断而发生事故。

18. 行车工遇到哪些情况时应发出音响信号？

答：①送电起吊前，吊物起升运行前；

② 吊物接近地面起升或下降时；

③ 吊物运行安全通道有人时；

④ 吊物不超过人头或接近人头高度运行时；

⑤ 吊物工作时，起重机发生故障需要停于空中时。

19. 稳、准、快、安全、合理是操作起重机的基本功，它们之间的相互关系是怎样的？

答：“稳”和“准”是“快”的前提，如果不“稳”不“准”就不能做到“快”。不保证安全生产，“快”也没有意义，但只注意安全而不快，也不能充分发挥起重机的工作效率，只有做到稳、准、快、安全、合理的操作，才能充分发挥起重机的工作效率。

20. 行车工在起重机工作完毕后，应做的工作有哪些？

答：当起重机工作完毕后，行车工应将起重机停于指定位置，并将吊钩卸去负荷，起升到一定高度，切断电源将控制器扳手回归零位，并填好运行记录，从指定扶梯下车。

21. 行车机械部件如何维护保养？

答：①钢丝绳：钢丝绳表面质量应良好，无脱槽压叠、磨损断丝情况。负责抓斗上升和开闭的两根钢丝绳松紧应一致。

② 吊钩装置：吊钩表面应完好，不得出现任何裂纹、破口，其危险断面或尾部不得出现变形和磨损过大，否则应更换。

③ 滑轮：所有滑轮的绳槽部分磨损应小，轮缘不得有崩裂破损，滑轮应灵活，发现异常应及时更换或处理。

④ 齿轮联轴器：联轴器齿轮磨损应小，轮齿不得崩裂且连接可靠，无松动现象。

⑤ 车轮：应加强对车轮的磨损情况与轨道接触情况的检查，发现轮缘厚度超过原厚度的 12%时应及时更换。

⑥ 制动器：制动器和被制动器两边间隙相等合适，安全可靠且制动轮表面

温度不得太高。

桥架及小车架：

① 必须避免急剧的启动、制动，以及与同跨度起重机相碰撞。

② 定期检查主梁上拱度，当下沉值超过标准时(下沉值应小于 1/2000*s*，*s* 是指行车的跨度)，应及时修复，在修复后应进行试车，合格后方可投入正常使用。

③ 定期检查桥架各重要承载的焊缝。

④ 定期检查所有的连接螺栓，特别应仔细检查端梁接头、斜梯连接、驾驶室连接、大车导电架等连接的可靠性，不得有任何松动。

轨道：

① 每月检查一次轨道情况，包括轨道紧固情况、轨道侧面磨损情况、轨道压板焊缝是否开裂。

②轨道下表面是否贴紧主梁和承轨梁、轨道表面锈蚀情况，整条轨道中各段之间的焊缝或接地线是否正常。

③ 大、小车轨道无障碍物且固定可靠。

☞ 22. 起重机操作工周检内容、月检内容分别是什么？

答：周检内容：

① 接触器、控制器触头的接触与腐蚀情况；

② 制动器闸带的磨损情况；

③ 联轴器上的键的连接及螺钉的紧固情况；

④ 使用半年以上的钢丝绳磨损情况；

⑤ 双制动器的起升机构，每个制动器制动力矩的大小。

月检内容：

① 电动机、减速器、轴承支座、角形轴承箱等底座的螺钉紧固情况及电动机碳刷的磨损情况；

② 钢丝绳的压板螺钉的紧固情况，使用 3 个月以上的钢丝绳的磨损情况；

③ 在管口处导线绝缘层的磨损情况；

④ 各限位开关转轴的润滑情况；

⑤ 减速器内润滑油的油量；

⑥ 平衡轮处钢丝绳的磨损情况。

☞ 23. 行车各处的润滑部位、润滑材料以及润滑周期分别是怎样的？

答：部位	润滑材料	润滑周期
减速机	30#或 40#机油	每月 1 次，每 6 个月换 1 次
制动器	30#或 40#机油	每周 1 次
滚动轴承	黄油	每月 1 次
电动机	黄油	每 1~2 月 1 次，每 3~6 个月换 1 次
齿轮联轴器	黄油	每 2 月 1 次

☞ **24. 起重机发生故障时，起重机操作工需做哪些工作？**

答：当起重机发生故障时，行车工应立即停止工作，切断电源，如果抓斗不能有效放下来，则应发出信号，并划出危险区，如果停车时间较长，则应设法将抓斗放下或垫起，报告领导或有关人员进行检修，修好后经过试车，确认完好后方可工作。

☞ **25. 制动器刹不住负荷的主要原因有哪些？如何消除？**

答：原因	消除方法
① 主弹簧过松，闸不紧闸轮	调正
② 主弹簧螺杆过长，闸不着闸轮	调正
③ 制动闸轮有油垢，闸轮发滑	除洗
④ 制动器闸架连接部分卡住	去卡住部分，闸互不闭合
⑤ 制动器闸皮严重磨损等	更换

☞ **26. 行车制动器如何调整？有哪些要求？**

答：①调整弹簧工作长度；

② 调整两制动臂的活动量；

③ 调整制动电磁铁的行程；

④ 调整两闸瓦与闸轮间隙。

要求：要特别注意活动件的灵活可靠，不得紧死，同时要注意行车发生制动作用后，在惯性作用下继续运动一段距离，这段距离称惯性行程(吊有额定负荷时的惯性行程)，调整制动器时必须保证必要的制动行程，根据经验证明，平移机构惯性行程以其运行速度的1/15左右较好，而起升机构在满载下降时的惯性行程以50~100mm为宜，约为起升速度的1/100，不能调得太紧，调得过紧制动行程过小，因为重物下降会产生一个过大冲击，会引起主梁振动和冲击，还可能使钢丝绳断裂。

☞ **27. 大车啃轨的原因是什么？如何消除？**

答：原因：

① 车轮歪斜；

② 主动轮的直径不等；

③ 轨道缺陷；

④ 传动系统的啮合间隙不等。

处理：重新移动车轮位置，用对角线调整方法。

☞ **28. 大小车挂挡后行走不动或速度太慢的原因是什么？怎样处理？**

答：原因：

① 电源少相；

② 线路短路；
③ 线路接触不良；
④ 电阻烧坏；
⑤ 电机本身故障；
⑥ 终点开关接触不良；
⑦ 抱闸张不开。
处理：
① ~⑥联系电工处理；
⑦ 调整或检修抱闸。

☞ **29. 行车送不上电的原因是什么？怎样处理？**

答：原因：
① 安全开关没有给上；
② 控制器没有回零位；
③ 行程开关接触不良；
④ 总电源接触不良；
⑤ 电源安全保护跳开未合上。
处理：
① 给上安全开关；
② 控制器回到零位；
③~⑤联系电工检查修理。

☞ **30. 行车大车行走不平稳、歪斜是什么原因造成的？如何处理？**

答：原因：
① 车轮缘过度磨损；
② 不均匀磨损导致车轮直径不等；
③ 钢轨在不正常状态或损坏。
处理：
① 检查车轮磨损情况，磨损超过原尺寸的40%时，联系保运人员更换车轮；
② 检查并校正钢轨。

☞ **31. 行车主梁下桡的原因是什么？如何处理？**

答：原因：

① 焊接的影响。主梁在焊接过程中，由于局部的不均匀加热，导致主梁内部产生余应力，在起重机使用过程中，结构内应力逐渐均匀化，使主梁产生了永久变形。

② 组装变形。一般产生在两根主梁拱度相差较大，强制组装而产生变形。

③ 高温的影响。高温环境如火灾等降低主梁金属材料的强度而变形。

④ 超载及不合理使用的影响。

矫正方法目前有两种，一种是火焰矫正，另一种是预应力矫正。对于主梁下拱，同时两主梁向内侧水平弯曲、主梁两腹板波浪变形的桥架变形，一般只能采用火焰矫正方法。对于一些主梁的轻微下拱，且主梁的水平弯曲和两腹板波浪变形超差不大时，可采用预应力矫正方法。

☞ 32. 行车抓斗抓焦作业时为什么不允许歪拉斜吊？

答：因为歪拉斜吊会使设备产生斜的拉力，有损于设备的结构；会使钢丝绳脱出滑轮的线槽或与小车架摩擦，损坏钢丝绳；会使钢丝绳在滚筒上乱绕，甚至脱落，造成事故；会引起抓斗过大的摆动，容易产生事故，损坏设备。

☞ 33. 什么是行车的反转急刹车？有何坏处？

答：在行车运行时，突然从正转拉至反转，就是反转急刹车。因为行车本体很重，在运行时惯性很大，当起重机正常运转时，立刻反转急刹车，会使整个运行机构产生一个很大的扭矩。对机械部件来说，有损于传动系统，严重时会引起传动轴断裂等设备事故，经常反转急刹车，还会引起车体扭斜变形；对电器设备来说，会使电动机产生很大的扭矩，破坏电动机的运转特性，产生很大的电流，严重时烧坏电动机、电器设备。

☞ 34. 行车反复启动有何坏处？

答：行车反复启动会：

① 使起重机构增大疲劳程度，使接电次数增多，损坏机械、电器设备；

② 使抓斗产生抖动或摆动，在运行时会影响平稳；

③ 装焦时，容易偏离预定地点，碰到周围物品。

☞ 35. 什么是行车“十不吊”？

答：①超过额定起重量不吊；

② 重量不明、光线暗淡、指挥不明不吊；

③ 吊索和附件捆绑不牢、不符合安全要求不吊；

④ 行车吊挂重物直接进行加工不吊；

⑤ 歪拉斜挂不吊；

⑥ 氧气瓶、乙炔发生器等爆炸物品不吊；

⑦ 带棱角、缺口的物件尚未垫好不吊；

⑧ 埋在地下物件没有采取措施不吊；

⑨ 工件上站人或工件上放有浮动、活动物件不吊；

⑩ 违章指挥不吊。

☞ **36. 简述行车智能抓斗的技术方案。**

答：行车智能抓斗的技术方案为：软硬件配置了用于检测大车和小车运行的高精度刻度标尺位移实时检测系统；用于大车和小车速度的编码器检测系统；用于抓斗起吊、开闭控制系统；用于抓取重量控制的称重传感系统；用于传递控制信号的工业 5G 无线控制系统，该系统具备冗余配置和无扰动切换特点；用于焦池焦炭实时检测的激光扫描和信号处理系统；用于大车车轮纠偏的监测系统；用于控制多车联动状态下防撞的雷达监测系统；用于现场实时监控的工业监控系统；用于现场无线控制的遥控系统，该系统可不在司机室控制起重机；用于控制抓斗吊机整体自动化运行的集成控制系统，该系统配置有一套现场 PLC、一套中央控制室 PLC 和上位机，以及一套软件控制系统，该控制系统具备现场司机室手动控制、现场遥控控制、远程全自动(含半自动)控制、远程手动控制共四种控制模式，所属四种模式可便捷切换，并配备远程一键停车功能。

☞ **37. 中国石化开发的密闭除焦技术包含哪些部分？**

答：中国石化开发的"安全环保型延迟焦化石油焦密闭除焦、输送及存储成套技术"(S-CCHS，简称密闭除焦技术)。主要包含 4 个部分：石油焦密闭除焦技术、远程智能水力除焦技术、焦炭塔操作安全控制系统、石油焦密闭存储输送及定量装车技术。如下图所示。

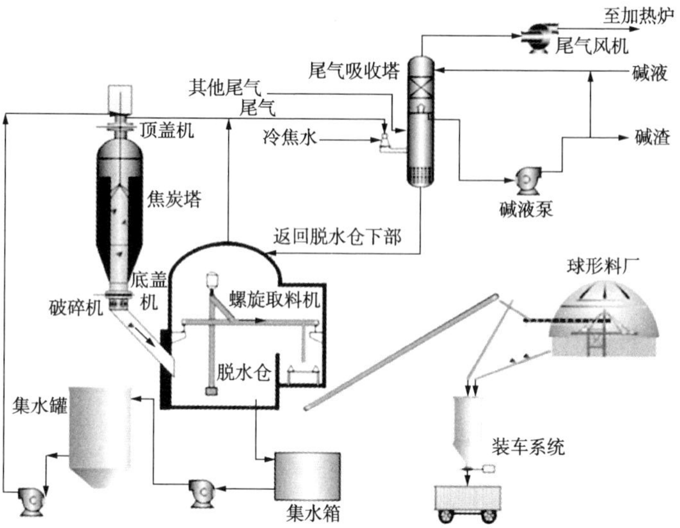

☞ **38. 简述中国石化开发的密闭除焦技术的特点。**

答：①利用原焦池改造成的脱水仓，容积可容纳一塔石油焦，除焦过程与取焦过程分开，和现有的延迟焦化的生产操作程序一致，取焦部分设备故障不会影响焦化装置生产；

② 来自焦炭塔的石油焦自流进入脱水仓，静止脱水后，采用螺旋提升机将干石油焦取出，系统能耗低；

③ 综合考虑了除焦过程中各种尾气收集并进行无害化处理，环保水平高；

④ 螺旋提升机、破碎机等设备采用专门设计，结构简单，易损件维护更换容易，可靠性高；

⑤ 系统全部采用远程智能控制，改善了除焦操作人员的作业环境，减轻了劳动强度；

⑥ 系统流程简单、施工周期短、投资少，尤其适合老装置改造。

☞ **39. 简述远程除焦系统的构成。**

答：①远程控制室：主控柜、远程操作台、视频监控系统；

② 塔顶操作室：备用操作台；

③ 现场：除焦检测传感器、钢丝绳拉力传感器、井架限位开关、计数开关、工业电视；

④ 变电所：顶驱变频柜、钻机绞车变频柜。

☞ **40. 简述远程除焦技术的特点。**

答：①除焦全过程在泵房控制室完成操作；

② 切焦检测依靠传感器和软件分析，动态实时展示，不再依靠人工判断；

③ 具备安全联锁保护功能，对各设备状态实时检测，紧急状况自动联锁停车；

④ 塔顶预留应急操作设备；

⑤ 除焦过程可以自动或手动完成。

☞ **41. 计算题。**

① 抓斗起升速度如何计算？

答：$\text{起升速度}(\text{m/min})=\dfrac{\text{电动机转速}(\text{r/min})\times\text{卷筒直径}(\text{m})\times\pi}{\text{减速器速比}\times\text{滑轮组倍率}}$

式中：滑轮组倍率为钢丝绳分支数的 1/2(动滑轮组数)。

② 制动距离如何确定？

答：大车和小车运行机构的制动距离：

最小距离：$S_{\text{最小}}=\dfrac{v^2}{5000}(\text{m})$

其中 v 为运行机构速度，5000 为固定系数；

最大距离：大车 $S_{\text{最大}}=\dfrac{8V}{120}(\text{m})$

小车 $S_{\text{最大}}=\dfrac{6V}{120}(\text{m})$

起升机构的最大制动距离：

轻级（JC%＝15%）的，$S_{最大}=\frac{8V}{120}(m)$

中级（JC%＝25%）的，$S_{最大}=\frac{8V}{100}(m)$

重级（JC%＝40%）的，$S_{最大}=\frac{8V}{80}(m)$

③ 6×37+1 的钢丝绳，其直径为 13mm，破断拉力为 9720kg，允许拉力为 1250kg，安全系数为多少？

答：安全系数＝破断拉力/允许拉力＝9720/1250＝7.776

④ 有一台桥式起重机，大车电动机的转速为 960r/min，车轮直径为 0.6m，减速器速比是 16.24，求这台起重机每分钟行走的距离是多少？

答：速度＝电动机×转速×车轮直径×π/减速器速比

＝960×0.6×3.14/16.24≈111.4m/min

⑤ 大车电动机每分钟 705 转，减速器的齿轮 $Z_1=24$，$Z_2=75$，$Z_3=20$，$Z_4=80$，问减速器的传动速比及减速器输出轴的转数是多少？

答：减速器的速比 $i=(Z_2\times Z_4)/(Z_1\times Z_3)=(75\times80)/(24\times20)=12.5$

输出轴的转数 $n=n/i=705/12.5=56.4$r/min

八、电　　梯

1. 电梯是由哪些主要系统组成的？

答：①曳引系统；

② 导向系统；

③ 输入轿厢系统；

④ 重量平衡系统；

⑤ 电力拖动系统；

⑥ 门系统；

⑦ 电气控制系统；

⑧ 安全保护系统。

2. 曳引系统是由哪几部分组成的？

答：主要由曳引机、曳引钢丝绳、导向轮、反绳轮等组成。

3. 轿厢的结构与功能如何？

答：组成：由轿厢架的轿厢体组成。

功能：用以送乘客和货物的电梯组件是电梯的工作部分。

☞ **4. 电梯的基本参数有哪些?**

答: ①电梯的用途;

② 额定载重;

③ 额定速度;

④ 拖动方式;

⑤ 控制方式;

⑥ 轿厢尺寸;

⑦ 门的尺寸。

☞ **5. 电梯型号代表的含义有哪些?**

答: 电梯型号中有控制方式、额定速度(主参数)、额定载重量(主参数)、改型代号、拖动方式、产品品种(组)、产品类别(类)。

☞ **6. 电梯岗位常用术语有哪些?**

答: ①提升高度;②层站;③底层端站;④顶层端层;⑤基站;⑥平层;⑦平层区;⑧平层准确度;⑨电梯司机;⑩检修运行。

☞ **7. 电梯易出现哪些不安全工作状态?**

答: ①超速;②失控;③终端越位;④撞底;⑤冲顶;⑥不安全运行;⑦非正常停业;⑧关门障碍。

☞ **8. 电梯安全保护系统由哪些部分组成?**

答: 电梯安全保护系统由以下部分组成:

① 限速器、安全钳、电梯失控与超速保护;

② 终端限位装置,以强迫换速,切断控制电路、切断动力电源三级保护,致使电梯在上、下端站越位时停止运动;

③ 缓冲器、电梯冲顶与撞底保护;

④ 轿厢超载装置门电气联锁装置、限速器断绳开关选层器断带开关,电动机断相、错相保护电路,构成电梯不安全运行防止系统;

⑤ 轿厢内警铃、电话、对讲机、轿厢安全窗、轿厢门手动开门设计、安全门、曳引机手动盘车装置、自发电运行装置等构成电梯不正常停止处理系统;

⑥ 门光电装置、门电子检测装置、门安全触板,构成门安全保护系统。

☞ **9. 电梯发生异常时,应注意哪些问题?**

答: ①当电梯门关闭,但不能启动时应首先按下开门按钮,如门打开,则表明门锁未能安全锁合,电梯控制线路未接通。此时可重复做关门动作,如不见效通知维修人员前来排除故障。然后按下开门按钮,如门不能打开,则应立即按下急停按钮,断开电梯控制线路。

② 电梯在行驶中，发现运行速度有明显升高或降低时应立即就近靠停，停止使用，进行检查。

③ 当发现电梯的门没有关闭，而仍能启动运行时，应立即停用，进行检查。

④ 当电梯门关闭后，尚未有运行指令，电梯已开始运行时，应立即停用，进行检查。

⑤ 当电梯的运行方向与指令相反时，应停止使用，进行检查。

⑥ 电梯在运行时，如发现有异常噪声、振动冲击时，应停用检查。

⑦ 电梯无论在停止或行驶时，发现有失控现象，应立即按下急停按钮。

⑧ 当发现电梯任何金属部位有麻电现象时，发生安全钳误动作时，应停用检修。

☞ **10. 电梯处于紧急状态时应采取哪些措施?**

答: ①当电梯失控，虽已按下急停按钮，也无法制止时，梯内人员应保持冷静，切勿打开轿门，企图跳出轿厢。

② 电梯在行驶中突然发生停车时，轿内人员应先用警铃、电话等联系设备，通知维修人员，由维修人员设法移动轿厢至附近厅门口，然后将急停按钮按下，用人力打开轿门，撤离轿厢。

③ 当电梯在安全钳动作而停止时，应先用警铃、电话等联系设备召唤维修人员前来营救，在人员从安全窗撤离前，应先按下急停按钮。

第七章　装置开停工操作

一、停 工 原 则

☞ 1. 装置出现哪些情况需要紧急停工？

答： 当装置出现长时间大面积停电、长时间供水、汽、风中断，装置无法维持生产，关键部位发生泄漏、着火、爆炸及重要设备事故，威胁到装置安全生产等情况都需要紧急停工。

☞ 2. 焦化装置紧急停工的处理原则是什么？

答： ①向上级汇报并与有关单位联系，启动紧急事故处理预案。

② 如有设备事故则立即切出事故设备。

③ 切断原料进料，加热炉紧急熄火、降温，打开快开门自然通风。

④ 对流、辐射改好紧急放空流程，加热炉提注水量或注汽量(停电时吹蒸汽)，向炉管吹汽；在预热塔满足切换条件时，四通阀切至预热塔，若无预热塔或预热塔不满足切换条件，则四通阀切至甩油罐。

⑤ 分馏塔顶富气改放低压瓦斯系统。

⑥ 停运压缩机。

⑦ 四通阀切至开工线位置，走甩油罐流程，生产塔按正常冷焦处理。

⑧ 对各重油线进行退油吹扫。

⑨ 稳定脱硫系统尽量维持循环，循环不能维持时，应保持系统内压力，并防止高压窜入低压。

☞ 3. 装置紧急停工应注意哪些内容？

答： ①保护作业人员人身安全。

② 保护加热炉，采取紧急降温措施，防止炉管结焦。

③ 保护辐射泵、压缩机、高压水泵等关键设备完好。

④ 加强与调度和相关装置的联系。

⑤ 生产塔生产时间较短的，冷焦应冷透，防止出软焦。

⑥ 及时与相关单位联系，减少对上下游装置的影响。

二、装 置 开 工

☞ 1. 新建装置开工的主要步骤有哪些？

答：新建装置的开工主要步骤有：

① 装置工程质量全面大检查。

② 水冲洗。

③ 蒸汽吹扫、贯通。

④ 水联运。

⑤ 单机试运。

⑥ 加热炉烘炉。

⑦ 试密及置换。

⑧ 柴油冷、热运。

⑨ 蜡油-渣油开工。

⑩ 吸收部分开工。

⑪ 调整操作，正常生产。

☞ 2. 装置水冲洗的准备工作及注意事项有哪些？

答：①水冲洗前，改水冲洗流程时要加强检查，冲洗流程所有阀门要关闭。在冲洗时，再根据需要打开有关阀门。

② 分馏塔顶回流线先冲洗到塔壁阀前拆法兰放空，干净后，回装塔壁阀前法兰，进行分馏塔装水，塔底排放冲洗。

③ 装置水冲洗过程中，冲洗水不能进塔，只在塔壁阀前拆法兰放空。

④ 水冲洗前要拆除单向阀、流量计，水冲洗在该处放空，干净后回装复位，再冲洗后续管线、设备；对于调节阀，要拆下调节阀，先在上游阀处放空，干净后停放空，再改通副线，在下游阀处放空，干净后停放空，冲洗后续管线、设备；对于孔板，拆下后装回法兰再继续水冲洗。

⑤ 塔和容器顶部的放空阀在进水前应先打开。进容器前先要拆开容器前法兰，待水冲洗干净后再装回法兰引水进容器，打开容器底放空，待水见清后关回放空，继续后续管线的冲洗。

⑥ 对于冷换设备，拆开进口阀后法兰、出口阀前法兰，水冲洗时先打开进口阀，在阀后法兰放空，干净后停放空，改通副线，打开出口阀，在阀前法兰放空，干净后停放空；冷换设备的进口管线在水冲洗干净后，回装进口阀后法兰，引水冲洗冷换设备，在出口阀前法兰处放空，后续管线、设备改通副线引水冲洗。

⑦ 联系仪表关闭所有仪表引出阀。

⑧ 机泵入口有 Y 型过滤器的必须拆开 Y 型过滤器中的过滤网，并且把泵的

进口法兰前短管、出口法兰后短管拆下，水冲洗时先在进口阀后法兰处放空，干净后停放空，改通泵进出口连通阀，在出口阀前法兰处放空，干净后停放空；泵进出口管线冲洗干净后，回装离进口管线远的一台泵的进出口法兰处短管，然后开泵冲洗后面的管线，另一台备用泵进出口处拆开的短管不用回装，但要关好阀门，留待用蒸汽吹扫管线时放空用。后续管线、设备改通泵进出口连通阀或开泵引水冲洗。

⑨ 启动机泵要密切注意电机的电流表，防止超负荷，如发现过滤网堵塞或管线堵塞，应及时停泵，清洗过滤网或处理堵塞部位。

⑩ 为保证系统冲洗有足够的水压和水量，应逐一打开各排放点，水质干净后要及时接好法兰。

⑪ 装置外部管线与调度联系后方可冲洗。

⑫ 所有设备管线包括正、副线及连通线、支线、采样器，凡能参加冲洗的都要冲洗，各低点放空和采样口要定期打开排放。

⑬ 认真检查排水系统是否畅通。

⑭ 装置水冲洗干净后，除因水冲洗需要，冷换设备的进口阀后法兰、单向阀、容器(塔除外)进口法兰、离进口管线远的一台泵的进出口法兰处短管回装复位外，其余拆开的法兰、孔板等暂不回装复位，但要关好阀门，留待用蒸汽吹扫管线时放空用。

⑮ 水冲洗过程中，要用布、石棉布等封住敞口管道，用铝皮、铁板或木板盖住机泵、冷换设备的进出口法兰(已拆开)、容器的进口法兰，防止冲洗杂物进入设备内。水冲洗时，要逐段管线进行，逐点进行放空。

⑯ 各系统按规定做好冲洗过程记录。

☞ 3. 加热炉如何进行试压?

答：首先改好试压流程：

注水泵→加热炉辐射进口→炉出口→四通阀
　　└→加热炉对流段→辐射泵出口

其次进行试压，具体步骤如下：四通阀前装好盲板后，用临时注水泵送水至辐射段入口，拆下炉出口现场压力表，打开压力引出阀放空赶空气，并打开辐射泵出口放空阀，待放净气体见大量水后关好压力引出阀和辐射泵出口放空阀。注意检查与炉子试压流程相连通的管线，如注汽、紧急防空线等边界阀必须关死，详细检查各压力表引压线是否畅通、准确可靠。继续送水 15min，停注水泵。关死注水进炉边界阀，启用试压泵抽水送至加热炉管，憋压至 6.3MPa 进行试压。在试压时要注意以下几点：

① 憋压时间保持 30min，压降≯0.3MPa。

② 检查法兰、垫片、盲板、焊口等密封点是否泄漏。有问题联系设备员及

时处理(注意若需调换阀门、法兰、垫片或重新焊接等，需将管内压力泄掉再处理)，处理完毕重新试压检查，直至完好不漏。

③ 若检查无问题，打开各放水点放空泄压。所装试压盲板拆除，8 字盲板复位。

☞ 4. 分馏塔气密操作步骤有哪些?

答: ①检查分馏塔的气密流程，并改好气密流程，投用安全阀。

② 做好与内操的联系，确认气密的压力。

③ 打开蒸汽阀门，达到气密压力停止充压，开始对分馏塔进行气密操作。

④ 对各法兰口等部位进行重点气密，并确保每一个点都到位，并做好漏点的标识工作。

⑤ 与内操联系确认气密压力的恒压情况。

⑥ 确认分馏塔的气密工作结束。

☞ 5. 新建焦化装置的开工难点是什么?如何处理?

答:

序号	难点	处理方法
1	加热炉烘炉	1. 烘炉严格按升温曲线。 2. 严禁重复点火，一旦熄火应进行炉膛吹扫后再点。 3. 引保护蒸汽时要注意脱水，并缓慢引入炉管。 4. 点火嘴时，要注意先中间，后两侧，对称点火的原则。 5. 烘炉时，有关的仪表要投用检验。 6. 做好烘炉的详细记录。 7. 注意控制烟气进空气预热器温度≯360℃
2	装置引入总蒸汽	1. 引蒸汽前，排净管线内的凝水。 2. 关闭各分支蒸汽的阀门。 3. 通入少量蒸汽暖管，在最远端开放空。 4. 排凝、暖管后，开始引汽一定要缓慢，严防水击，一旦发生水击，应立即停止进蒸汽，并适当开大放空。 5. 放空处要有专人监护，以免烫伤他人。 6. 蒸汽达到操作压力后，应立即开始捉漏，注意是否有蒸汽泄漏及凝水出现。 7. 各分支蒸汽引入方法同上
3	气密试验注意事项	1. 气密试验应按系统进行，注意由高压向低压试。 2. 气密试验要按计划进行，防止抢量造成 N_2 的流量、压力不足。 3. 每一根试验的管线，设备均必须安装 2 只以上经校验合格的压力表。 4. 系统升压时，必须有专人在现场监护，防止超压。 5. 查漏结束后，系统必须保压 2h，无问题再泄压。 6. 必须严格按气密试验标准进行，并做好详细记录，确认签字工作。 7. 注意安全，防止 N_2 窒息

续表

序号	难点	处理方法
4	柴油油运	1. 做好柴油进装置的计量工作，对装置内的循环量做到心中有数。 2. 控制好原料罐、分馏塔、甩油罐的液位在40%~60%。 3. 退油时做好计量工作，对设备内存油做到心中有数。 4. 做好分馏塔底、蜡油、中段、柴油集油箱脱水工作。 5. 做好升温各项工作，防止油气泄漏、外排
5	蜡油循环时系统脱水	1. 炉出口150℃，启动分馏塔底循环泵建立塔底循环。 2. 分馏塔顶温度>100℃后，分馏塔顶气液分离罐要设专人监护排水情况，及时进行排水。 3. 经常采样分析分馏塔内循环蜡油的含水量，直至合格
6	蜡油开工至350℃，设备、管线的热紧	1. 炉出口350℃恒温期间，应立即联系保运队伍对设备、工艺管线进行热紧。 2. 热紧要一段一段查下去，不能有遗漏的地方，对没有泄漏的地方，也要进行热紧，防止升温后泄漏。 3. 要做好热紧的详细记录，确认签字
7	变渣油条件的确认	1. 检查工艺、设备、仪表无问题。 2. 装置无泄漏。 3. 蜡油循环所暴露的问题已整改完毕。 4. 封油系统正常。 5. 加热炉出口在350℃恒温
8	加热炉进料泵投用条件确认	1. 确认分馏底渣油无水。 2. 炉出口温度达到350℃以上。 3. 加热炉进料泵泵体温度和分馏塔底温度的温差<50℃。 4. 封油确认无水，润滑、封油、冷却水、冷却蒸汽等系统循环正常。 5. 分馏底液位正常
9	切换四通阀条件的确认	1. 加热炉出口温度>460℃。 2. 开工焦炭塔确认无油，甩油罐抽净存油。 3. 开工焦炭塔顶温度>360℃，塔底温度>320℃。 4. 开工焦炭塔顶、底压力接近。 5. 冷却系统循环正常。 6. 满足上述条件后，切换四通阀

☞ **6. 装置的开工准备有哪些内容?**

答: ①联系调度、有关单位了解原料、燃料、汽、水、电、风等准备情况。

② 检查各检修项目是否全部通过验收，有不合格的立即返工。

③ 联系电气、仪表了解各机泵、仪表的检修情况及联锁试验情况。

④ 检查各管线的盲板是否复位。

⑤ 检查生产所需的化工原材料是否准备充分，检查各安全设施是否齐全好用。

⑥ 装置现场是否清理完毕，做到地面、平台无杂物。

☞ 7. 装置开工吹扫的目的和注意事项有哪些?

答: 新建装置或大修后,设备管线内部可能遗留焊渣及杂物,即使没有施工的部位也因停工产生大量的铁锈,为了保证开工顺利进行,需要吹扫清除杂物,使设备和管线保持干净,清除残留在管道内的泥沙、焊渣、铁锈等杂物,防止卡坏阀门,堵塞管线设备和损坏机泵。通过吹扫工作,还可以进一步检查管道工程质量,保证管线设备畅通,贯通流程,并促使操作人员进一步熟悉工艺流程,为开工做好准备。在对焦化装置进行吹扫时,应注意以下几个方面:

① 引吹扫介质时,要注意压力不能超过设计压力;

② 净化风线、非净化风线、氮气线、循环水线、新鲜水线、蒸汽线等一律用本身介质进行吹扫;

③ 冷换设备及泵一律不参加吹扫,有副线的走副线,没有副线的要拆入口法兰;

④ 要顺流程走向吹扫,先扫主线,再扫支线及相关联的管线,应尽可能分段吹扫;

⑤ 蒸汽吹扫时必须坚持先排凝后引汽,引汽要缓慢,严防水击,蒸汽引入设备时,顶部要放空,底部要排凝,设备吹扫干净后,自上而下逐条吹扫各连接工艺管线;

⑥ 吹扫要反复进行,直至管线洁净为止。必要时,可以采取爆破吹扫的方法。吹扫干净后,应彻底放空,管线内不应存水。

☞ 8. 装置停工如何做到密闭吹扫?

答: 随着国家对环保要求的日益严苛,作为重油装置的延迟焦化装置密闭吹扫尤为重要,通过优化吹扫、除臭、钝化方案等措施,确保停工吹扫过程“无乱排、无乱放、无异味”,实现重油装置“绿色停工”。主要方法如下:

① 退油前,重油系统采用蜡油或柴油热循环,降低吹扫难度;

② 做好停工退油工作,确保应退尽退;

③ 做好赶油工作,为密闭吹扫质量提供良好的条件;

④ 优化密闭吹扫流程,必要时增设临时密闭吹扫流程,确保吹扫时“气不上天、油不落地”;

⑤ 采用除臭钝化方案,防止密闭吹扫结束后硫化亚铁自燃。

☞ 9. 开工过程中各塔底泵为什么要切换?何时切换?

答: 开工过程中虽然对各塔底备用泵用预热方法进行顶水和赶空气,但是用预热方法顶水赶空气往往不能将水、空气全部带走,因此必须切换备用泵,使其存水随备用泵的运转而带走。恒温脱水阶段后期,各塔底备用泵要切换一次。250℃恒温热紧时,须再次切换备用泵。以上各阶段切换备用泵时,必须特别注意多进出口的备用泵，一定要将所有进出口相互置换，确保存水、空气全部带走，还可以让两台泵同时运转一段时间，切换后的机泵要按规定进行预热。

☞ 10. 贯通试压的注意事项有哪些?

答：①改动过的设备和管线都要按标准试压，试压合格后排尽存水。

② 吹扫贯通应先不经过调节阀和计量仪表等，即先走副线。

③ 引入水、汽、风及燃料时要缓慢，特别是蒸汽引入要防止水击，燃料引入前要用蒸汽赶空气，引入后要加强脱液。

④ 试压时，升压要慢，严禁超压。试压不合格，返工后再试压，直至合格。

⑤ 轻重污油线吹扫试压在最后进行。吹扫时隔断与其他相通管线。

⑥ 吹扫试压合格后，所有机泵都送上电。

⑦ 对于特殊的管道(润滑油等)、设备(塑性过滤网等)以及低温低压介质管道禁用蒸汽吹扫，应按规定水洗或干气置换吹扫。

☞ 11. 开工的主要步骤有哪些?

答：焦化部分开工的主要步骤：

① 吹扫贯通试压。

② 引瓦斯、引冲洗油、封油。

③ 点炉。

④ 引蜡油，建立蜡油循环，加热炉升温。

⑤ 加热炉升温、热紧，试翻四通(仅限手动四通阀)。

⑥ 变油。

⑦ 调整操作。

吸收稳定部分开工的主要步骤：

① 吹扫、贯通试压。

② 收油、收液态烃。

③ 系统充压。

④ 建立双塔循环。

⑤ 引富气开工。

脱硫部分开工的主要步骤：

① 吹扫贯通试压。

② 向系统内配制脱硫剂。

③ 系统充压。

④ 建立胺液循环。

⑤ 投用再生塔底重沸器，升温。

⑥ 引干气、液态烃，开工。

☞ **12. 并炉的主要步骤有哪些?**

答：准备工作：

① 按要求对开工焦炭塔进行试压。

② 检查开工加热炉流程，确认开工条件。

③ 联系调度、有关单位做好焦化并炉前的准备工作。

④ 协调开工炉与生产炉的生产周期安排。

通汽暖炉：

① 通汽暖炉流程。

辐射管：辐射泵出口集合管给汽→加热炉辐射管四通阀→开工线→焦炭塔的大油气线操作平台呼吸阀放空→甩油罐→甩油泵→放空塔底冷却器→污油罐。

对流管：对流分支阀后给汽→炉对流→放空塔。

注水管：先通汽保护，300℃后改为注水。

注水流程：注水罐→注水泵→炉注水管出口放空。

过热蒸汽管：蒸汽发生器汽包→炉过热蒸汽管出口放空。

② 对流、辐射管通汽暖炉后，加热炉点火。

③ 炉膛温度按升温曲线升温至350℃，设备热紧。

④ 四通阀给上汽封。

引油：

① 控制原料罐液位在70%~80%。

② 关闭对流暖炉蒸汽。

③ 打通对流引油至开工炉流程：对流阀组→开工炉对流管→放空塔。

④ 对流引油30min左右，将油改入分馏塔。

⑤ 关闭辐射暖炉蒸汽。

⑥ 做好辐射引油准备，改好辐射引油流程：辐射集合管→开工炉辐射管→四通阀→开工线→焦炭塔→甩油罐→甩油泵→放空塔底冷却器→重污油线→重污油罐。

⑦ 辐射引油后，焦炭塔立即甩油，并注意分馏塔液位。

⑧ 控制好放空塔底冷却器油路出口温度。

⑨ 辐射出口达到380℃，将注水改入辐射管。

⑩ 投用各控制仪表。

炉辐射出口升温至450℃：

① 按规定控制辐射对流出口分支流量。

② 加热炉按升温曲线升温，升温到300℃、350℃、400℃时分别试翻四通阀。加热炉改强制通风。

③ 升温至450℃时，加热炉恒温，并第四次试翻四通阀。

④ 各恒温期间加强对流程、设备的检查。

⑤ 焦炭塔顶油气温度达 300℃时，油气入分馏塔。

焦炭塔改底部进料：

① 加快甩油速度，加热炉继续速度升温。

② 调整分馏塔各部回流量。

③ 加热炉出口温度升温至 470℃左右，确认焦炭塔底无存油时，切换四通焦炭塔改底部进料，并迅速将炉温升至规定工艺指标要求的温度。

④ 拿尽甩油罐内存油，并扫线。

⑤ 焦炭塔开工线用蒸汽扫线。

⑥ 调节对流、辐射流量。

⑦ 加强分馏塔各部回流调节，严格控制各侧线抽出产品质量。

☞ **13. 开工时为什么要进行设备热紧？**

答：因为装置在检修后，所有的法兰、螺栓等连接件都已在常温下紧好，但由于各种材料的热膨胀系数都不一样，温度升高后，高温部位的密封面就有可能会发生泄漏。因此在升温过程中需要进行恒温热紧。一般来说，焦化装置在开工过程中，当炉出口温度升到 250℃、350℃和 450℃时，需要对设备进行热紧。

☞ **14. 蜡油循环的目的是什么？**

答：焦化装置开工中进行蜡油循环，主要目的有：

① 脱除系统中因蒸汽吹扫而下的水分。

② 进一步贯通流程。

③ 考察仪表的运行情况。

④ 将加热炉温度升到一定程度，为进渣油做好准备。

☞ **15. 开路循环与闭路循环的区别是什么？**

答：在焦化装置开工中，一般先走开路循环达到条件后再改为闭路循环。开路循环的流程是蜡油进入焦炭塔后，由塔底进入甩油罐，再由甩油泵甩油至污油罐(或出装置)。而闭路循环的流程是蜡油进入甩油罐后，由甩油泵甩油至原料罐。

☞ **16. 开路循环期间置换水要注意什么？**

答：①尽快地将系统中的水置换出去，减少污油量；

② 换热器和控制阀副线要按流程活动一次；

③ 机泵启运后及时投用备用机泵预热线；

④ 备用机泵按流程顺序切换一次。

☞ **17. 开路循环到什么时候可以改为闭路循环？**

答：当开路循环的流量稳定、加热炉温度升到规定值、相关机泵运行正常且循环介质中水含量合格后即可改为闭路循环。

☞ **18. 什么时候装置可以变渣油?**

答：变渣油的条件对各个具体装置来说不完全一样，但需达到的条件有：

① 蜡油循环分析含水量达标，系统内脱水完毕；

② 加热炉温度升到规定值；

③ 各相关仪表运行正常稳定；

④ 渣油甩油头已完，采样含水率达到规定值。

三、装 置 停 工

☞ **1. 装置停工前要做哪些准备工作?**

答：①全面检查停工前的准备工作，准备好停工用的盲板；

② 确认焦炭塔是否达到正常换塔要求；

③ 分馏塔底循环泵提前预热，为退油开泵做好准备；

④ 联系电气、仪表、钳工配合装置停工；

⑤ 重污油线扫线贯通，改好甩油罐污油直接外甩流程；

⑥ 组织好停工扫线人员，全体操作人员熟悉停工、扫线方案；

⑦ 停工前 2h，封油罐收满封油以作备用。

☞ **2. 单炉停工有哪些主要步骤?**

答：①降温降量，提注水(汽)量，切换四通调整操作；

② 切断进料，油气改去放空塔；

③ 吹扫加热炉，熄灭火嘴，保持炉膛缓慢降温；

④ 启动开工泵甩油，调整分馏操作。

☞ **3. 装置检修时应按什么顺序开启人孔? 为什么?**

答：装置检修时，开启人孔的顺序是自上而下，即应先打开设备(塔或容器)最上的人孔，而后自上而下依次打开其余人孔。以便有利于自然通风，防止设备内残存可燃气体，使可燃气体很快逸出，避免爆炸事故，并为人员入塔(器)逐步创造条件。有的厂是自上而下打开上中下三个人孔，也是便于自然通风，为人员入塔(器)创造条件。在打开设备(塔或容器)底部人孔前，还必须再次检查低点放空阀是否确实打开，设备底部残存有温度较高的残存液位而造成开人孔时的灼伤事故。塔(器)必须经自然通风，化验分析合格后，办理入塔(器)工作票，方可入塔(器)工作。塔(器)采样化验分析是为了防止入塔(器)窒息中毒和有残剩油气动火时发生爆炸着火，确保动火工作安全。

☞ **4. 汽油线扫线前为什么要用水顶?**

答：汽油线扫线前先用水顶是出于安全方面考虑。如果用蒸汽直接扫汽油线，那么汽油遇到高温蒸汽会迅速汽化，大量油气高速通过管线，在这个过程中极易产生静电，这是很危险的。如果扫线前先用水顶，那么管线内绝大部分汽油会被水顶走，再扫线就比较安全了。

☞ 5. 停工时蒸塔的目的及注意事项有哪些？

答：装置停工后，各侧线虽然已向装置外扫线，但是各回流、塔进料线等全部是向塔内扫线的，再加上塔盘上还有很多残余介质，若不处理干净，空气进入后将形成爆炸气体。因此通常需要采用蒸塔的方法来处理塔内油品、油气。蒸塔时应注意以下几点：

① 塔顶流程必须按正常生产时的流程进行，不得遗漏任何冷凝冷却设备。

② 所有侧线抽出阀底抽出阀均要关闭，防止蒸汽窜入侧线。

③ 必须保证一定的蒸汽量和足够的给蒸汽时间。

④ 蒸塔时给蒸汽一般以塔底给汽为主，适当在塔底加入一定量的新鲜水，要注意水量防止水击。

☞ 6. 吸收稳定停工操作的要点有哪些？

答：停工操作的吸收稳定要点是：

① 关闭干气去脱硫阀门，保持再吸收塔的压力。

② 停再吸收塔，停吸收油循环。

③ 将再吸收塔内的柴油自压到分馏塔。

④ 将焦化富气缓慢切出吸收稳定系统。

⑤ 焦化粗汽油改直接出装置。

⑥ 停富气洗涤水。

⑦ 稳定塔、吸收解析塔重沸器降温至规定值后，切出热源。

⑧ 保持双塔循环，维持系统压力。

⑨ 将装置内液化气、汽油尽最大可能地送出装置至油品罐区。

⑩ 系统向高压瓦斯泄压后，再向火炬泄压。

⑪ 泄压结束后，可用蒸汽将残留的物料吹至低压瓦斯系统。

⑫ 向吸收稳定系统进水配入脱臭剂，进行循环脱臭。

⑬ 除臭结束后可进行蒸汽吹扫，吹扫后再进行钝化处理。

⑭ 钝化结束后再蒸塔、蒸罐，然后打开塔、容器顶放空、低点排凝，经分析合格后，可交检修单位检修。

☞ 7. 脱硫系统停工操作的要点有哪些？

答：①将原料气切出脱硫，联系调度放火炬。

② 脱硫系统内压力与系统压力平衡时，关闭净化干气出装置阀。

③ 酸性气体出装置改放火炬。

④ 将焦化液化气尽量送出装置，当液态烃脱硫塔压力与外界压力平衡时，关闭液态烃出装置总阀。

⑤ 维持胺液在各塔循环（干气脱硫塔、液化气脱硫塔、再生塔），对系统内

胺液进行再生。

⑥ 贫液经再生浓缩后，视化验分析数据，再生塔重沸器开始降温，停用热源蒸汽。

⑦ 贫液冷却至温度40℃后，停胺液循环。将系统内溶剂退至溶剂储罐。

⑧ 脱硫系统向火炬泄压，并用蒸汽将残留的物料吹至低压瓦斯系统。

⑨ 脱硫系统加脱臭剂，进行循环脱臭。脱臭结束后，进行蒸汽吹扫。蒸汽吹扫结束后进行钝化，然后进行水冲洗、蒸塔、蒸罐。

⑩ 处理结束后，打开塔、容器顶放空，低点排凝，经测爆分析合格后，交检修单位检修。

四、加热炉烧焦

☞ 1. 加热炉辐射炉管烧焦的主要步骤有哪些？

答： A. 烧焦前的准备工作：

① 辐射炉管，对流炉管完成扫线工作。

② 关闭辐射炉管吹扫蒸汽和四通阀汽封。

③ 将辐射炉管压力撤除后，拆下四通阀前短管，接好烧焦弯头。

④ 拆除烧焦用风、汽盲板。

⑤ 检查烧焦罐周围及消防设施是否完善。

⑥ 组织操作工学习、掌握烧焦方案。

B. 辐射炉管烧焦：

① 检查瓦斯系统，引瓦斯至炉前，具备点火条件。检查非净化风系统，并联系调度，风压应保持在0.4MPa以上。

② 注水、过热蒸汽线通蒸汽保护。辐射炉管开始正常通汽。对流管给水保护，并经对流出口放入紧急放空线，在放空塔排空。

③ 向炉膛吹汽15~20min，烟囱冒白汽5min后开始点火(按正常开工炉点火要求操作)。点火后，保持炉膛温度200℃左右，恒温1h后升温。

④ 炉膛升温参考速度：400℃前，100℃/h；400~600℃，80℃/h。

⑤ 炉膛温度达550℃时，即可开始通风，同时应适当减小蒸汽，注意配汽、配风量，并观察炉管温度变化及排烟情况。根据排烟情况决定烧焦罐内是否喷入新鲜水。

⑥ 炉膛温度在能保证管内焦炭燃烧的条件下，应尽量低些，一般来说正常烧焦炉膛温度<600℃，最高≯800℃，具体需要根据炉管材质来确定。

⑦ 炉管内焦炭燃烧后，应随时检查排烟情况和炉管颜色，应做到以下几点：

a. 排烟不得浓，脱下的焦粒不应太大，一般以2mm左右为宜。

b. 炉管燃烧颜色以暗红为好，不可过红(桃红，甚至黄红色)；燃烧炉管不得超过两根。

c. 为判断燃烧情况，必要时可暂时停火观察。

d. 如发现炉管过红，应及时减少风量，增大吹汽。

e. 在烧焦过程中，应随时注意防止炉管发生堵塞，特别应注意两侧的情况，防止一组堵塞，烧坏炉管。

f. 如遇雨天，暴露在露天的管线应做好防护措施。

⑧ 烧焦时，应维持以下操作条件：

a. 注水出口温度≯300℃。

b. 过热蒸汽温度≯350℃。

c. 对流出口温度≯200℃。

d. 辐射管表面温度：正常≯550℃；燃烧处≯700℃。

e. 用红外线测温仪随时测定烧焦管处炉管表面温度。

f. 烧焦时，不能影响生产炉正常注水，如有影响，调节烧焦炉对流注水量。

⑨ 当最后无焦粒，有红灰出现时，可将炉膛提至最高指标，适当增大风量，减少汽量(根据情况可逐渐关死)，继续烧15min左右，并不断检查炉管颜色，出灰情况，也可参照辐射出口温度，当炉出口温度下降说明烧焦已完全。

⑩ 确认炉管内焦烧尽后，辐射改为吹汽。烧焦过程中要详细记录有关操作条件及排焦情况。

⑪ 降温停炉。

当烧焦完成后，炉膛温度按规定速度降温至350℃后，保留长明灯或保留一只火嘴，熄灭其余火嘴，使炉膛自然降温。炉膛温度降至200℃时，停止对流管蒸汽保护，停过热蒸汽给汽、注水给汽。拆炉出口盲法兰，检查烧焦情况。

☞ **2. 加热炉烧焦的原理是什么？**

答：加热炉烧焦的原理是利用向炉管中交替通入空气和蒸汽，使炉管内的结焦层燃烧掉，并通过蒸汽吹扫出炉管。与此同时，烧焦时炉管温度较高，蒸汽吹扫时炉管温度下降，客观上也形成了一定幅度的热振，有利于焦层的剥落。

五、加热炉清焦

☞ **1. 目前国内延迟焦化加热炉常用的清焦的方式有哪些？**

答：①机械清焦；

② 在线变温清焦；

③ 在线恒温清焦。

☞ **2. 简述机械清焦的原理。**

答：利用高压水泵(3~4MPa)产生的水压将清焦球推入结焦的管道内作为除垢工具在炉管内来回运动，通过清焦球表面附带的螺钉状金属物对管道内壁做机械摩擦，将附着在管道内壁上的结焦、污垢及锈刮除掉。

☞ **3. 简述机械清焦的特点。**

答：①在不停工的情况下进行管道清焦工作，减少了因停车而带来的经济损失。

② 清焦时间短，一般 1200kt/a 的焦化加热炉直接清焦时间为 36h 左右。

③ 相比传统的烧焦来讲，对炉管几乎没有损伤。

④ 清焦效果达 99.8%以上，管道内壁呈现金属本色，管道洁净度高。

⑤ 减少燃气的消耗和操作危险性。

⑥ 减少废气和烟尘的排放。

⑦ 减轻工人的劳动强度，提高了工作效率。

☞ **4. 简述在线变温清焦的原理。**

答：在线变温清焦利用的是"热振"原理，就是在焦化加热炉不停炉的条件下，对多管程加热炉中的某一列管程进行蒸汽清焦，利用炉管金属和焦垢的热膨胀系数的不同，通过大幅改变蒸汽量和管壁温度使焦层剥落，达到清焦目的。

☞ **5. 在线变温清焦的步骤有哪些?**

答：准备工作：

① 联系仪表，对加热炉出口温度、炉管壁温、炉膛温度热电偶进行校对，确保其准确。

② 准备好烧焦使用的光学高温计。准备好在线清焦用蒸汽：压力 3.5MPa，流量 4.5t/h，做好在线清焦蒸汽管的暖管工作。

③ 在线清焦方法适用于 Cr_9Mo 炉管，需要 36h 来完成。炉管的最高表面温度<705℃。

④ 解除联锁，先开大烟道挡板，缓慢打开自然通风门。

操作步骤：

① 该操作应在四通阀切换后 3~5h 进行，防止焦炭塔过冷。在线清焦期间，要随时监视进行在线清焦组炉管的壁温，不能超高。

② 将进行在线清焦那组炉管逐步降量，同时提高另三组的进料量，保持总量稳定，并逐步关小进行在线清焦组的进料分支阀。在降量的同时，关闭该组 50%的火嘴，以降低温度，控制其出口温度在 400℃。在降量或提量时，注意控制好各组炉管的出口温度，降量速度不宜过快，同时根据进料量的变化，在工艺指标范围内调整各点注汽量。

③ 打开在线清焦蒸汽入炉管的阀门，逐步关闭进行在线清焦组炉管的进料阀，提高蒸汽流量，使该组的压力和其他三组进料管保持一致(或略高)。切断进料后，自切断阀处开蒸汽吹扫炉管 2h 左右。

④ 调节该组燃料气，使该组出口温度迅速提高到 470℃，维持 20min，并保持加热炉总出口温度不小于 488℃。在 2h 内，将该组出口温度缓慢升至 560℃，恒温 3~4h。在升温过程中及时调节蒸汽流量，保持炉管的入口压力比其他三组略高。

⑤ 迅速将加热炉清焦管程的出口温度降至 440℃。同时调节蒸汽流量，保持炉管的入口压力比其他三组略高。第一次降温速度控制在 30min 左右。5min 后，再快速将进行在线清焦组炉管出口温度提至 560℃，并恒温 2~3h。

⑥ 在升温过程中，注意调节烧焦蒸汽量，保证该组入口压力比其他三组压力略高，同时注意保持其他三组炉管的进料量和出口温度，维持生产平稳。

⑦ 重复上述升温、降温操作，直至四通阀切换前 3~4h。详细记录炉管壁温热电偶的指示情况，控制每点温度<705℃。通过控制阀提高或降低蒸汽量及控制燃烧来调节。

⑧ 清焦结束后，将该组炉出口温度降至 415℃，打开进料切断阀，逐步关小清焦蒸汽流量，直至关严蒸汽阀，同时调整炉管注汽。

⑨ 调整加热炉火嘴，使该组出口升温到正常值。在线清焦时，应注意焦炭塔顶压力、分馏塔的操作及分馏塔顶油水分离器的界位，防止冲塔，同时要注意进行在线清焦炉管的壁温不能超温。

☞ **6. 简述在线恒温清焦的原理。**

答：延迟焦化加热炉炉管在线恒温清焦是利用炉管材质与炉管内壁焦炭的热膨胀系数不同，当炉管温度下降时，炉管收缩，挤压炉管壁内的焦炭层，使焦炭层出现裂纹，当炉管温度再次上升时，炉管与管壁内的焦炭层分离，此时炉管内流通的高速蒸汽不断冲刷炉管，从而将管壁上焦炭剥落下来，而剥落下来的焦炭，随着蒸汽被吹入焦炭塔内。该过程是在一个辐射室处于正常生产状态向焦炭塔提供进料，而另一个辐射室切断进料进行蒸汽清焦的过程。在线恒温清焦技术避免了加热炉单炉停工，与一般加热炉炉管烧焦相比，能耗更低，影响的处理量更小，同时大幅降低了加热炉停开工的风险。

☞ **7. 在线恒温清焦的步骤有哪些？**

答：①降低烧焦炉管流量，并提高炉管注汽量；

② 降低烧焦炉管出口温度，并稍提另一炉膛炉管出口温度；

③ 清焦炉管出口温度降至 400℃后切断烧焦炉管进料，并在切断阀后给汽吹扫；

④ 熄灭火嘴，烧焦继续降温；

⑤ 1h 后烧焦炉膛点火升温；

⑥ 维持烧焦炉管表面温度 670℃，直至清焦结束。

第八章　生产异常及事故处理

一、原料系统

☞ **1. 原料油中断如何处理？**

答：原料油中断一般都是原料输送环节出现故障。处理方法有：

① 联系调度，查明原因，尽快恢复对装置供料。

② 根据生产情况停止蜡油出装置，将蜡油改回原料罐，并降处理量至最小允许值。

③ 调整辐射流量，加大注水(汽)量，控制好分馏塔底液位。

④ 当原料较长时间不能供给，生产不能维持时，则按停工处理。

☞ **2. 原料油罐冒油如何处理？**

答：原料油罐冒油的原因有：

① 原料油大量带水或串汽；

② 液位过高；

③ 仪表指示失灵。

处理方法有：

① 联系调度、相关单位，消除原料线上的串汽点；

② 联系调度、相关单位，暂停或减少原料进料，加大对流进料量；

③ 联系仪表修理。

☞ **3. 原料油带水如何处理？**

答：原料油带水的原因有：

① 油品罐区脱水未脱尽。

② 与原料相连的蒸汽管线阀门内漏或未关严，使蒸汽漏入原料。

现象：

① 加热炉对流出口温度下降。

② 分馏塔底液位大幅波动。

③ 分馏塔顶压力波动。

④ 分馏塔顶回流罐界位快速升高。

⑤ 分馏塔各侧线集油箱液位大幅波动，严重时分馏塔冲塔，各侧线产品颜

色变深，组分变重。

处理方法有：

① 如果是油品脱水未尽，应联系切换原料罐或加强脱水。

② 如果是相连管线泄漏应立即查找泄漏点并及时处理。

③ 适当降低处理量，防止加热炉超负荷。

④ 稳定分馏塔底液位防止辐射泵抽空。

⑤ 加大分馏塔回流罐污水抽出量，防止界位过高、汽油带水。

⑥ 控制分馏塔顶回流罐液位防止汽油带入压缩机入口。

⑦ 各侧线产品如不合格应立即改线，并加大回流量。

二、加热炉系统

☞ 1. 加热炉炉管损坏如何处理？

答： 加热炉炉管损坏的现象有：炉管氧化剥皮、炉管弯曲以及炉管腐蚀等。

主要原因有：

① 传热恶化，局部过热。

② 火焰长期舔炉管。

③ 管内结焦。

④ 管内介质的冲刷腐蚀以及管内、外腐蚀等。

处理方法有：

① 调整炉火，保持各点温度均匀，防止火焰直接舔炉管。

② 保持一定的注水(汽)量和炉管内介质的流速，防止炉管结焦。

③ 在紧急停炉等非正常操作时，吹扫尽炉管内的渣油，防止炉管结焦。

④ 控制好吹灰频率，防止对流结灰、烟气偏流造成腐蚀。

⑤ 选择合适的炉管材质，减少腐蚀的影响。

⑥ 定期对加热炉的运行状况和炉管情况进行检测。

☞ 2. 过热蒸汽炉炉管破裂如何处理？

答： 原因是管线腐蚀。

处理方法有：

① 适量通蒸汽保护过热蒸汽炉炉管。

② 适当减少蒸汽发汽量。

③ 待停炉时，检查并更换泄漏过热蒸汽炉炉管。

☞ 3. 加热炉炉管泄漏如何处理？

答： 原因有：

① 炉管结焦，表面温度过高，造成局部过热。

② 因仪表失灵等造成偏流、干烧。

③ 炉管使用周期长、原料劣质化，造成炉管强度下降。

④ 炉管选材不当、焊接质量不合格等。

处理方法有：

① 烧穿呈小孔时，进行降温停炉。

② 严重烧穿时，进行紧急停炉。

③ 更换炉管，提高炉管材质等级。

4. 加热炉炉墙内衬脱落如何处理？

答：原因有：

① 耐火砖挂钉腐蚀脱落。

② 衬里进水，烘炉升温过快，炉墙龟裂脱落。

处理方法有：

① 脱落面积小，不影响生产时，可加强监控继续运行加热炉，并有计划停炉检修。

② 脱落面积大，对安全生产造成威胁时，应进行紧急停炉。

5. 对流炉管结焦如何发现？如何处理？

答：发现：

① 对流分支流量变小，甚至回零；

② 对流分支出口温度超指标；

③ 严重时对流出口管线变红。

处理方法有：

① 立即降低对流出口温度到350℃以下；

② 控制阀改手动，关小未结焦对流分支入炉流量，对结焦分支进行大流量贯通；

③ 启动备用泵，适当提高对流入口压力；

④ 以上处理无效时，应立即作停炉处理。

6. 加热炉注水炉管腐蚀穿孔如何处理？

答：原因是烟气长期偏流，导致部分炉管腐蚀。

处理方法有：

① 注水改为辐射直接注水。

② 注水管通蒸汽保护。

③ 加强对流段吹灰，调整烟道挡板开度，防止烟气偏流，避免腐蚀加剧。

☞ **7. 辐射炉炉管结焦如何处理?**

答: 原因有:

① 辐射出口温度过高或仪表指示温度偏低。

② 注水(汽)量不足或中断。

③ 辐射偏流、流量中断或过小。

④ 火焰控制不好，造成炉管局部过热。

⑤ 原料含盐量过大或性质变化太大。

⑥ 炉管清焦不良。

处理方法有:

① 适当降低炉出口温度，校验仪表，查明温度过高的原因。

② 适当降低炉出口温度，查明注水(汽)不足或中断原因，及时恢复正常注水(汽)。

③ 平衡辐射分支流量，恢复辐射流量至正常。

④ 根据原料变化调整操作条件。

⑤ 根据生产情况适时安排停炉烧焦。

☞ **8. 燃料瓦斯带液如何处理?**

答: 燃料瓦斯带液有三种情况，一种是带水，另一种是带胺液，还有一种是带烃类，其原因分别是:

① 蒸汽加热盘管破裂或系统瓦斯带水。

② 上游瓦斯脱硫装置跑胺。

③ 瓦斯分液罐未及时脱液。

④ 蒸汽伴热未开大。

处理方法有:

① 停止蒸汽加热，加强燃料气罐脱水。

② 联系调度、有关单位，加强瓦斯系统的脱水和平稳操作，减少带胺。

③ 按要求对燃料气罐进行脱水操作，并检查伴热情况。

④ 若火嘴熄灭的数量较多，应紧急切断瓦斯，吹扫炉膛后再重新点炉。

☞ **9. 注水(汽)不足或中断原因有哪些? 如何处理?**

答: 原因有:

① 注水泵故障。

② 注水炉管腐蚀穿孔、局部泄漏。

③ 注水(汽)流量表不准或指示偏大。

④ 注水相关换热器内漏。

⑤ 注汽用系统蒸汽中断或系统软化水中断。

⑥ 晃电。

处理方法有：

① 切换注水泵，并联系修理故障泵。

② 改直接注水。

③ 联系仪表校表。

④ 停用泄漏的换热器。

⑤ 联系调度尽快恢复供水(汽)，注水短时改新鲜水代替，适当降温降量。

⑥ 重新启动注水泵。

☞ **10. 加热炉出口法兰泄漏如何处理?**

答：若泄漏量较小，迅速降低炉出口温度，降低炉管处理量。采取防护措施，对泄漏的法兰进行紧固。另外应注意加热炉出口法兰的耐压等级应达到辐射泵出口的压力等级。若发生大量泄漏，为尽快控制住火势，停运辐射进料泵，投用加热炉炉管事故注汽，加热炉熄火，防止发生炉管结焦。

☞ **11. 鼓风机突然停机如何处理?**

答：首先，为防止热烟气损坏引风机，应人为停运引风机，用密封挡板控制炉膛负压。其次，应根据氧含量开大自然通风门，注意开自然通风门时，防止大幅波动造成火嘴熄灭。

☞ **12. 引风机突然停机如何处理?**

答：引风机停机，应根据炉膛负压，缓慢开大密封挡板，控制好炉膛负压。

☞ **13. 加热炉炉管泄漏着火如何处理?**

答：①投用紧急停炉联锁，确认联锁内容动作无误。

② 关鼓风机出口挡板。

③ 关辐射进料泵出口阀、主火嘴手阀、长明灯前手阀。

④ 炉管内油品扫净后，进料隔断阀后给小吹汽，停炉管注汽。

⑤ 待炉膛温度降至油品自燃点以下，关炉膛灭火蒸汽手阀。炉膛改自然通风(此时现场应留人观察炉膛情况，防止再度自燃)，炉膛降温至常温，化验分析合格后进入检修炉管。

⑥ 其他部分按停工处理。

三、焦炭塔系统

☞ **1. 焦炭塔冲塔如何处理?**

答：焦炭塔冲塔的原因有：

① 炉出口温度偏低，泡沫层太高。

② 辐射量过大，生焦超过安全高度。
③ 新塔预热温度不够。
④ 换塔时，新塔甩油不净。
⑤ 换塔时，老塔压力下降过快。
⑥ 新塔试压后水未脱尽。
⑦ 老塔冷焦吹汽量过大。
⑧ 老塔冷焦给水量过大。
⑨ 分馏塔顶油水分离罐液位过高。
⑩ 分馏塔顶回流量过大。
处理方法有：
① 适当提高炉出口温度，降低泡沫层。
② 降处理量，调整操作。
③ 尽快查明原因，使焦炭塔压力恢复正常。
④ 根据新塔预热情况，及时切换四通换塔。

2. 焦炭塔预热温度上升缓慢如何处理？

答：原因有：
① 预热油气量不够。
② 油气循环线结焦、堵塞或预热流程错误。
③ 温度指示失灵。
④ 去新塔油气阀未开大或阀芯掉。
⑤ 塔底进料被焦块堵塞。
⑥ 甩油泵入口线窜入蒸汽或吸排气阀关闭不严。
⑦ 甩油泵过滤器堵塞。
⑧ 油气隔断阀未关或阀芯掉。
处理方法有：
① 在保证老塔压力情况下，增加油气预热量。
② 检查瓦斯循环线是否畅通，预热流程是否正确。
③ 联系仪表修理。
④ 适当开大阀门，检查阀芯。
⑤ 用蒸汽扫通塔底进料线。
⑥ 查明串汽原因，采取措施，如泵有问题，可切换泵。
⑦ 甩油泵过滤器改副线，换塔后清扫。
⑧ 根据情况，联系修理换阀。

3. 焦炭塔顶、底盖泄漏如何处理？

答：原因有：

① 除焦后焦炭塔顶、底盖法兰面、垫片未清理干净，垫圈不正，螺丝受力不均匀。

② 试压时检查不够仔细。

③ 没有按时热紧。

处理方法有：

① 如果泄漏不严重可用蒸汽掩护，做好防护工作，及时热紧，继续生产。

② 泄漏严重着火时，有条件换塔的应立即换塔改放空，如无法换塔，就应降温降量或停止这一系列的生产。

☞ **4. 焦炭塔在冷焦时水给不进去或给水量很小如何处理？**

答：原因有：

① 换塔时吹汽不及时，或量过小，造成黏油回降，焦炭孔道堵塞。

② 给水泵故障，流量偏小。

③ 开始给水时，配汽不当。

处理方法有：

① 再次吹汽贯通后，重新给水；

② 切换给水泵，联系检修故障泵；

③ 暂停给水，重新给汽后再改为给水，注意配汽；

④ 若以上处理仍不能正常给水冷焦，则采用上给水方式进行冷焦。

☞ **5. 焦炭塔冷焦后水放不下来如何处理？**

答：原因有：

① 呼吸阀未开或开得不够大。

② 冷焦速度过快，开始放水时速度太快，堵塞焦孔、管线。

处理方法有：

① 开大呼吸阀。

② 用蒸汽或水向塔内吹扫，重新贯通后再放水。

③ 以上措施无效时，采用打开底盖机强制放水。

☞ **6. 焦炭塔换塔时转油线憋压如何处理？**

答：原因有：

① 联锁条件未达到、机械故障、电仪故障以及阀内结焦都会造成四通阀切换不过来。

② 四通阀切换方向错误。

③ 新塔进料线被焦块堵塞或管线严重结焦。

处理方法有：

① 检查确认联锁条件，重新切换四通。

② 针对机械、电仪故障，联系有关单位检修。

③ 确认切换方向，重新切换四通。

④ 如切换时造成憋压且无法切换回原位时，加热炉应立即熄火、切断辐射进料，停止注水，由炉入口放空，并汇报上级处理。

7. 简述焦炭塔顶盖打开后塔顶固定式可燃气报警仪报警原因及处理方式。

答：原因有：

① 焦炭塔顶油气去分馏塔阀门未关严；

② 焦炭塔顶油气去放空塔阀门未关严；

③ 焦炭塔内焦炭未冷透，瓦斯挥发；

④ 焦炭塔顶安全阀内漏。

处理方法有：

① 检查焦炭塔顶油气去分馏塔、放空塔阀门关闭情况，确保关闭状态；

② 保证冷焦时间和冷焦水量；

③ 焦炭塔顶安全阀切出校验，或关闭安全阀上游阀。

四、分馏塔系统

1. 分馏塔顶油水分离罐污水带油如何处理？

答：原因有：

① 界位过低，沉降时间不够。

② 界位控制失灵。

处理方法有：

① 核对现场界位，适当提高界位控制值。

② 界位控制改手动，联系仪表处理。

2. 分馏塔顶温度波动如何处理？

答：分馏塔顶温度波动的原因有：

① 回流温度的变化。

② 回流量的变化。

③ 回流质量的变化。

④ 塔底入塔物料温度及流量变化。

⑤ 塔顶压力变化。

⑥ 仪表故障。

处理方法有：

① 根据回流温度的变化，检查空冷、水冷是否有故障。

② 稳定回流量。

③ 加强回流罐的脱水，置换回流罐内物料。

④ 平稳焦炭塔操作，控制油气量、原料渣油量及温度。

⑤ 调整富气压缩机操作，平稳分馏塔顶压力。

⑥ 联系仪表处理。

3. 分馏塔顶压力波动的原因是什么？如何处理？

答：分馏塔顶压力波动的原因有：

① 进塔负荷及组成的变化，轻组分增加，塔压将上升，反之则下降。

② 塔顶温度变化。

③ 富气压缩机操作波动。

④ 加热炉辐射出口温度变化。

⑤ 仪表失灵。

处理方法有：

① 稳定处理量、油气量及温度。

② 调节回流量，稳定塔顶温度。

③ 调整富气压缩机的转速，如果富气量过大可部分改放火炬线。

④ 稳定加热炉辐射出口温度，保持稳定的反应深度。

⑤ 联系仪表处理。

4. 分馏塔顶油水分离罐压力上升如何处理？

答：原因有：

① 富气压缩机入口管线不畅。

② 压缩机故障。

③ 瓦斯产量大。

④ 压缩机吸入量不够。

⑤ 反飞动量过大。

处理方法有：

① 对相关管线进行脱油。

② 瓦斯改排火炬，联系检修压缩机。

③ 调整压缩机操作或适当降量。

5. 分馏塔冲塔的原因是什么？如何处理？

答：原因有：

① 原料带水。

② 分馏塔底液位过高。

③ 系统压力突然下降。

④ 回流中断。

⑤ 焦炭塔冲塔。

⑥ 塔盘故障和降液管堵塞。

处理方法有：

① 联系调度及有关单位，加强原料的脱水。

② 适当增加辐射量、降低对流量，降低分馏塔底液位。

③ 调整系统操作及压力。

④ 处理焦炭塔冲塔。

⑤ 降低处理量，分馏塔故障无法排除，装置作停工检修处理。

☞ **6. 分馏塔底温度波动的原因是什么？如何调整？**

答：分馏塔底温度波动的原因有：

① 进料量变化。

② 进料及油气入塔温度的变化。

③ 塔底液位的变化。

调整方法有：

① 根据进料量变化情况，调整分馏塔各层热负荷分配，保证各层稳定。

② 稳定焦炭塔来油气量及温度的平稳。

③ 调整重蜡油出装置量，维持塔底液位。

④ 加强加热炉操作，稳定炉出口温度。

⑤ 稳定辐射流量。

☞ **7. 分馏塔底液位波动的原因是什么？如何处理？**

答：分馏塔底液位波动的原因有：

① 处理量及焦炭塔油气量、温度的变化。

② 加热炉辐射量的变化。

③ 加热炉对流出口温度变化。

④ 仪表失灵。

处理方法有：

① 稳定处理量及焦炭塔油气量、温度的变化。

② 控制好加热炉辐射量。

③ 调整加热炉操作平稳对流出口温度。

④ 检查校验仪表和控制阀，防止假液位。

☞ **8. 辐射泵抽空如何发现？怎样处理？**

答：发现：

① 加热炉辐射流量下降，炉出口温度上升。

② 泵出口压力下降，入炉压力下降。
③ 分馏塔底液面上升。
处理方法有：
① 先处理原运行的泵，处理不好则启动备用泵。
② 若辐射泵无法正常运行则启动汽泵，提注水量，降低辐射流量以维持生产。
③ 适当降低炉出口温度，待辐射泵启动正常后，立即进行升温操作。

9. 蜡油残炭值高的原因有哪些？如何处理？

答：原因有：
① 原料性质变化，原料带水或回炼量过大。
② 底进料量过小，塔盘脱落或结焦。
③ 蒸发段温度过高。
④ 焦炭塔赶瓦斯时小吹汽量过大。
⑤ 分馏塔、焦炭塔冲塔。
处理方法有：
① 调整操作。
② 加大底进料量。
③ 降低蒸发段温度。
④ 减少焦炭塔吹汽量。
⑤ 处理焦炭塔、分馏塔冲塔。

10. 蜡油带水如何处理？

答：蜡油带水的原因是冷换设备内漏。
处理方法有：
① 停运有关冷换设备，并安排检修。
② 通知调度及有关单位，蜡油改罐，并适当降低蜡油出装置温度。
③ 封油罐暂停收蜡油封油，或改收系统外封油，罐内存油加快脱水。

11. 蒸汽发生器供水不足或中断如何处理？

答：原因有：
① 锅炉供应除氧水或除氧器液位过低。
② 水位自动控制系统失灵。
③ 除氧水泵故障。
处理方法有：
① 查明原因，如系统外界影响则联系调度消除故障。
② 改手动操作，联系仪表处理。
③ 切换除氧水泵，并联系修理故障泵。
④ 必要时停用蒸汽发生器。

☞ 12. 蒸汽发生器汽包超压如何处理？

答：原因有：

① 蒸汽管网压力太高。

② 蒸汽发生器压控失灵或产汽量过大，调节阀排放不及时。

③ 产汽量过大。

④ 过热蒸汽系统阀门开关错误。

处理方法有：

① 联系调度降低管网压力。

② 联系仪表修复发生器压控，产汽量过大时可打开蜡油(或柴油)调节阀副线阀，减少发汽量。

③ 检查过热蒸汽系统流程。

④ 如果蒸汽发生器安全阀已跳开，应首先减少热源，待压力下降到正常值时，关闭安全阀隔断阀，联系重新定压，关闭隔断阀后，要严防汽包再次超压。

☞ 13. 蒸汽发生器发生干锅的处理方法是什么？

答：蒸汽发生器发生液空的处理方法：

① 首先将热源切出蒸汽发生器，让其降温。

② 将蒸汽放空阀打开，将蒸汽切出管网放空。

③ 等蒸汽发生器温度降低后，再向汽包补水至正常液位，按正常启动程序重新投用。

④ 注意液位空时，千万不要立即向汽包补水，以免突沸发生事故。

☞ 14. 影响蒸汽发生器发汽量的因素及调节方法有哪些？

答：影响因素：

① 精制蜡油、精制柴油流量波动或温度波动。

② 除氧水量控制不稳。

③ 除氧水温度波动。

④ 低压汽包液位波动。

⑤ 给水泵出口压力或流量波动。

调节方法：

① 尽量控稳精制蜡油或精制柴油的进蒸汽发生器的流量或温度。

② 控制进低压汽包的进水量平稳，减少波动。

③ 除氧水温度不稳应联系外操，进行现场检查，找出原因及时处理。

④ 低压汽包的液位正常波动范围控制在±10%以内。

⑤ 联系外操检查机泵运行状况，需检修时及时联系钳工处理。

☞ 15. 影响除氧器除氧效果的因素和调节方法有哪些?

答:影响因素:

① 压力控制不稳。

② 除氧温度控制不到位。

③ 除氧器液位波动较大。

④ 1.0MPa 蒸汽压力波动。

调节方法:

① 控制除氧器压力在 0.02MPa 左右,防止波动。

② 除氧温度按 104℃控制,温度偏低时,加强调节。

③ 控制除氧器的液位稳定,避免液位波动对除氧水量的影响。

④ 管网 1.0MPa 蒸汽压力波动应及时联系调度,保证蒸汽的正常供给。

☞ 16. 除氧器冒罐如何处理?

答:原因有:

① 蒸汽发生器发汽量突然下降,即发汽所需除氧水量减少。

② 除氧水泵故障。

③ 除氧器液控反应滞后或失灵。

处理方法有:

① 打开除氧器放水阀,恢复正常水位。

② 检查蒸汽发生量突然下降原因,适当减少供水量。

③ 切换除氧水泵,恢复正常供水并联系修理故障泵。

④ 联系仪表修复除氧器液控系统,如短时间修不好,可改用手动控制或副线控制。

☞ 17. 除氧水箱温度过低如何处理?

答:原因有:

① 除氧器液控失灵。

② 软化水供水不足或中断。

处理方法有:

① 联系仪表修复除氧器液控,如短期修复不好,可改副线控制。

② 查明供水不足或中断原因,恢复正常供水。

☞ 18. 换热器泄漏如何处理?

答:换热器泄漏的原因有:

① 设备腐蚀。

② 温度急剧变化,焊口或法兰漏。

③ 管壳层压差太大。

处理方法有：

① 发现泄漏着火，立即报警，组织扑灭并隔离泄漏换热器。

② 火灾扑灭后，泄漏换热器交检修处理。

五、放空塔系统

☞ 1. 放空塔顶安全阀跳开的原因及处理方法是什么？

答：原因：

① 放空塔顶空冷冻凝；

② 放空塔顶回流罐瓦斯管线带液，后路不畅；

③ 大吹汽蒸汽量或小给水量过大；

④ 放空塔顶回流中断。

处理方法有：

① 先停运空冷，再打开空冷加热器，空冷管束解冻后重新投用空冷；

② 回流罐顶瓦斯管线排尽存液；

③ 减小吹汽量或给水量；

④ 启动备用泵恢复塔顶回流。

☞ 2. 放空塔底泵抽空的原因及处理方法是什么？

答：原因：

① 放空塔底过滤器堵塞；

② 放空塔底油带水；

③ 放空塔底温度升温过快；

④ 油气线进放空塔带水过多。

处理方法有：

① 切换和清理放空塔底过滤器；

② 控制放空塔底温度，带水污油及时送出装置；

③ 控制放空塔底升温速度，或降低放空塔底液位以减少带水污油存量；

④ 启动备用泵塔底泵正常运行；

⑤ 焦炭塔顶急冷油改为蜡油，待放空塔底泵正常运行后，放空塔底污油改为急冷油。

☞ 3. 放空塔顶回流罐油水分离不清的原因及处理方法是什么？

答：原因：

① 在焦炭塔冷焦期间（大吹汽、给水）放空塔内气速过高，重组分油品被携带出放空塔顶，进入回流罐中；

② 放空塔操作不当，塔底温度过低，焦炭塔高温油气进入放空塔后，导致放空塔底冷凝水突沸，重组分油品被携带出放空塔顶，进入回流罐中；

③ 放空塔顶温度控制过高；

④ 放空塔顶回流中断；

⑤ 放空塔顶油气冷后温度过高或过低。

处理方法有：

① 控制焦炭塔冷焦速度；

② 控制放空塔底温度≮150℃；

③ 控制放空塔顶最高温度≯200℃；

④ 及时启动备用泵，恢复放空塔顶回流；

⑤ 控制放空塔顶油气冷后温度在40~60℃。

六、吸收稳定系统

☞ 1. 稳定塔底重沸器工况不正常如何处理？

答：重沸器工作不正常通常是指其内部的循环被破坏，物料不能正常流动，无法正常向塔提供热源，其原因主要有：

① 壳程油品（脱乙烷油或稳定汽油）中含有大量的轻组分造成气阻。

② 塔底液位控制过低，推动力不够。

处理方法有：

① 稳定塔底重沸器温度控制阀改手动控制，全开大热旁路，使气体缓慢逸出液相，待塔底重沸器出口温度下降后，全开冷旁路，急速加热增大推动力，若仍有气阻，可以重复多试几次。

② 若属于液位控制过低所致，应提高稳定塔液位。

☞ 2. 稳定塔顶超温如何处理？

答：原因有：

① 稳定塔精馏效果不好，回流组分变重。

② 稳定进料量过大变化，或进料位置不恰当。

③ 提馏段操作波动。

处理方法有：

① 暂降稳定塔底温度，提顶压。

② 稳定进料量及温度。

③ 平稳解析塔操作，加强稳定塔顶回流罐脱水。

④ 减少塔底热源波动，平稳提馏段操作。

☞ 3. 稳定塔顶回流罐底泵易抽空的原因是什么？如何处理？

答：原因有：

① 解析塔底温度低，脱乙烷油解析不够；

② 稳定塔顶回流罐温度过低；

③ 稳定塔顶回流罐压力过低。

处理方法有：

① 提高解析塔底温度，减少不凝气进入稳定塔；

② 提高塔顶液化气冷后温度；

③ 平稳控制稳定塔顶回流罐压力。

☞ 4. 稳定塔顶回流罐液位高如何处理？

答：稳定塔顶回流罐液位高的原因有：

① 稳定塔顶温度压力波动；

② 稳定塔顶回流泵故障；

③ 稳定塔进料量波动；

④ 稳定塔进料性质变化。

处理方法有：

① 提高塔顶压力或降低塔顶温度，并保持平稳控制；

② 投用备用泵，并将故障泵交检修；

③ 平稳稳定塔进料量；

④ 适当降低稳定塔进料量，并调整进料位置。

☞ 5. 稳定塔底温度波动应如何处理？

答：稳定塔底温度波动的原因有：

① 中段回流量变化；

② 中段回流温度变化；

③ 塔底重沸器气阻。

处理方法有：

① 平稳中段回流量；

② 平稳中段回流温度；

③ 调整塔底重沸器操作，重新建立循环。

☞ 6. 冬季稳定塔顶液化气出装置管线易凝堵应如何处理？

答：①提高液化气出装置温度，一般控制(35±5)℃；

② 加强稳定塔顶回流罐的脱水；

③ 出装置管线低点增加保温；

④ 严寒时，可考虑增加伴热，但严禁在凝堵后用伴热。

⑤ 凝堵严重时可采用管线向低压瓦斯系统缓慢泄压，疏通后恢复液化气出装置。

☞ 7. 再吸收塔液位满如何处理？

答：原因有：

① 吸收塔顶温度高，吸收剂量太大，造成塔顶负荷超。

② 液位计失灵，指示不准，造成假液位。

处理方法有：

① 调整吸收塔操作，开大中段回流把吸收热及时取走。

② 加强富气冷却，适当降低解析塔底温度，以减轻吸收取热负荷。

③ 若柴油吸收塔淹塔是由于吸收解析塔操作引起的，处理上应先暂时停止吸收剂和暂降粗汽油量，待柴油吸收塔液位拿下来后再重新恢复操作。

④ 及时联系外操，加强含硫干气净化分离器的排液。

☞ 8. 柴油吸收塔液位空如何处理？

答：原因有：

① 仪表指示失灵。

② 控制阀失灵。

处理方法有：

① 迅速联系仪表处理，关闭去分馏阀门，防止高压窜低压。

② 加大贫吸收油入柴油吸收塔量。

七、脱硫再生系统

☞ 1. 压缩富气中断吸收稳定、干气脱硫如何处理？

答：原因有：

① 压缩机故障。

② 焦化部分生产故障。

处理方法有：

① 停止接收压缩富气。

② 吸收稳定保持双塔循环。

③ 减少液态烃出装置量，及时关闭干气出装置阀，以维持系统压力。

④ 如果干气供焦化加热炉，应及时补充系统瓦斯以防止加热炉熄火。

☞ 2. 干气脱硫系统压力升高如何处理？

答：原因有：

① 进料量突然增大。

② 干气脱硫塔顶压控阀堵或卡住。

③ 后部管网压力高。

处理方法有：

① 改部分干气至低压瓦斯管网。

② 脱硫塔顶压控阀改走副线，联系仪表处理。

③ 联系调度处理后部管网压力。

3. 再生系统压力过高如何处理？

答：原因有：

① 硫黄回收装置故障。

② 酸性气管线堵、积水，造成酸性气管网压力高。

③ 再生塔顶压控制阀失灵，阀门卡或堵。

④ 脱硫塔高压介质窜入再生塔。

处理方法有：

① 查找原因，酸性气改放火炬。

② 调整脱硫操作。

4. 净化干气带胺如何处理？

答：原因有：

① 原料气量过大，波动超过允许空塔气速；

② 液相负荷过大；

③ 胺液质量差，跑胺冲塔；

④ 贫液冷后温度过高。

处理方法有：

① 联系稳定平稳操作；

② 降低原料气量；

③ 降胺液循环量；

④ 投用冷却器、空冷控制冷后温度。

5. 再生塔重沸器气阻如何处理？

答：原因有：

① 塔底重沸器蒸汽量过小。

② 塔底重沸器蒸汽温度过高。

处理方法有：

① 提再生塔底蒸汽流量，在温差正常后，逐步降低蒸汽流量至正常。

② 将再生塔温度先降到规定值，然后重新升温。

③ 控制好减温减压器操作，保持蒸汽温度。

☞ **6. 酸性气带烃如何处理？**

答：原因有：

① 干气中 C_3 含量高。

② 闪蒸效果差。

处理方法有：

① 降低脱硫原料气温度，将烃类冷凝脱除。

② 控制脱硫塔温度比气体进料温度略高，防止烃类冷凝在胺液中。

③ 降低闪蒸罐液位，保持一定的闪蒸量。

④ 降低闪蒸罐压力，加快闪蒸的速度。

☞ **7. 如何防止胺液带烃进入再生塔？**

答：①控制好闪蒸罐的液位，严禁将液位拉空。

② 控制好闪蒸罐的压力，压力低利于轻烃的闪蒸。

③ 干气分液罐及时脱液。

④ 控制胺液温度高于干气温度 1~3℃。

☞ **8. 脱硫胺液中焦粉过多如何处理？**

答：胺液中焦粉过多主要是因为焦炭塔生焦高度较高、切换塔时操作不好。主要的处理方法有：

① 对胺液过滤器进行改造，使其适应过滤胺液中的焦粉。

② 对胺液进行在线净化复活。

③ 如果已严重影响到脱硫塔的生产，可适时将塔切出清塔。

☞ **9. 溶剂再生塔压力升高的原因是什么？如何处理？**

答：溶剂再生塔压力升高的原因有：

① 硫黄回收装置故障，造成后路不畅；

② 再生塔顶回流罐的压控阀卡或堵；

③ 富液带烃严重；

④ 再生塔顶空冷冷却效果差，酸性气温度上升；

⑤ 脱硫塔高压介质窜入再生塔；

⑥ 仪表失灵。

处理方法有：

① 跟调度联系，酸性气改走火炬，加强调节；

② 改副线操作并联系仪表处理控制阀；

③ 各脱硫塔适当排烃，调整各塔的操作，尽量消除富液带烃；

④ 调节溶剂再生塔的操作温度及冷后温度；

⑤ 将各脱硫塔的液控阀改手动操作，控制住各塔液位，防止液位过低被压空；

⑥ 联系仪表处理。

☞ 10. 脱硫系统液位上升的原因是什么？如何进行调节？

答：原因有：

① 酸性水冷却器泄漏。

② 溶剂再生塔底重沸器发生泄漏。

调节方法有：

① 切出冷却器。

② 停工检修。

☞ 11. 脱硫系统高压窜低压的现象是什么？原因是什么？如何处理？

答：现象有：

① 各塔液位、压力波动，富液流量大幅增加，贫、富液流量不平衡，闪蒸罐压力突然上升，安全阀起跳。

② 在现场可听到各塔底富液线有异常响声。

③ 贫液泵抽空。

原因有：

① 脱硫塔的液位失灵或过低。

② 压力波动大，导致脱硫塔底液位波动，甚至塔底液位被压空。

③ 仪表失灵，造成液位指示失灵。

处理方法有：

① 稳定脱硫塔顶压力及塔底液位，如塔底液位被压空，外操现场关闭塔底富液控制阀上游阀，适当增加贫液流量，恢复液位。

② 必要时打开闪蒸罐顶压力控制阀副线进行紧急泄压。

③ 联系仪表工检查，并修复故障仪表。

☞ 12. 再生塔冲塔的现象是什么？原因是什么？如何处理？

答：现象有：

① 再生塔顶回流罐液位和压力迅速上升。

② 酸性气出装置量突然增大。

③ 塔压上升，液位下降。

原因有：

① 再生塔底重沸器加热蒸汽量过大，导致温度超高，气相负荷过大。

② 再生塔液位波动大。

③ 压控失灵，波动过大。

④ 再生塔顶回流量过大后中断或回流泵故障。

处理方法有：

① 迅速降低加热蒸汽量。

② 立即控制住塔顶压力，防止快速下降。必要时联系调度酸性气改低压瓦斯，防止冲击硫黄装置。

③ 富液闪蒸罐尽量降低压力，提高操作温度，加强闪蒸。液位手动操作，保持进料稳定。

④ 切换备用泵，调整回流罐面及回流量至正常。

⑤ 系统全面排烃，加消泡剂。

⑥ 适当降低装置负荷，降低酸性气负荷到设计值内。

⑦ 注意分析脱硫气体硫化氢含量，根据实际情况更改后路。

⑧ 注意系统的溶剂平衡，防止液位拉空、窜气、满罐等问题。

八、公用工程系统

☞ **1. 装置停电如何处理？**

答：①加热炉、焦炭塔：

a. 加热炉灭火，首先由内操关闭瓦斯控制阀，外操关炉两侧瓦斯控制阀上下游阀中的一只阀门，炉两侧各保留两只长明灯，长明灯火焰控制小一些，控制好炉膛温度。

b. 辐射炉炉管压力低于系统蒸汽压力后，立即给汽吹扫辐射炉管至生产塔，生产塔流程不改变。

c. 停电半小时以上，对流炉管必须给汽吹扫，进放空塔。

d. 注水管通汽，流程不变。

② 分馏：

a. 分馏塔顶压控改放火炬，塔顶分离罐液位高于80%时，关闭去富气压缩机阀门。

b. 关闭汽油去吸收塔阀门，粗汽油改去轻污油线。

c. 柴油改去轻污油线，蜡油改冷蜡线出装置。

d. 关闭所有机泵的出口阀，辐射泵盘车。

③ 吸收稳定：

a. 塔、容器保压，保液位。

b. 关闭富吸收剂返分馏塔阀。

④ 脱硫：

a. 各塔保压保液位，关闭返分馏塔的阀门。

b. 关闭再生塔的热源，减少酸性气产出。

c. 酸性气改去火炬。

⑤ 压缩机：

a. 关闭富气压缩机出口阀。

b. 蒸汽透平应把主蒸汽改放空，背压蒸汽改放空，阀前疏水。停电半小时以内，隔断阀不关，半小时后关闭隔断阀。

c. 派专人盘车，当汽轮机前端回油视镜内油量明显减少时(大约 3min)，停止盘车。

⑥ 加热炉、焦炭塔生产恢复：

a. 点炉火嘴，快速升温。

b. 开原料泵引渣油入炉(停电半小时内对流出口可直接去分馏塔，停电半小时以上需先停蒸汽再引油入炉，将出口改到分馏塔)。

c. 开注水泵，注水入正常流程。

d. 开辐射泵引渣油入辐射，控制辐射出口达到规定温度进生产塔。

⑦ 分馏生产恢复：

a. 开各相关机泵。

b. 分馏用顶循控制塔顶温度，适时打冷回流。

c. 根据封油罐液位情况关闭备用泵封油。

d. 关闭分馏塔顶分离罐放低瓦阀，改在富气压缩机入口放低瓦系统。

e. 投用蒸发器后，调节除氧水系统。

⑧ 压缩机生产恢复：

a. 润滑油泵主泵开关放在手动位置、辅助油泵开关放在自动位置。开泵跑油、检查润滑油系统。

b. 专人盘车，每 5min 一次。

c. 在轮室温度 250℃ 以上可热态开机，从 1000r/min 快速升到 3000r/min、6000r/min 并背压，转速提到 8000r/min、出口压力提到 0.9MPa 后可关闭分馏塔顶回流罐放火炬阀，开压缩机出口阀，关小反飞动阀，引气入吸收塔。

⑨ 吸收稳定生产恢复：

a. 待分馏各泵运行正常后，可引汽油入吸收塔。

b. 开相关机泵后将吸收解析塔、稳定塔底热源引进，保持双塔循环。

c. 待稳定塔顶回流罐液位建立后，开液态烃泵，尽快将回流罐中不合格的液态烃置换。

d. 再吸收塔压力达到规定要求后，方可开泵向再吸收塔送吸收剂。

⑩ 脱硫生产恢复：

a. 各脱硫塔控制阀手阀全部打开，用控制阀控制压力和液位。

b. 开各相关机泵。

c. 胺液循环正常后，可打开再生塔热源升温，注意防止重沸器气阻。

d. 脱硫系统正常后，酸性气停止放低瓦系统。

☞ **2. 装置停循环水如何处理？**

答：装置停循环水后，各冷却器都将无法正常工作，因此必须进行降量停工处理，具体的步骤如下：

① 当班班长通知调度、主管领导或值班，启动紧急事故处理预案。

② 迅速降低装置处理量，视情况停富气压缩机，分馏塔顶油水分离罐富气放火炬；调整分馏塔各侧线流量和返回温度，投用全部空冷器，控制好分馏塔顶温度和压力，防止分馏塔冲塔；控制好压缩机出口温度；特别注意压缩机、辐射泵、原料泵、高压水泵等机泵的运行状况，必要时接临时新鲜水冷却。

③ 停循环水时，若遇到焦炭塔正在冷焦，投用全部放空塔空冷器，控制好放空塔顶温，防止因油汽冷后温度过高；放空塔顶回流罐分离不彻底，而引起瓦斯带液量增加，加强火炬分液罐的检查和脱液；特别注意防止放空塔冲塔事件的发生。

④ 压缩机停机后，停运柴油吸收剂泵，并视柴油吸收塔液位下降情况关闭富吸收油返分馏塔阀；关闭含硫富气出装置阀，柴油吸收塔保压保液位。

⑤ 注意各高温机泵运行状况，必要时接临时新鲜水管线。

⑥ 外操加强产品外观检查。

⑦ 如停循环水时间较长不能维持正常生产，按装置停工处理。

☞ **3. 装置停软化水如何处理？**

答：焦化装置只有加热炉注水和发汽系统是连续使用软化水的，因此停软化水主要是对这几处进行处理，具体步骤如下：

① 联系调度，查明停水原因，并降低装置处理量。

② 保护过热蒸汽炉炉管，加热炉注水改新鲜水代替。

③ 除氧器、蒸发器全部走热旁路。

④ 调整分馏取热。

⑤ 长时间停软化水，系统无法维持时，则按停工处理。

☞ **4. 装置停 1.0MPa 蒸汽如何处理？**

答：焦化装置 1.0MPa 蒸汽一般用于物料的伴热以及机泵的动力。因此在停 1.0MPa 蒸汽时要注意处理这几处，具体步骤如下：

① 联系调度，查明停汽原因，视情况关闭蒸汽边界阀门，保持装置内蒸气压力。

② 尽量提高自产蒸汽量，维持本装置用汽需要。

③ 不重要的伴热，可暂停。

④ 调整分馏取热。

⑤ 如蒸气压力过低无法驱动甩油泵，可暂时停止预热甩油，并适当调整处理量。

如果富气压缩机使用1.0MPa蒸汽无法运行时，可适当降量并将富气改放低瓦。加热炉等处作相应调整。

⑥ 生产无法维持则应立即停工。

5. 装置停3.5MPa蒸汽如何处理？

答：焦化装置连续使用3.5MPa蒸汽的地方有加热炉注汽、压缩机汽轮机等。停3.5MPa蒸汽时要注意处理这几处，具体步骤如下：

① 如压缩机停运，则应立即关闭压缩机出入口阀，降低处理量，富气改放低瓦，稳定脱硫保压保液位，改密闭循环。如加热炉用自产瓦斯，则要立即改用系统瓦斯。

② 如加热炉注汽停，应立即关闭注汽阀防止渣油倒窜。适当降低炉出口温度。

③ 如长时间停汽，生产无法维持时应作紧急停工处理。

6. 装置停净化风如何处理？

答：装置净化风主要用于仪表的调节，如停风仪表都将失控。具体处理方法如下：

① 联系调度，查明原因将各控制仪表切于手动位置。

② 参考现场一次表，将风关阀关小上游阀，风开阀打开副线阀，关闭上游阀。

③ 如果长时间停风，生产无法维持时应立即停工。

九、DCS控制系统故障处理

1. DCS操作站停电如何处理？

答：DCS操作站停电后，内操员既看不到DCS画面，也无法对操作进行调整，但现场的控制阀位并不会变化。主要的处理步骤有：

① 外操到现场确认主要阀位是否正常。

② 操作员可去DCS控制站进行操作调整。

③ 如生产不能维持，按紧急停工处理。

2. DCS控制站停电如何处理？

答：DCS控制站停电后，不仅操作站无法控制，现场的控制阀也将处于极限位置，主要处理步骤有：

① 立即到现场将重要控制阀改副线控制。

② 到现场检查重要参数的现场指示，并进行相应调整。

③ 操作无法控制时，立即紧急停工。

第九章　自动控制及联锁

一、PID控制及参数整定

☞ 1. 装置常用控制器有哪些种类？

答：常规控制器有三种：比例(P)、比例积分(PI)、比例积分微分(PID)。

☞ 2. 比例控制器的作用是怎样的？

答：比例控制器是最基本的控制器，它的输出信号变化量与输入信号(设定值与测量值之差即偏差)在一定范围内呈比例关系，表达式为：

$$u(t)=K_c e(t)+u_0$$

式中　$u(t)$——控制器输出信号；

$e(t)$——设定值与测量变送信号之差；

K_c——控制器增益；

u_0——当偏差 $e(t)$ 为零时的输出信号值。

该调节器能较快地克服干扰，使系统重新稳定下来。但当系统负荷改变时，它不能把被调参数调到设定值，因而产生残余偏差。而且几乎所有的工业用控制器，都不用 K_c 而用比例度 PB 来进行刻度。

$$PB=\frac{100}{K_c}$$

☞ 3. 比例积分控制器的作用是怎样的？

答：比例积分控制器(PI控制器)的输出既有随输入偏差成比例的比例作用，又有偏差不为零输出一直要变化到极限值的积分作用，并且这两种作用的方向一致，表达式为：

$$u=K_c\left(e+\frac{1}{T_i}\int_0^t e\mathrm{d}t\right)+u_0$$

式中　T_i——积分时间；

u——控制器输出信号；

e——设定值与测量变送信号之差；

K_c——控制器增益；

u_0——当偏差 $e(t)$ 为零时的输出信号值。

如果偏差为零，则积分控制器的输出不变。视偏差是正或负，偏差积分后使控制器输出 u 向上或向下变化。所以该控制器既能较快地克服干扰，使系统重新稳定，又能在系统负荷改变时将被调参数调到设定值，从而消除余差。积分时间一般为 0.01～25 分，积分时间与纠正偏差的速度有关，积分时间愈小，积分作用愈强。

☞ **4. 比例积分微分控制器的作用是怎样的？**

答：应用比例积分微分控制器（PID 控制器）时，当干扰一出现，微分作用先输出一个与输入变化速度成比例的信号，叠加在比例积分的输出上，用以克服系统的滞后、缩短过渡时间、提高调节品质。微分时间一般为 0.04～10 分，微分时间与测量参数的变化速度有关，微分时间愈小，微分作用愈弱。通过调整调节器的这三个可变参数使被调参数在受到干扰作用后能以一定的变化规律回复到给定值。

☞ **5. 如何进行 PID 参数的整定？**

答：PID 控制器的参数整定是根据被控过程的特性确定 PID 控制器的比例系数、积分时间和微分时间的大小。PID 控制器参数整定的方法很多，概括起来有两大类：一种是理论计算整定法。它主要是依据系统的数学模型，经过理论计算确定控制器参数。这种方法所得到的计算数据并不能直接使用，必须通过工程实际进行调整。另一种是工程整定法，它主要依赖工程经验，直接在控制系统的试验中进行，方法简单、易于掌握，在工程实际中被广泛采用。PID 控制器参数的工程整定法主要分临界比例法、反应曲线法和衰减法。三种方法各有其特点，但无论采用哪一种方法所得到的控制器参数，都需要在实际运行中进行最后调整与完善，现在采用较多的是临界比例法。利用该方法进行 PID 控制器参数的整定时首先应预选择一个足够短的采样周期让系统工作；其次仅加入比例控制环节，直到系统对输入的阶跃响应出现临界振荡，记下这时的比例放大系数和临界振荡周期；最后在一定的控制度下通过公式计算得到 PID 控制器的参数。

日常生产中 PID 参数的设定通常是靠经验及工艺的熟悉，再参考测量值跟踪与设定值曲线，从而调整 P、I、D 的大小。在 PID 控制器参数的工程整定中，设定 P、I、D 参数可参照以下的经验数据：温度 T：$P=20\%\sim60\%$，$T=180\sim600$s，$D=3\sim180$s；压力 P：$P=30\%\sim70\%$，$T=24\sim180$s；液位 L：$P=20\%\sim80\%$，$T=60\sim300$s；流量 F：$P=40\%\sim100\%$，$T=6\sim60$s。调节的过程还可参考以下的口诀：参数整定找最佳，从小到大顺序查，先是比例后积分，最后再把微分加。曲线振荡很频繁，比例度盘要放大，曲线漂浮绕大弯，比例度盘往小扳。曲线偏离回复慢，积分时间往下降，曲线波动周期长，积分时间再加长。曲线振荡频率快，先把微分降下来，动差大来波动慢，微分时间应加长。理想曲线两个波，前高后低 4 比 1，一看二调多分析，调节质量不会低。

☞ **6. 如何根据过渡过程变化曲线调整控制器参数？**

答：比例度、积分时间、微分时间三者过小均会引起过渡过程的振荡，但由积分时间引起的周期最长，比例度引起的周期次之，微分时间引起的周期最短。同样，比例度、积分时间过大都会使过渡过程变化缓慢，但由积分时间引起的曲线呈非周期性变化，能缓慢回到设定值，而由比例度引起的曲线虽不很规则，但波浪的周期性较明显。在操作过程中，要根据这些过渡过程的曲线变化特征来调整控制参数。

如某加热炉出口温度要求控制在±1℃内，其仪表曲线呈如下现象：

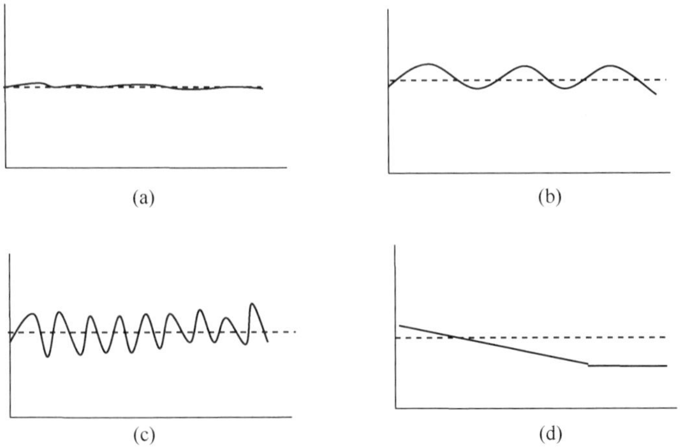

以上各图 PID 的参数情况如下：

图(a)：曲线平稳，余差小，表示 PID 参数整定正常。

图(b)：曲线呈有规律振荡，中心线平稳，变化频率慢，表示仪表的比例度过大，作用慢，需减小 P 值。

图(c)：曲线中心线平稳，振荡有规律且频率快，表示比例积分过小，作用太大，需增加 P 值。

图(d)：曲线呈直线下降或上升或不变，表示仪表失灵。

二、常用仪表的原理

☞ **1. 什么是串级控制？**

答：串级控制的原理，如下图所示：

各参数意义如下：

主变量 y_1：使它保持平稳是控制的主要目标。

副变量 y_2：它是被控制过程中引出的中间变量。

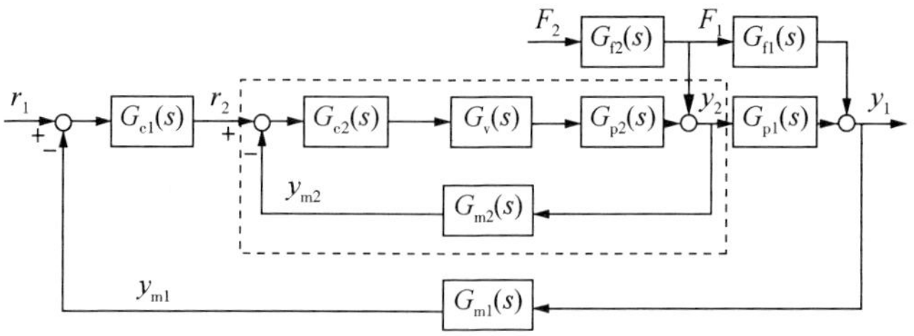

主对象 $G_{p1}(s)$：它反映了主变量与副变量关系的通道特性。

副对象 $G_{p2}(s)$：它反映了副变量与操纵变量关系的通道特性。

主控制器 $G_{c1}(s)$：它接收的是主变量的偏差，其输出是去改变副控制器的设定值。

副控制器 $G_{c2}(s)$：它接收的是副变量的偏差，其输出是去操纵阀门。

副回路：处于串级控制系统内部的，由副变量测量变送器、副控制器、控制阀、副对象组成的回路。

主回路：若将副回路看成一个以主控制器输出 r_1 为输入，以副变量 y_2 为输出的等效环节(如图中虚线所示)，则串级系统转化为一个单回路，这个单回路就是主回路。

所谓的串级控制就是以一个控制器的输出来改变另一个控制器的设定值。两个控制器都有各自的测量输入，但只有主控制器具有自己独立的设定值，只有副控制器的输出信号送给被控制过程。

☞ 2. 什么是分程控制？分程控制的作用有哪些？

答：分程控制就是采用一台控制器操纵几只阀门，并且是按输出信号的不同区间去操纵不同阀门的控制方式。分程控制有两个作用，一个是为了满足这种工艺上的特殊需要，比如在控制稳定塔顶压力时，工艺上要求当压力过高时先关小热旁路然后再打开不凝气放低瓦阀，这时就可采用分程控制系统，用压力控制器输出信号的不同区间来控制这两只阀门。分程控制的另一个作用是扩大控制阀的可调范围，改善控制系统的品质。分程控制在用于扩展可调范围时，总是采用两只同向动作的分程控制阀并联地安装在同一流体管道上，如下图所示：

控制阀有一个重要指标，即阀的可调范围 R。它是一项静态指标，表明控制阀执行规定特性(线性特性或等百分比特性)运行的有效范围。可调范围可用下式表示：

$$R=\frac{C_{max}}{C_{min}}$$

式中 C_{max}——阀的最大流通能力，流量单位；

C_{min}——阀的最小流通能力，流量单位。

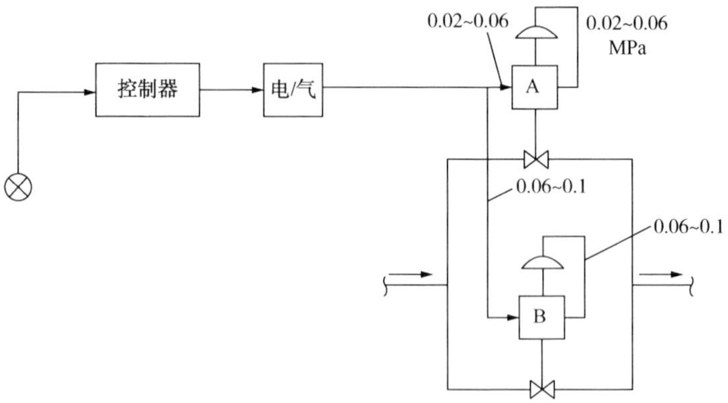

用于扩展范围的分程控制示意图

国产柱塞型阀固有可调范围为 $R=30$，所以 $C_{\min}=3.3\%C_{\max}$。但是阀的最小流通能力并不等于阀关闭时的泄漏量。一般柱塞型阀的泄漏量为 C_s 仅为最大流通能力的 0.01%~0.1%。若 $C_{A\min}=4$、$C_{B\max}=100$，两阀的可调范围相等，且 $R=R_A=R_B=30$，并设大阀的泄漏量为最大流通能力的 0.02%，即 $C_{BS}=0.02\%C_{B\max}$。当采用分程控制后，其最小流通能力和最大流通能力分别为：

$$C_{\min}=C_{A\min}+C_{BS}=\frac{4}{30}+0.02\approx0.153$$

$$C_{\max}=C_{A\max}+C_{B\max}=4+100=104$$

所以两阀组合在一起的可调范围将扩大到 $R=\dfrac{104}{0.153}\approx680$，远远大于原来控制阀的可调范围。

3. 反馈调节是按照什么进行控制的？

答：反馈调节是按照被调参数与给定值的偏差进行调节的，因有反馈回路而构成了闭环调节系统。调节器接收到偏差信号后进行校正，使调节阀动作，改变调节参数，克服干扰，消除偏差。如果干扰已经发生，而被调参数尚未变化，调节器是不会发生作用的。

4. 前馈调节是按照什么进行控制的？

答：前馈调节是按照干扰变量进行调节的。由于被调参数不反馈到比较环节，因而是开环调节系统。当干扰一出现，虽然尚未影响到被调参数变化，而干扰测量信号已传送到前馈调节器，由前馈调节器进行校正，克服干扰对被调参数的影响。

5. 什么是选择性控制？

答：选择性控制是将由工艺过程的操作条件所构成的选择性逻辑规律叠加到

自动控制系统中去。它的工作过程是这样的，当过程趋近于"危险"极限区，但还未到达危险区(称为安全软限)时，用一个取代调节器(又称为超弛调节器)，自动取代正常情况下工作的调节器(称为正常调节器)通过取代调节器的调节作用，使过程脱离危险区而回到安全区，这时取代调节器自动"退出"而变为备用等待状态，正常调节器又重新恢复工作。所以选择性控制系统也称取代控制，有人也称它为"超弛"控制系统。这种系统在结构上的特点是使用选择器，它可以接在两个或更多个调节器的输出端，或接在几个变送器的输出端，对信号进行选择，以适应不同情况需要。

☞ **6. 雷达液位计的基本工作原理是什么？具有什么样的特点？**

答：雷达液位计通过天线向被测介质物位发射微波，微波遇到障碍物，如液体液位时，部分被吸收，部分被反射回来，测出微波发射和反射回来的时间就可以计算出容器内液位。其运行时间与液位距离的关系为：

$$t=2d/C$$

其中 C 为电磁波传播速度，$C=300000\text{km/s}$，d 为被测介质液位到探头之间的距离，t 为从发射到接收到发射波的时间。雷达液位计具有的特点是无位移、无传动部件、非接触式测量，受温度、压力影响小，不受蒸汽和粉尘的限制，适用于黏度大的介质、有毒或无毒卫生型介质、有腐蚀性介质的物位测量，而且雷达液位计没有测量盲区，精度可以做得很高。一般使用温度在 40~150℃，压力在 2.5~6.4MPa 以下(注：不同公司的产品性能有所不同)。

☞ **7. 什么叫均匀控制？**

答：为了解决前后工序的供求矛盾，使两个变量之间能够互相兼顾和协调操作的控制系统。如本装置的吸收塔液位控制和富液流量控制组成的控制系统就是一个均匀控制系统。

☞ **8. 什么叫前馈控制？**

答：前馈控制就是干扰一旦出现，不需等到被调参数受其影响产生变化，就会立即产生调节作用的调节系统，它能对主要干扰量的变化进行补偿，它是一个开环控制，常和反馈控制系统组合使用。

☞ **9. 什么叫比值控制？**

答：它可以控制两个或两个以上的流量保持一定的比值关系。最简单的比值控制系统是单闭环比值控制系统，它的控制方案及方框图见下图。从图上可以看出，Q_1 是主动量，它本身没有反馈控制，因而是可变的；Q_2 是从动量，它随 Q_1 而变，在稳态时能保持 $Q_2=KQ_1$。因为只有 Q_2 的流量回路形成了闭环，所以叫作单闭环比值控制系统。

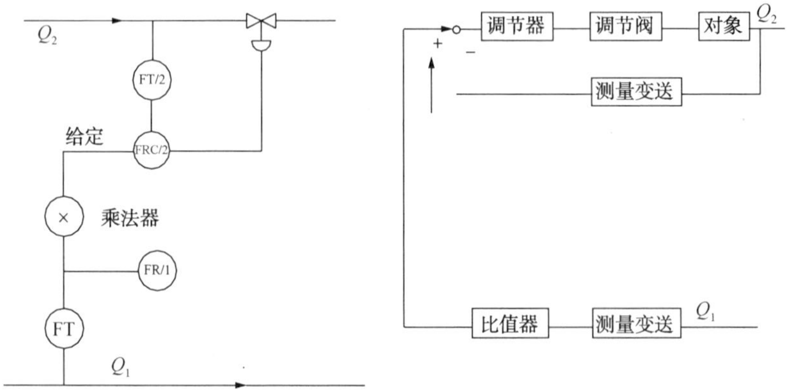

比值控制系统图

10. 调节阀的“风开”和“风关”是怎么回事？如何选择？

答：有信号压力时阀关、无信号压力时阀开的为风关阀。反之，为风开阀。风关、风开的选择主要从生产安全来考虑，当信号压力中断时应避免损坏设备和伤害操作人员，如此时阀门处于打开位置的危害性小，便应选用风关的气动执行器，反之则选用风开式。例如，调节进入加热炉内的燃料气流量时，应选风开阀。这样，当调节器发生故障或仪表供气中断时，便停止了燃料气进入炉内，以免炉温继续升高而烧坏炉子。

11. 调节阀的“正反”作用是什么意思？调节器的“正反”作用是什么意思？

答：调节阀的“正反”作用是：当阀体直立、阀芯正装时，阀芯向下位移而阀芯与阀座间流通截面减少的，称为正作用式。反之，称为反作用式。调节器的“正反”作用是：当正作用时，正偏差越大则调节器的输出越大；反作用时，负偏差越大则调节器的输出越大。

三、装置各系统的控制方案

1. 原料罐液位的控制方案是怎样的？

答：原料缓冲罐液位的变化直接影响到装置生产的平稳，为提高缓冲能力，原料罐的液位一般控制在80%左右，调节的幅度不大。采用的控制方案为单参数控制，通过调节入装置原料量来控制液位。典型的控制示意图如下页左上图所示：

为保持原料罐液位的稳定，防止原料泵抽空，原料罐的液位控制设置了两套变送器，两套仪表互相对照、互为控制备份。一套选用较小测量范围的浮球（筒）变送器，信号送入控制系统用于控制；一套选用较大测量范围的双法兰变

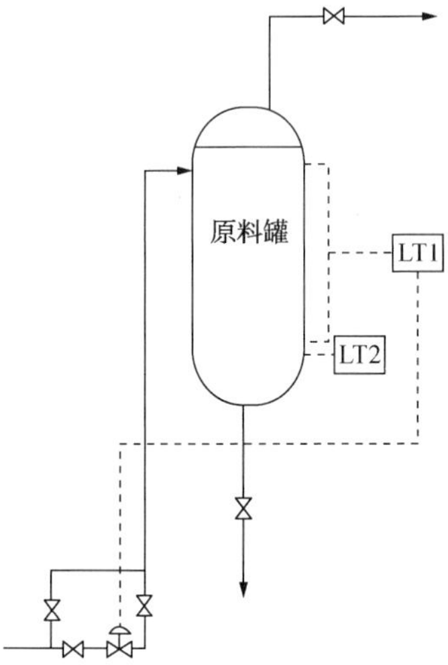

原料罐液位控制示意图

送器，信号也送入控制系统。一旦其中一套变送器发生故障，可凭借另一套变送器继续实现相应的控制。当原料液位下降时，进装置原料控制阀开大，提高入原料罐的原料量；当原料罐液位上升时，进装置原料控制阀关小，降低入原料罐的原料量。

2. 加热炉的温度控制方案是怎样的?

答：加热炉温度控制是焦化装置中控制最为严格精细的部分之一，采用的控制方法较多，常用的有以下几种：

① 辐射出口温度-炉膛温度串级控制。

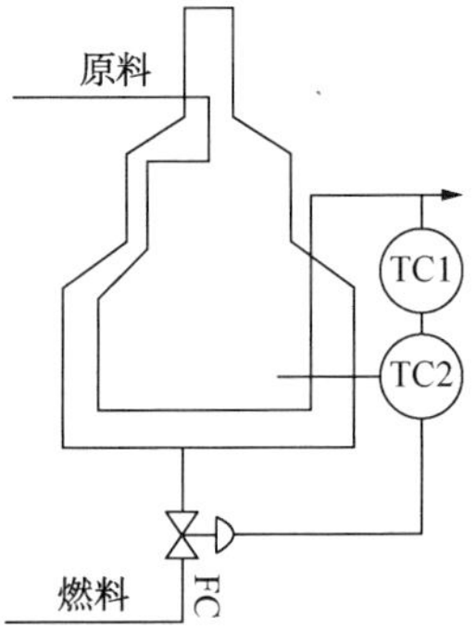

辐射出口温度-炉膛温度串级控制图

右图中 TC1 是指加热炉辐射出口温度，TC2 是指炉膛温度。在这种控制方案中燃料热值、进料流量、进料温度等干扰因素的影响首先反映为炉膛温度的变化，以后才影响到炉出口温度，而前者的滞后远较后者小。因此把炉膛温度控制作为副回路，炉膛温度作为副变量(Y2)；辐射出口温度控制为主回路，辐射出口温度作为主变量(Y1)，组成串级回路。这样就把原来滞后的对象一分为二，副回路起超前作用。当干扰因素反映到炉膛温度时就迅速调节，保持辐射出口温度的平稳。但是为保护加热炉，炉膛的温度波动范围不应过大，因此在参数整定时，对副控制器不应整定得过于灵敏。

② 温度单参数控制。

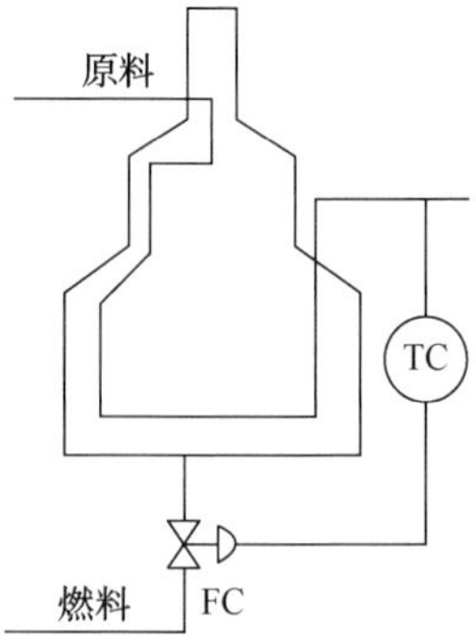

温度单参数控制图

左图中 TC 是指辐射出口温度，FC 是指燃料的流量。这种控制方案根据辐射出口温度直接调节燃料量，要求燃料总管压力比较平稳。采用这种控制方案的优点是控制简单，缺点是加热炉的负荷较大时，燃料的压力和热值稍有波动，炉出口温度就会显著变化。同时当加热量改变后，由于传热及测温元件的滞后，调节作用不及时，辐射出口温度会出现较大波动。

③ 加热炉辐射出口温度-燃料流量串级控制。

下页右图中 TC 是指辐射出口温度，FC 是指燃料的流量，PC 指燃料压力。这种方案也设定主副两个控制回路，主要的干扰因素是燃料热值，而对于性质相对稳定的燃料来说，热值控制可转化为燃料流量或压力的控制。因此采用辐射出口温度控制回路作为主回路，辐射出口温度作为主变量；燃料流量或压力控制作为副回路，以燃料流量或压力作为副变量；利用副回路及时测量到燃料热值波动的干扰，并加以控制。这样由于调节和反馈的通道都缩短了，因而加热炉出口温度的超调量减少，从而可以提高控制质量。从控制理论来说，串级控制系统副回路克服干扰的能力比单回路克服干扰的能力提高较多，对于主回路的干扰，虽然副回路不能直接克服，但由于副回路减少了时间常数，改善了对象动态特性，加快了调节过程，因而也减少了动态偏差。

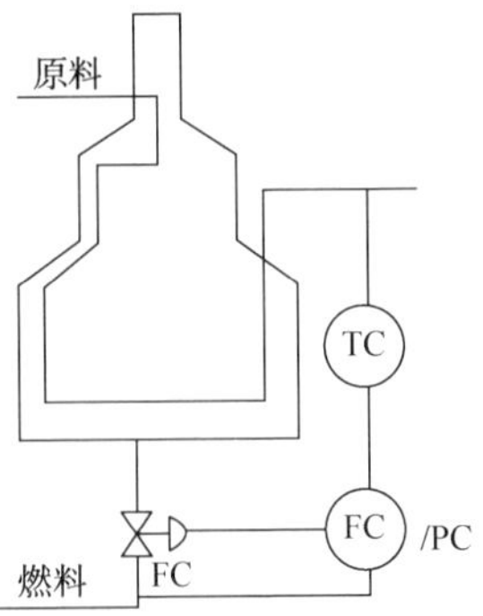

加热炉辐射出口温度-燃料流量串级控制图

3. 分馏塔底的控制方案是怎样的？

答： 分馏塔底主要流程是对流油或经过换热的原料油在分馏塔底与焦炭塔来的高温油气换热，冷凝下来的循环油进入分馏塔底，再由辐射泵送入加热炉。因此分馏塔底热量平衡主要是通过控制分馏塔上下进料分配来实现的。如果塔底热量不足，可以调节进料三通阀使去上进料一路关小，减少与高温油气的换热。如果塔底热量过多，可以调节进料三通阀使去下进料一路关小，增加与高温油气的换热。塔底液位的调节是通过控制原料处理量及辐射量来实现的。

4. 离心式富气压缩机的防喘振控制方案有哪几种？

答： 离心式富气压缩机的防喘振控制方案通常有三种：

① 固定极限流量法：

采用部分循环法，始终使压缩机流量保持大于某一定值流量，从而避免进入喘振区运行，这种方法叫作固定极限流量防喘振控制。压缩机不论运行在哪一挡转速下，只要满足流量大于喘振极限流量的条件，压缩机就不会出现喘振。用固定极限法所设计的控制方案结构较为简单，如左图所示。

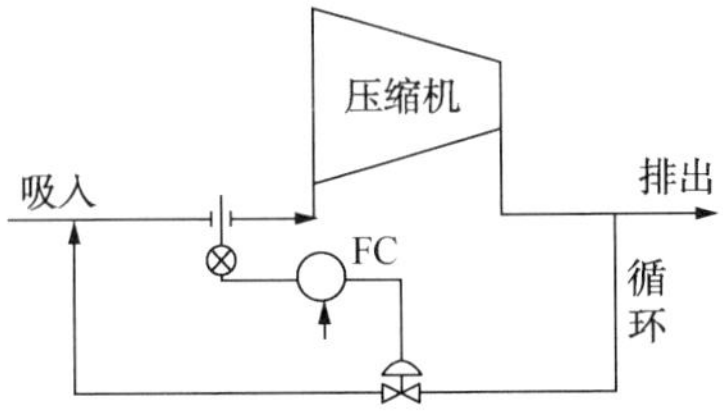

固定极限流量防喘振控制方案图

图中的流量控制器，即以 QB 值（喘振极限流量）作为其固定设定值的防喘振控制器。QB 的取值应以现场压缩机能达到的最高转速所对应的喘振极限流量为好。压缩机正常运行时，控制器的测量值恒大于设定值，而旁路控制阀是气关阀。当压缩机吸气量小于设定值时，旁路阀打开，压缩机出口气体经旁路返回至压缩机入口，气量又增大到大于 QB 值。这时虽然压缩机向外供气量减少了，但防止了喘振的发生。这种方法的不足之处在于当压缩机低速运行时，压缩机的能耗过大，这对压缩机负荷需经常改变的生产装置来说不够经济。但从另一方面讲，则有控制方案简单、系统可靠性高、投资少的优点。

② 可变极限流量法：

为了减少压缩机的能量损耗，在压缩机负荷有可能经常波动的场合，可以采用调节转速的办法来保证压缩机的负荷满足工艺上的要求。因为在不同转速下，其喘振极限流量是一个变数，它随转速的下降而变小。所以最合理的防喘振控制方案应是在整个压缩机负荷变化范围内，使它的工作点沿着喘振安全操作线而变化，即只要保证每一转速下的流量大于该转速下的喘振流量，就可以防止压缩机的喘振。根据这一思路设计的防喘振控制系统，就称为可变极限流量法防喘振控制系统，它的原理如下图所示。

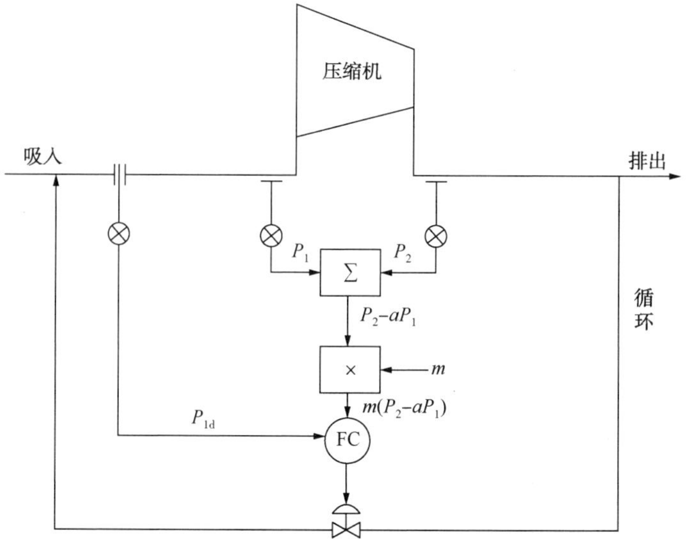

可变极限流量法防喘振控制系统原理图

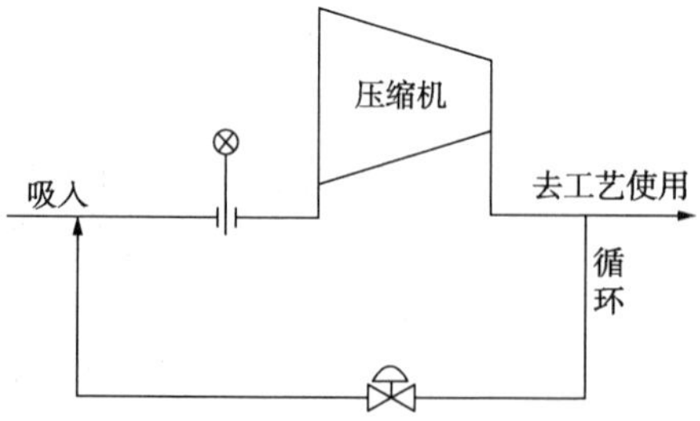

人工控制流量法防喘振控制系统原理图

当测量值大于设定值时，旁路控制阀始终关闭。而当测量值小于设定值时，则控制器去开启控制阀到一定位置，故能防止喘振出现，确保压缩机的安全运行。

③ 实际生产中大多数离心式压缩机防喘振都采用固定极限流量防喘振控制，但也有些压缩机采用人工控制防喘振阀位的控制方法，原理示意如左图所示：

由操作人员根据压缩机的各点温度、振动和富气压力、流量的变化等人为给定控制阀的阀位，确定由出口返回入口的循环量。

☞ **5. 离心式压缩机 CCC 控制方案是怎样的？**

答：在 CCC 系统的防喘振控制方案中，主要靠以下这 4 个响应完成了系统的防喘振控制和保护。

① PID 控制响应：

对于缓慢的小的扰动，使操作点进入喘振控制线 SCL 左边的喘振控制区，CCC 防喘振控制器的 PI 控制算法，根据操作点与 SCL 之间的距离产生相应的比例积分响应，防止压缩机操作点回到 SCL 左侧的非安全控制区。

② RTL 响应：

如果对于一个较大较快的扰动，当比例积分响应和特殊微分响应不能将压缩机的操作点保持在 SCL 线的右边，而是操作点瞬间越过了 SCL 左边的 RTL，则 RTL 响应就会以快速重复的阶跃响应迅速打开防喘振阀，这样就恰好可以增加足够的流量来防止喘振。

③ SOL 线自增益响应：

如果因意外情况（如组态错误、过程变化、特别严重的波动）使压缩机的操作点越过 SLL 线和 SOL 线而发生喘振，则安全保护响应就会重新规定喘振控制裕度，使喘振控制线右移，增加 SCL 与 SLL 之间的距离，在一个喘振周期内将喘振止住。

④ TSL 线响应：

当运行点在阀门紧关线 TSL 线右侧时，喘振控制器输出为 0，防喘振阀完全关闭；当运行点位于 TSL 线左侧、SCL 线右侧时，喘振控制器输出一固定数值，防喘振阀保持一定的开度，这一提前开启量能够消除防喘振控制响应的死区时间，同时，又防止因阀门内部出现卡滞而造成的影响，提高防喘振保护的能力和速度。

☞ **6. 稳定塔顶压力控制方案是怎样的？**

答：在稳定塔顶压力控制过程中，当压力过高时总是要求先关小热旁路然后再打开不凝气放低瓦阀。为了满足这种工艺上的特殊需要，就利用了分程控制系统，用压力控制器输出信号的不同区间来控制这两只阀门。具体如下页图所示：

当塔顶压力超过规定范围时，首先控制器输出使热旁路阀（A）关闭，使冷凝器的换热面积增大，入回流罐的液态烃温度下降，回流罐的压力下降。当热旁路阀（A）全关、塔顶压力仍旧过高时，控制器使放低瓦阀（B）打开，继续降低回流罐压力从而使塔顶压力下降到正常范围。

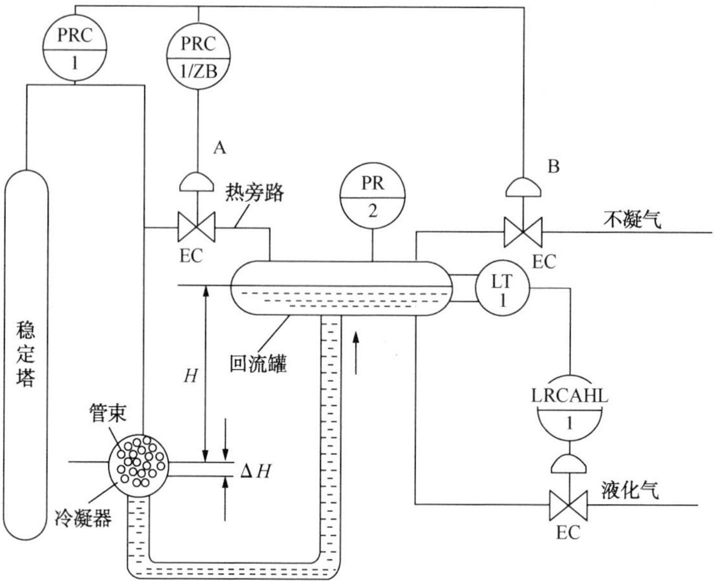

稳定塔顶压力分程控制示意图

四、先 进 控 制

☞ 1. 什么是先进控制？

答：先进控制 APC 是 Advanced Process Control 的英文缩写，目前尚无严格而统一的定义。一般地将基于数学模型而又必须用计算机来实现的控制算法，都统称为先进控制。如计算变量控制、相对增益控制、前馈控制、解耦控制、纯滞后控制、预估控制、自适应控制等。

☞ 2. 先进控制的意义是什么？

答：先进控制技术采用科学、先进的控制理论和控制方法，以工艺过程分析和数学模型计算为核心，充分发挥 DCS 和常规控制系统的潜力，保障生产装置始终运转在最佳状态，通过多变量协调和约束控制降低装置能耗，实现卡边操作，以获取最大的经济利益。

延迟焦化装置为间隙操作模式，实现先进控制后，能最大限度地发挥先进控制功能，可使间隙操作带来的扰动影响减到最小，提高了装置的自动化水平，且装置在满负荷生产时可实现卡边操作，且生产和质量平稳。

☞ 3. 简述先进控制多变量控制技术？

答：先进控制多变量控制是一种针对复杂工艺过程的控制方法，它融合了多变量理论、智能建模、自适应控制、协调控制、解耦控制、非线性控制、模糊控制等多项前沿技术，可解决生产装置中多变量、非线性、强耦合、长滞后、间歇式和连续式控制并存多目标调控等技术难题，通过简单设定运行参数即可实现复杂工艺过程的先进控制，控制精度高，安全可靠，可长期稳定投用，且能适用于开、停工等多种工况。

☞ **4. 什么叫软仪表？**

答：在装置的生产过程控制中，有一些重要的产品质量指标(如汽、柴油的干点、焦炭挥发分等)，限于技术条件、设备投资，不能使用在线测量，只能依靠离线分析来取得。但是分析的时间较长，对生产调整的指导不及时。因此人们通过建立预测模型来确定质量指标同操作参数之间的关系，以便依据操作参数对未来的质量指标进行估计。采用上述预测模型构成的预测器(一般由计算机软件来实现)起到了测量仪表的作用，称为“软仪表”。

五、装置安全联锁

☞ **1. 什么是 ESD 系统？**

答：ESD 是英文 Emergency Shutdown System 的缩写，中文意思是安全紧急停车系统。它是独立于人工操作之外的，正常状态下，它对装置的关键工艺及设备参数进行连续监测，当出现异常情况时，ESD 系统立即按照预先设计好的保护程序执行相应的跳闸动作，使设备处于安全状态。

☞ **2. 什么是 SIS 系统？**

答：SIS 是英文 Safety Instrumented System 的缩写，中文意思是安全仪表系统，又称为安全联锁系统。SIS 系统对装置控制系统中检测的结果实施报警动作、调节、停机等控制，是装置自动控制中的重要组成部分。SIS 系统包括 ESD、CCS、CCC 系统以及与之配套的传感器和执行元件等，用户的接口设备，如安全栅、继电器、信号分配器等可以考虑在 SIS 系统中。

☞ **3. 联锁基本逻辑有哪几种？**

答：联锁基本逻辑关系有与逻辑(逻辑乘)、或逻辑(逻辑加)和非逻辑(取反)三种。相应的逻辑运算有与运算、或运算和非运算。

☞ **4. 哪些规定要求必须设置 SIS 系统？**

答：①国家规定“两重点一重大”的化工装置和危险化学品存储设施；

② 安全完整性等级评估在 SIL1 及以上回路。

☞ **5. 什么是焦炭塔顺序控制？**

答：顺序控制是按照事先所定义的控制条件和顺序来执行相应的控制动作。

焦炭塔顺序控制是按照焦炭塔的操作步骤及操作条件来实现操作自动顺序控制的安全联锁系统。

☞ **6. 焦炭塔操作实施顺序控制的意义是什么?**

答: 延迟焦化装置焦炭塔属间歇性操作，控制复杂，操作人员劳动强度大、时间长、环境较差，易发生误操作。焦炭塔实施顺序控制后可避免人为误操作事故的发生，保障人员和设备的安全，为焦炭塔的安全长周期生产提供了保障。

☞ **7. 现有焦炭塔顺序控制的方案有几种?**

答: ①基于 SIS 系统的焦炭塔操作安全联锁系统，是对焦炭塔系统关键操作采用逻辑控制，确保关键步骤操作安全;

② 单独 PLC 焦炭塔安全联锁系统，对焦炭塔大部分操作步骤进行了逻辑控制，可根据用户需求进行功能扩展;

③ 基于 DCS 焦炭塔顺序操作控制系统，基本覆盖了焦炭塔系统所有操作，自动化程度高，操作简单，安全可靠。

☞ **8. 焦化装置的哪些部位需要设置联锁?**

答: 随着装置大型化的发展，对工艺参数的控制要求不断提高，在重要的参数控制中都需要设有自动报警功能，以防止事故的发生。因此一般来说焦化装置的加热炉、辐射泵、压缩机、自动顶底盖机以及除焦设备都设有联锁保护装置。

☞ **9. 以燃料气为燃料的加热炉中存在的主要危险有哪些?**

答: 在以燃料气为燃料的加热炉中，主要存在的危险是:

① 被加热工艺介质流量过少或中断。此时必须采取安全措施，切断燃料气控制阀，停止燃烧，否则会将加热炉管子烧坏，严重时会使其破裂造成生产事故。

② 火焰熄灭。此时会在燃烧室里形成危险的燃料气-空气混合物。

③ 燃料气压过低、流量过小。这时燃烧器会出现回火现象。

④ 燃料气压力过高。这时燃烧器喷嘴会出现脱火，有可能造成灭火，甚至会在燃烧室里形成大量燃料气-空气混合物，导致爆炸事故。

☞ **10. 以燃料油为燃料的加热炉中存在的主要危险有哪些?**

答: 在这类加热炉中的主要危险是:

① 进料流量过小或中断;

② 燃料油压力过高会脱火，过低会回火;

③ 雾化蒸气压力过低或中断会使燃料得不到良好雾化，甚至无法燃烧。燃料油加热炉联锁设置基本上与以燃料气为燃料的加热炉相似。

☞ 11. 焦化加热炉一般需要设置哪些联锁?

答: 进料的低流量联锁、火焰监测联锁、燃料压力联锁，以及引、鼓风机停机联锁等。

☞ 12. 离心式压缩机的联锁有哪些内容?

答: 离心式压缩机的转子是在高速旋转的状态下工作的，高速旋转的转子为气体介质的升压输送提供能量，同时也有造成超温、超压、振动以及磨损、断轴等事故的可能性。因此，设置的保护措施有以下几种:

① 温度保护措施。包括轴瓦温度、润滑油温度联锁等。

② 压力保护措施。包括润滑油压力联锁等。

③ 机械保护措施。压缩机转子轴位移、轴振动及转速联锁等。

☞ 13. 除焦程序控制联锁的内容有哪些?

答: 除焦程序控制联锁的内容包括选塔及塔顶给水电动球阀与绞车控制联锁；选高压水泵及泵出、入口阀控制联锁；除焦控制阀的控制联锁；高压水泵控制联锁。

☞ 14. 选塔及塔顶给水电动球阀与绞车控制联锁的内容是什么?

答: 选塔及塔顶给水电动球阀与绞车控制联锁的主要内容是每次只能选 1 个塔进行除焦作业。当选塔确认完成后，所选塔的塔顶给水电动球阀打开，未被选中塔的塔顶给水电动球阀处于关闭位置。在此有两种方式(正常使用时、塔口接近开关故障时)控制所选塔的塔顶给水电动球阀的开或关。当联锁解除开关处于投用位、塔口接近开关动作与绞车下降条件同时满足，则塔顶给水电动球阀自动打开；当钻机绞车上升达到规定值且除焦控制阀处于回流位时，塔顶给水电动球阀自动关闭；当联锁解除开关切除联锁时，则所选塔的塔顶给水电动球阀自动打开；只有所选塔对应的钻机绞车才允许动作，未被选中塔的钻机绞车无法动作。绞车上升达到规定值且除焦控制阀处于非回流位时，绞车自动停车。此时绞车只能下降不能上升，直至除焦控制阀回到回流位，绞车才允许继续上升且自动关闭塔顶给水电动球阀；绞车上升至上极限位置时，绞车自动停车，此时绞车只能下降不能上升；绞车下降至下极限位置时，绞车自动停车，此时绞车只能上升不能下降；顶钻时，绞车钢丝绳松弛，张紧器保护动作，绞车自动停止下降，但可以上升。

☞ 15. 选高压水泵及泵出、入口阀控制联锁的内容是什么?

答: 被选中高压水泵的泵出、入口阀自动打开，未被选中高压水泵的泵出、入口阀不动作。除焦结束且高压水泵停止运行后，按除焦结束确认按钮，被选中泵的泵出、入口阀自动关闭。

☞ **16. 除焦控制阀控制联锁的内容是什么?**

答: 除焦控制阀初始位置为回流位,其允许动作的条件是选塔确认完成、所选塔的塔顶给水电动球阀打开。除焦控制阀允许从预充位旋至全开位的条件是管线压力必须达到预充压力开关设定的压力值。

☞ **17. 高压水泵控制联锁的内容是什么?**

答: 高压水泵跳闸条件是:

① 高压水泵包括电机与齿轮箱等设备本体跳闸条件(包括高压水泵各轴瓦温度、振动和位移状态联锁跳闸,电动机定子绕子温度、轴瓦温度状态联锁跳闸,齿轮箱轴瓦温度状态联锁跳闸等)。

② 高压水泵工艺部分状态跳闸(包括高压回水罐低液位联锁、润滑油总管压力低联锁)。

③ 阀位不正常(泵出、入口阀状态位置不正常;塔顶给水电动球阀状态位置不正常;除焦控制阀-塔顶给水电动球阀状态位置不正常)。

高压水泵启动条件是:

① 工艺启动条件(高压回水罐、润滑油总管压力达到规定值)。

② 无任何跳闸条件及紧急停泵信号(泵跳闸或紧急停泵后,必须进行联锁复位,复位后上述信号消除,才能再次启动高压水泵)。

③ 除焦控制阀处于回流状态位置。

④ 阀位正常(泵出、入口阀状态位置正常;塔顶给水电动球阀状态位置正常;除焦控制阀-塔顶给水电动球阀状态位置正常)。

⑤ 完成选泵、选塔作业。

⑥ 选中的塔对应的塔顶给水电动球阀和泵出、入阀打开。

☞ **18. 自动顶盖机控制联锁的内容是什么?**

答: 自动顶盖机允许操作条件是:

① 底盖机在全开或全关到位状态。

② 顺控程序自动顶盖机允许操作条件满足。

③ 焦炭塔顶、底温度和焦炭塔壁上部、中部、下部温度,五点温度五取四,条件为<150℃。

④ 焦炭塔顶压力<0.03MPa。

☞ **19. 自动底盖机控制联锁的内容是什么?**

答: 自动底盖机允许操作条件是:

① 顶盖机全开到位。

② 顺控程序中自动底盖机允许操作条件满足。

③ 焦炭塔顶、底温度和焦炭塔壁上部、中部、下部温度,五点温度五取四,条件为<150℃。

④焦炭塔顶压力<0.03MPa。

六、安全检测仪表及分析仪表的原理

1. 中子料位计的原理是什么？

答：中子料位计的工作原理是将中子源与中子管装在焦炭塔壁的同一个位置上，利用测量被测物含 H、C 密度的变化来测得焦炭的高度。由于中子的反散射特性，中子源的强度与焦炭塔的直径大小无关。

2. 钴 60 料位计的原理是什么？

答：γ 射线能量密度的衰减特性：无阻挡物时与距离的平方成反比衰减，遇阻挡物时以指数规律衰减，这就是钴 60 料位计的原理。钴 60 料位计是将放射源与接收器布置在焦炭塔同一平面的直径的两端，通过测量点源与线探测器之间扇形区域内物料总密度的变化来确定料位高度。

3. 氧化锆氧含量仪的原理是什么？

答：焦化装置使用的分析仪表主要是氧化锆分析仪。其原理如下图所示：

氧化锆（ZrO_2）是一种固体电解质。在高温时，它能传导气体中的氧离子，因此，如果在氧化锆的两侧表面涂有多孔型的铂作电极，则当两侧的氧浓度不同时，高浓度侧的氧分子会夺取铂电极（阴极）上的自由电子，以离子流的形式到达低浓度侧，并在那儿经铂电极（阳极）释放出多余的电子，从而形成浓差电势。

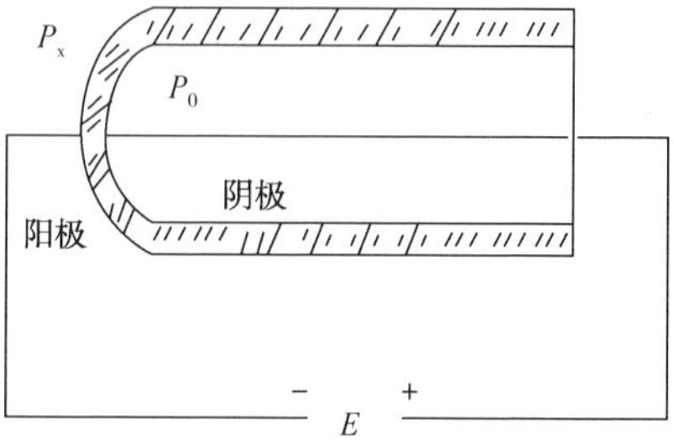

氧化锆原理图

阴极 $O_2+4e \longrightarrow 2O^{2-}$

阳极 $2O^{2-} \longrightarrow O_2+4e$

两极之间的电动势 E 可由能斯特公式求得。即

$$E=\frac{RT}{nF}\ln\frac{P_0}{P_x}$$

式中 R——气体常数，1.987cal/（K·mol）；

T——绝对温度；

F——法拉第常数，23.06kcal/（V·g）；

n——参加反应的电子数；

P_0——参比气体，即空气中的氧浓度；

P_x——被测气体中的氧浓度。

简化后，上式即为：

$$E = 0.0496T\lg\frac{20.95}{P_x}$$

如果把温度 T 固定，只要测得氧电势 E，就可知道被测气体中的氧浓度 P_x。

4. 可燃气体报警仪的原理是什么？

答：接触燃烧式传感器是目前可燃性气体检测仪最广泛使用的传感器元件。用直径约 0.05mm 的铅金丝，绕成螺旋状，并切成相同的一小段，在铅金旋圈外分多次涂上氧化铝载体，做成白色多孔元件（补偿元件），取其中一个作为补偿元件（该元件不与可燃性气体进行接触燃烧）。另一个在载体上面涂以含铅、钯的溶液，使元件表面形成触媒体，这种元件叫检测元件。当含氧气的可燃性气体接触到检测元件表面时，能产生接触燃烧反应。由于检测元件表面涂铅、钯触媒，因此气体在爆炸下限以下可以燃烧。检测元件的构造如左图所示：

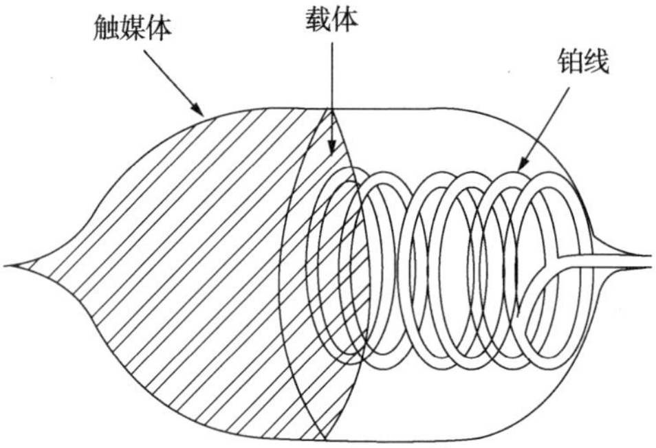

要确定可燃气体的浓度还需要检测电路的帮助，检测电路由补偿元件和检测元件组成惠斯登电桥电路，如下图所示。

电路通以稳定的电压给元件加热。在无可燃气体的情况下，电桥处于平衡状态，当检测元件接触到含氧可燃气体时，在检测元件表面进行接触燃烧反应。这种反应热使检测元件的温度上升，电阻发生变化，而补偿元件的表面因没有涂铅、钯触媒，因此补偿元件对可燃性气体是惰性的，不产生燃烧反应，补偿元件电阻仍保持不变。检测元件燃烧反应电阻变化与可燃性气体浓度在一定范围内呈比例关系，也就是电桥电路因检测元件电阻变化而输出电流也变化，其输出电流与可燃性气体浓度大约呈线性关系，我们利用这个原理就可检测可燃性气体的浓度。

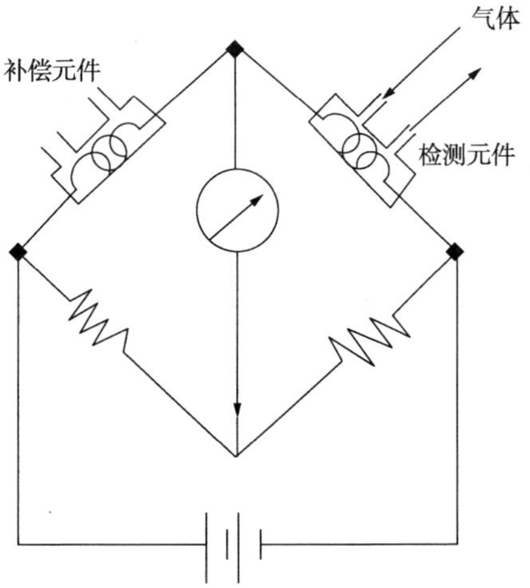

接触燃烧式的基本电路图

5. 定电位电解式传感器的构造是什么？

答：目前用于安全目的，对有毒气体进行检测报警的仪器大部分使用定电位电解法传感器。这种传感器对毒性气体检测灵敏度高，由于不同气体电解电位不同，因此对气体选择性好，能用这种方法检测数十种不同毒性气体。定电位电解式传感器构造如下图所示：

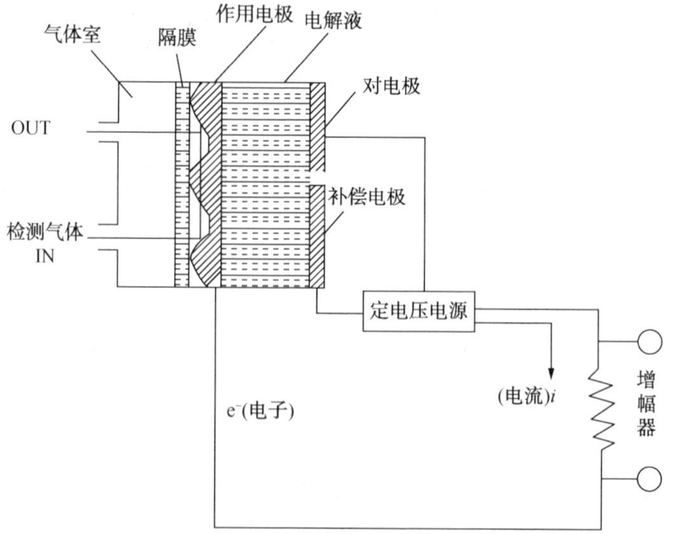

定电位电解式传感器的构造图

其构造是在塑料的容器内装有隔膜、作用电极，对电极和电解液预先通过电压电源向二极间输送氧化电位，当要测定的气体通过隔膜进入传感器时，在作用电极和电解液的界位处发生氧化反应，与要检测气体的浓度相对应的电子到达电极处，扩散电流流向二极。因该扩散电流与气体浓度成比例，通过增幅等电路便可在仪器中检测气体浓度。

其原理如下：

① 一氧化碳气体：

当 CO 接触到作用电极时发生 $CO+H_2O \rightarrow CO_2+2H^++2e$ 的阳极反应。另外在空气中和氧接触的对电极发生 $1/2O_2+2H^++2e^- \rightarrow H_2O$ 的阴极反应。整个反应为 $CO+1/2O_2 \rightarrow CO_2$。

由于阳极反应时多 2 个电子，对电极反应时少 2 个电子，此时增幅器的回路发生电流，即检测 CO 的氧化反应电流，由此可测定 CO 浓度。

② 硫化氢气体：

当硫化氢气体接触到作用电极时发生 $H_2S+4H_2O \rightarrow H_2SO_4+8H^++8e^-$ 的阳极反应。另外在空气中和氧接触的对电极发生 $2O_2+8H^++8e^- \rightarrow 4H_2O$ 的阴极反应。整个反应为 $H_2S+2O_2 \rightarrow H_2SO_4$。

由于阳极反应时多 8 个电子，对电极反应时少 8 个电子，此时增幅器的回路发生电流，即检测硫化氢的氧化反应电流，由此可测定硫化氢的浓度。

第十章　安全与环保

一、装置的危险性分析

☞ 1. 如何评价装置的危险性？

答：一般来说，评价石化装置的危险应从其加工原料的危险性、装置中危险物料的藏量、工艺条件、过程的复杂程度以及操作方式、控制方式来考虑。焦化装置加工的原料为渣油，其工艺特点是高温、高硫，因此主要危险在于火灾和毒物伤害。

☞ 2. 什么是油品的闪点？分析闪点有何意义？

答：闪点是在规定的试验条件下，加热油品时逸出的蒸汽和空气组成的混合物与火焰接触发生瞬间闪火时的最低温度。根据测定方法和仪器的不同，分开口(杯)和闭口(杯)两种测定方法，前者用以测定重质油品，后者对轻、重油品都适用。通常石油馏分的沸点愈低，其闪点也愈低。例如汽油的闪点为-40~-30℃；煤油的闪点为26~50℃；润滑油的闪点可达130~325℃。如果在重质油中(润滑油)中混入低沸点油品(汽油或溶剂)则其闪点将大大降低。因此，由闪点可以看出油品的均匀性(是否混入低沸组分)。闪点常用来划定油品的危险等级，例如闪点在45℃以上时称为可燃品，45℃以下时称为易燃品。闪点与油品的化学组成也有一定的关系，含蜡烃较多的油品闪点较高，而含胶质较多的环烃-芳香基石油所得的相同油品闪点则较低。

☞ 3. 什么是油品的爆炸范围？如何求取？

答：不是任何油气和空气的混合气都能闪火爆炸，闪火的必要条件是混合气中烃或油气的浓度要有一定范围，低于这一范围，油气不足，高于这一范围，则空气不足，均不能闪火爆炸。因此这一浓度范围称为爆炸范围，其下限浓度称为爆炸上限。闪火或爆炸的范围可用下式求取：

$$N_{下}=\frac{100}{4.85(m-1)+1}$$

$$N_{上}=\frac{100}{1.21(m+1)}$$

式中　$N_{下}$，$N_{上}$——爆炸下限及爆炸上限,%(体)；

m——燃烧一个烃分子所需要的氧原子数。

二组分或多组分燃料气体的爆炸范围可近似地用下式求取：

$$\text{混合气爆炸上限}=\frac{100}{\frac{a_1}{N_1}+\frac{a_2}{N_2}+\cdots+\frac{a_n}{N_n}}$$

式中 N_1，N_2，…，N_n——混合气中各组分的爆炸上限；

a_1，a_2，…，a_n——各组分的含量,%(体),$a_1+a_2+\cdots+a_n=100$。

☞ **4. 什么是油品的燃点？**

答：在规定试验条件下，油品和空气混合物在接近火焰时着火并持续燃烧至少5s所需的最低温度，称为油品的燃点。油品越轻，其燃点越低。

☞ **5. 什么是油品的自燃点？**

答：在规定试验条件下，当油品在没有火焰时而自行着火的最低温度即为自燃点。自燃点与油品的化学组成有关，烷烃比芳香烃容易自燃，同族烃中分子量小的自燃点高。

☞ **6. 表明油品易燃易爆性的特征指标有哪些？**

答：石油产品(包括原油本身)都是易燃易爆物，其易燃易爆性往往以闪点、燃点、自燃点、爆炸极限等指标来衡量，它们与油品生产、储运及使用过程中的安全有着密切的关系。

☞ **7. 焦化装置的物料可燃性如何？**

答：属于易燃易爆的物质有：干气、燃料气、凝缩油，属于可燃的物质有：汽油、柴油、蜡油、石油焦、减压渣油。

☞ **8. 请对焦化装置各部分的危险进行分析。**

答：焦化装置各部分可能出现的危险性如下：

① 加热炉：高温、明火及噪声较大的设备，最高温度可达800℃以上。常见的事故有：点火不慎，回火烧伤；炉膛油气置换不彻底，可能造成炉膛爆炸；炉管结焦造成局部过热烧穿或炉管回弯头箱漏油引起着火等。

② 辐射进料泵、重蜡油泵：高温的转动设备，如泵体漏油容易引起火灾。

③ 液化烃泵：液态烃容易泄漏，形成易燃、易爆气体。

④ 富气压缩机：噪声大，介质泄漏，易形成易燃、易爆气体。

⑤ 瓦斯分液罐：瓦斯泄漏容易形成易燃、易爆气体。

⑥ 分馏塔顶回流罐和吸收解析平衡罐：排放的含硫污水中含有H_2S气体，如果泄漏H_2S气体浓度过高会发生中毒事故。

⑦ 重蜡油、重蜡油换热器：为高温设备，容易泄漏引起火灾。

⑧ 焦炭塔：为高温设备，且其料位计为中子料位计或其他放射源，有放射

性物质存在。

⑨ 切焦水泵：高压设备，一旦管线、法兰泄漏，高压水喷出，容易造成伤人事故。

⑩ 分馏塔：高温设备，万一泄漏易引起火灾。

⑪ 高温渣油管线：输送介质为高硫渣油，易引起管线高温硫腐蚀和应力腐蚀，以致管线穿孔泄漏引起火灾。

⑫ 焦炭塔的除焦岗位为危险岗位，一是要防止除焦过程中水龙带破裂造成高压水伤人事故；二是在焦炭塔冷焦控制不好时卸盖会有少量 H_2S 气体散出，造成中毒事故。因此，在操作过程中应加倍小心，切实做好防护工作。

☞ 9. 焦化装置内常见的毒物有哪些？危害是什么？

答：焦化装置常见的毒物及危害如下表所示：

物料名称	密度/(kg/m^3)	爆炸极限/%(体)	最高允许浓度/(mg/m^3)	外观与性状	危害性	急救措施
二氧化硫	2.69	—	15	无色气体，具有窒息性，特臭。溶于水、乙醇	不燃。易被湿润的表面吸收生成亚硫酸、硫酸。对眼及呼吸道有强烈的刺激作用。大量吸入可引起肺水肿、喉水肿、声带痉挛而窒息	皮肤接触：立即脱去污染的衣着，用大量流动清水彻底冲洗。 眼睛接触：立即提起眼睑，用流动清水或生理盐水冲洗。 吸入：迅速脱离现场至空气新鲜处。保持呼吸道通畅。如呼吸困难，给输氧。如呼吸停止，立即进行人工呼吸
硫化氢	1.50	4.0~46.0	10	无色气体，低浓度时有强烈臭鸡蛋气味。高浓度时因嗅觉麻痹反而闻不到臭味。溶于水、乙醇	易燃，与空气混合能形成爆炸性混合物，遇明火、高热能引起燃烧爆炸。比空气重，能在较低处扩散到相当远的地方，遇明火会引起回燃。本品为强烈的神经毒物，对黏膜有强烈刺激作用，吸入或经皮肤吸收可致死，对眼及呼吸道黏膜有强烈的刺激作用	皮肤接触：立即脱去污染的衣着，用大量流动清水彻底冲洗。 眼睛接触：立即提起眼睑，用流动清水冲洗10min或用2%碳酸氢钠溶液冲洗。 吸入：迅速脱离现场至空气新鲜处，注意保暖，保持呼吸道通畅，必要时进行人工呼吸，就医

续表

物料名称	密度/(kg/m³)	爆炸极限/%(体)	最高允许浓度/(mg/m³)	外观与性状	危害性	急救措施
液态烃	—	2.25~9.65	1000	无色气体或黄棕色油状液体，有特殊臭味	极易燃，与空气混合能形成爆炸性混合物。遇热源和明火有燃烧爆炸的危险。其蒸气比空气重，能在较低处扩散到相当远的地方，遇明火会引着回燃。本品有麻醉作用	皮肤接触：若有冻伤，就医治疗。 吸入：迅速脱离现场至空气新鲜处。保持呼吸道通畅。如呼吸困难，给输氧。如呼吸停止，立即进行人工呼吸
汽油	700~900	1.3~6.0	350	无色或淡黄色易挥发液体，有特殊臭味。不溶于水，易溶于苯、二硫化碳、醇、脂肪	极易燃，其蒸气与空气混合可形成爆炸性混合物。遇热源和明火极易燃烧爆炸。其蒸气比空气重，能在较低处扩散到相当远的地方，遇明火会引着回燃。本品为低毒类	皮肤接触：立即脱去污染的衣着，用肥皂水或清水彻底冲洗，就医。 眼睛接触：立即提起眼睑，用流动清水或生理盐水冲洗至少15min。 吸入：迅速脱离现场至空气新鲜处，保持呼吸道通畅，必要时进行人工呼吸，就医。 食入：给饮牛奶或用植物油洗胃和灌肠
柴油	840	—	—	稍有黏性的棕色液体。不溶于水，溶于醇等多数有机溶剂	易燃，其蒸气与空气混合可形成爆炸性混合物。遇热源和明火易燃烧爆炸。其蒸气比空气重，能在较低处扩散到相当远的地方，遇明火会引着回燃	皮肤接触：立即脱去污染的衣着，用肥皂水或清水彻底冲洗，就医。 眼睛接触：立即提起眼睑，用流动清水冲洗至少15min。 吸入：迅速脱离现场至空气新鲜处，保持呼吸道通畅，必要时进行人工呼吸，就医。 食入：禁止催吐。如果发生呕吐，让病人前倾或左侧位躺下，保持呼吸道通畅，防止吸入呕吐物。仔细观察病情，就医

☞ **10. 放射性射线对人体会产生哪些危害？**

答：电离辐射是射线对人体形成损伤的根本原因，其基本原理是一方面电离辐射通过直接作用使生物分子电离、激发产生生物大分子自由基，导致生物大分子损伤。另一方面电离辐射使水分子电离、激发产生化学活性很强的自由基，作用于生物大分子产生生物大分子自由基也可以导致大分子损伤。生物大分子损伤后会产生生化变化，使细胞死亡或产生突变，如果是可逆的生理改变，那么，生物体自身产生的生物酶可以修复。

☞ **11. 辐射防护的三原则和三措施是什么？**

答：辐射防护的三原则是：①实践的正当性；②剂量限值；③防护的最优化。

防护的三措施是：①时间防护；②距离防护；③屏蔽防护。

☞ **12. 预防事故的基本策略有哪些？**

答：装置生产的危险主要来源于被加工原料所具有的危险性，以及加工所需要的工艺条件。国内外生产装置预防事故的基本策略大致相同，即在可预见的各种情况下，保持对危险物料和设备的安全控制。预防事故的措施主要包括：

① 在加工过程中，将危险物料或产品封闭在设备和管道中，使其与可助燃的空气及明火源隔绝，为此要求设备、管道、控制系统、动力供应系统具有所需要的可靠性。

② 设立紧急切断系统和紧急泄压系统，保证非正常工况下危险物料能够安全排出并处置。

③ 设立危险物料泄漏检测系统和通风排放系统，对可能出现的泄漏进行实时检测；一旦泄漏被检出，立即采取切断、强制排风等措施，防止形成爆炸气体或可燃气体积聚。

④ 杜绝如雷击、静电等非受控火源；装置内的明火源，如加热炉等，以及裸露的高温管线应受到严格的控制。

⑤ 设定必要的安全距离，将不同的危险设备或区域分隔，以便一旦某一设备或部位发生事故时或减少其影响，降低损失，避免事故扩大；配备必要的消防和防护设施。

☞ **13. 为什么在易燃易爆作业场所不能穿用化学纤维制作的工作服？**

答：炼油厂的易燃易爆工作场所，不能穿化纤衣服的一个重要原因是：化纤衣服和人体或空气摩擦，会使人体带静电，一般可以达数千伏甚至上万伏，这么高的电压放电时产生的火花，足以点燃炼油厂的可燃性气体，从而造成火灾或爆炸。另外，化学纤维是高分子有机化合物，在高温下（如锦纶为180℃左右、腈纶为190~240℃、涤纶为235~450℃、维纶为220~230℃）便开始软化，温度再升高 20~40℃，就会熔融而呈黏流状态。而当装置发生火情或爆炸时，由于温度一般都在几百摄氏度以上，所以化学纤维会立即熔融或燃烧。熔融物黏附在人体皮肤上，必然会造成严重烧伤。而棉、麻、丝、羊毛等天然纤维的熔点比分解点高，一旦遇高温即先分解或炭化了，所以这类衣物着火就不会黏附在人体上，容易脱落或扑灭，不会加重烧伤。从大量烧伤事故看出，凡是穿用化学纤维制作的工作服的烧伤人员，其伤势往往较重，且不易治愈。因此，炼油厂工作服均采用棉布类天然纤维，而不能穿化学纤维服装。

☞ **14. 装置区内用明火加热应如何控制?**

答: ①加热易燃液体时，应尽量避免用明火。加热时可采用蒸汽或其他热载体。如果必须用明火，设备应严格密闭，燃烧室应与设备分开建筑或隔离。设备应定期检验，防止泄漏。②装置中明火加热设备的布置，应远离可能泄漏易燃气体或蒸汽的工艺设备的储罐区，并应布置在散发易燃物料设备的侧风向或上风向。有两个以上的明火设备，应将其集中布置在装置的边缘。

☞ **15. 用火监护人的职责是什么?**

答: 用火监护人职责有:

① 用火监护人员必须掌握当前的工艺条件和生产工艺情况，熟悉动火现场环境。

② 用火监护人必须熟悉初期火灾的扑救方法，熟练使用各种消防器材。

③ 接到火票后，应逐条检查各项安全措施的落实情况，核实具体动火部位，确认无疑后，在火票上签名允许动火。

④ 监护人应做到持票监护。动火期间，不得离开现场，要随时注意现场情况，遇有险情，立即采取有效措施，防止事故发生。

⑤ 在动火结束或中断时，监护人应协助用火人清除火种，对现场进行检查确认后，方可离开。

☞ **16. 装置内空气中各有毒物质的最高允许浓度是多少?**

答:

编号	有毒物质名称	最高允许浓度/(mg/m^3)	编号	有毒物质名称	最高允许浓度/(mg/m^3)
1	一氧化碳	30	5	甲苯	100
2	二甲苯	100	6	苯(皮)	40
3	二氧化硫	15	7	苯及其同系物的硝基化合物	5
4	二硫化碳(皮)	10	8	苛性碱(换算成 NaOH)	0.5

续表

编号	有毒物质名称	最高允许浓度/(mg/m^3)	编号	有毒物质名称	最高允许浓度/(mg/m^3)
9	氟化氢及氟化物(换算成F)	1	15	氯	1
10	氨	30	16	氯化氢及盐酸	15
11	氧化氮(换算成NO_2)	5	17	二氯乙烷	25
12	酚(皮)	5	18	四氯化碳	25
13	硫化氢	10	19	溶剂汽油	350
14	硫酸及三氧化硫	2	20	甲醇	50

二、污染物的状况

1. 焦化装置内废水的来源有哪些?

答: 焦化装置内废水的来源有三种:含硫污水、含油污水和生产废水。含硫污水包括分馏塔顶油水分离器、稳定进料油水分离器等处的排水;含油污水包括放空塔顶油水分离器排水、冷焦排水、切焦排水、机泵冷却水;生产废水包括余热锅炉或蒸汽发生器的排污扩容冷却器排水。

2. 焦化装置内废气的来源有哪些?

答: 焦化装置内废气有三大来源:

① 加热炉烟气,是由燃料燃烧排放的废气,主要污染物为二氧化硫、氮氧化物、烟尘。

② 除焦时排放的废气。

③ 冷焦水罐(池)不凝气。

3. 焦化装置内污油的来源有哪些?

答: 焦化装置排放的污油有重质污油和轻质污油,主要为重质污油,重质污油包括重污油和焦炭塔预热凝析油。重污油来自放空冷却塔底冷却的污油,加工过程中的焦炭塔预热凝析油由焦炭塔底排出。轻质污油来自放空冷却塔顶气液分离罐分离出的污油。

4. 焦化装置废水的水质具有哪些特点?

答: 含硫污水的水质与原料油性质有关,原料油中杂质含量越高,含硫污水中污染物的浓度也越高。主要的污染物有石油类、COD、硫化氢、氨氮,如原料油中含氧化合物含量较高,含硫污水中还有酚类污染物。同时,由于油水分离器内油水分离的时间不够长，常会致使含硫污水中含油量偏高。

冷焦水的水质与工艺操作条件有关，主要污染物为石油类、COD及少量的硫化物、氨氮、挥发酚，但由于总体水量较大，所以污染物的浓度不是很高。切焦水主要污染物为焦粉及少量石油类，部分石油类污染物为呈现泡沫状浮油。

放空塔排水主要污染物为石油类、COD、硫化物、氨氮、挥发酚，其中石油类污染物中一部分为凝点高、馏分重、呈乳化状态的蜡油，使油水在放空塔顶分离器中的分离困难。另外，在吹汽和冷却的初期放空塔顶分离器收集的污水可能含有 H_2S 和 NH_3，预计 H_2S 和 NH_3 含量在冷却的第一个小时中达到最高。

机泵冷却水的水质较好，pH = 7 ~ 8，石油类浓度为 100 ~ 250mg/L，COD浓度为 50 ~ 300mg/L，其他污染物浓度均很低。

蒸汽发生器的排水中主要污染物为无机盐，浓度为 500 ~ 30000mg/L 不等。

☞ 5. 焦化装置内污油具有哪些性质？

答：焦化装置产生的污油总量占加工量的 1.5% ~ 2.5%，它与原料性质、加工工艺及产品方案有关。但都具有产量大、含水率高、组分重、焦粉多等特点。

☞ 6. 焦化装置产生的废水一般如何处理？

答：焦化装置内的废水分为含硫污水和含油污水，相应的处理方法如下：

① 含硫污水的处理。装置产生的含硫污水都是集中排放到含硫污水系统集中处理。含硫污水的预处理方法主要有空气氧化法、催化空气氧化法、烟气和蒸汽汽提法。蒸汽汽提法又分为常压和加压，双塔和单塔净化及回收产品等工艺流程。蒸汽汽提法适用于污水中硫化氢、氨含量变化幅度较宽的工况。现在国内外多采用蒸汽汽提净化，同时回收硫或氨资源的方法。

② 含油污水处理。炼油厂对含油污水大多采用隔油、浮选、生化曝气、砂滤的二级处理工艺。为了提高净化效果，有的采用活性炭吸附(或臭氧氧化)等三级深度处理工艺。

☞ 7. 陶瓷膜处理焦化装置含硫污水设施主要包括哪些设备？

答：陶瓷膜(又称无机膜)处理含硫污水设施主要包含：

① 原料罐；

② 进料泵；

③ 陶瓷膜过滤器，主要是以无机材料作为支撑体，表面镀膜、高温烧制而成的多孔精密固体陶瓷膜材料，过滤精度在 0.01 ~ 0.5μm 范围内；

④ 循环泵；

⑤ 独立的清洗剂加药系统；如下图：

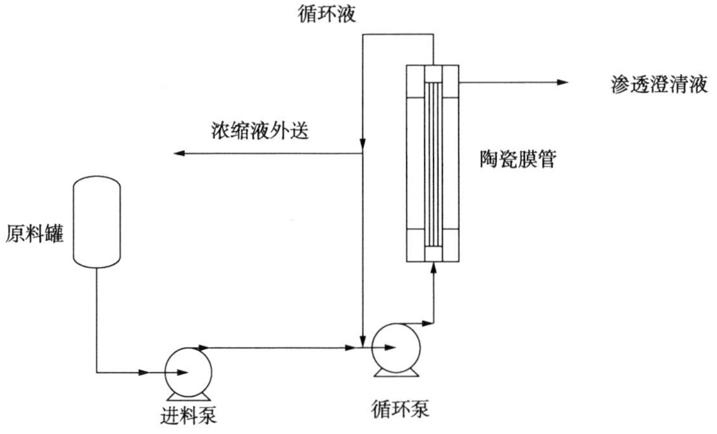

☞ 8. 陶瓷膜处理焦化装置含硫污水的工艺原理是什么?

答: 工艺原理是含硫污水经进料泵提压送至陶瓷膜管过滤器，过滤器膜管内含硫污水由循环泵进行循环错流形式过滤，如下图所示。含硫污水走陶瓷膜管内侧，控制陶瓷膜管内外一定的压差作为过滤推动力。这样，粒径小于功能层孔径的水分子会通过膜管渗透至外侧，而粒径大于功能层孔径的乳化油和杂质颗粒会被截留在膜管内，从而达到净化含硫污水的目的。经过陶瓷膜处理后的污水油含量<200mg/L，非溶解性油<100mg/L，50nm 以上的固体杂质脱除率>90%。

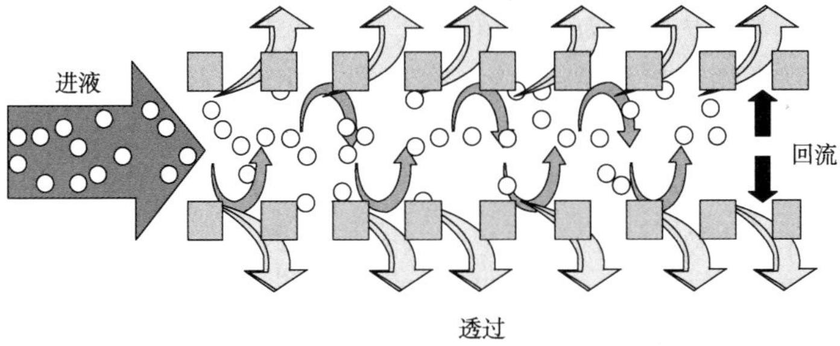

错流过滤示意图

☞ 9. 如何处理焦化装置产生的废气?

答: 焦化装置内产生的废气主要有三个来源，加热炉燃烧时产生的废气、冷焦时的废气以及除焦时排放的废气，相应的处理方法如下:

① 加热炉燃烧时产生的废气都由烟囱排向大气。控制其污染的主要手段是做好燃料的脱硫工作，根据集团公司《延迟焦化技术交流及第二届延迟焦化年会会议纪要》的要求，焦化瓦斯脱后硫含量应低于 20μg/m^3。此外加热炉燃烧时还会产生一部分氮氧化物，正常燃烧时在烟气中的浓度可达 150~300mg/m^3，因此

要控制好燃烧中的硫、氮含量，采用低氮氧化物的燃烧器才能防止加热炉废气的污染。

② 冷焦时的废气主要是由于冷焦水排出温度过高，进入冷焦水池或冷焦水罐后水及油气蒸发产生的，因此治理的主要内容是降低冷焦水的排出温度。

③ 除焦时排放废气主要是由焦层温度较高，水及油气蒸发所致。治理的方向应为降低冷焦后焦层的温度，主要手段有延长冷焦时间、降低冷焦水温度、改善冷焦水水质等。

从焦化装置“三废”的来源及组分来看，污染治理最主要的内容就是冷焦水的处理。

三、冷焦水的处理

☞ 1. 冷焦水处理主要着重于哪些方面？

答：冷焦水的处理主要是降低冷焦水的温度，同时除去冷焦水中的油组分，防止因油气挥发造成大气污染或因冷焦水带油过多影响冷焦效果。

☞ 2. 冷焦水密闭改造的主要内容有哪些？

答：主要内容有：

① 用密闭的冷焦水罐代替敞开的冷焦水池。

② 采用冷却技术使高温冷焦水在进入冷焦罐前冷却至100℃以下。

③ 使用旋流除油器去除冷焦水中的浮油，并定期对冷焦水罐进行隔油。

④ 用空冷代替凉水塔减少油气泄漏。

☞ 3. 延迟焦化装置污油罐环保措施有哪些？

答：①密闭污油罐顶尾气排放，采用氮气微正压控制，罐顶尾气先进行脱硫处理，再进行加热炉焚烧处理；

② 控制好放空塔操作，防止污油带大量水进入污油罐，避免可能引起突沸，罐顶尾气冲破水封而污染环境；

③ 加强污油罐密闭脱水操作；

④ 优化装置放空塔流程，不产污油，从而取消污油罐，彻底解决污油罐污染环境问题。

☞ 4. 处理焦粉污染的技术有哪些？

答：焦化装置的焦粉污染主要体现在两个方面，首先生产设备中存在的焦粉会使过滤器堵塞、设备结焦，其次露天存放的焦粉会污染周围的环境。因此处理焦粉污染主要着重于这两个方面，具体如下：

① 焦炭处理系统：

针对敞开式存放和敞开式装运所造成的焦粉污染，国外开发有四种焦炭处理系统，其中一种将焦炭直接装载入火车的系统，还有一种是能最小化灰尘和其他有害废水的完全封闭的氢料斗系统。但最常用的两种系统是卸焦坑和卸焦板，虽然这两种系统不如氢料斗系统干净，但它们能以合理的投资提供合格的操作。

② 焦炭直接装入铁路槽车系统：

在焦炭直接装车系统中，焦炭塔结构下面铺设铁路线，焦炭和切焦水通过焦炭塔底盖降入铁路料斗或铁路敞篷货车。一节槽车装满了，按着槽车的方向牵引，再装另一槽车。水通过槽车中的孔溢出和排出，使水和焦炭分离。水收集在槽车下面的地沟里，用泵将水从积水槽送去澄清，重复利用。

③ 工艺除焦粉：

通过在分馏塔和放空塔设置过滤器可以使焦粉在工艺设备的积聚最小化，这些焦粉将被人工运输并加入焦炭产品中；用过滤器脱除工艺废液中的焦粉，然后送至焦池；利用斜坡使界区内生成的焦粉滑至焦池；所有焦粉都可被定期冲洗至焦池。

④ 封闭式传送带输送系统：

采用带有湿润焦炭设备的封闭式传送带的焦炭输送系统，可消除焦炭输送过程中的粉尘污染。

⑤ 湿粉尘抑制系统：

为防止易散细粉扩散，喷射含水润滑剂作为焦炭运输（卡车冲洗站）和焦炭储存堆的防尘剂，或在焦炭储存堆的表面用密封剂或粉尘抑制剂处理，焦炭储存堆亦可存于室内。

四、炼油厂浮渣的处理

☞ 1. 炼油厂浮渣在焦化装置的哪一部分进行处理？处理的方法有哪些？

答：炼油厂浮渣可以进入焦化的焦炭塔进行处理，处理的方法有塔顶处理法和塔底处理法，由于浮渣含水量较大，因此在塔顶注入法中可以代替部分急冷油，用来控制焦炭塔顶的温度。

☞ 2. 炼油厂浮渣入焦炭塔底的处理方法是怎样的？应注意什么？

答：炼油厂浮渣入焦炭塔底的处理流程大致如下：

进入焦炭塔内的含水浮渣在塔底400℃左右的高温焦床中骤热汽化，浮渣中90%的水、轻烃汽化形成气流并携带浮渣中300℃以上的重烃及灰分等组分沿焦床中的油气孔迅速上升。在塔顶因体积膨胀，流速下降，固体灰分及难以汽化的重烃沉降进入泡沫层，如下页图所示。

在使用这种方法时也有几点需要注意：

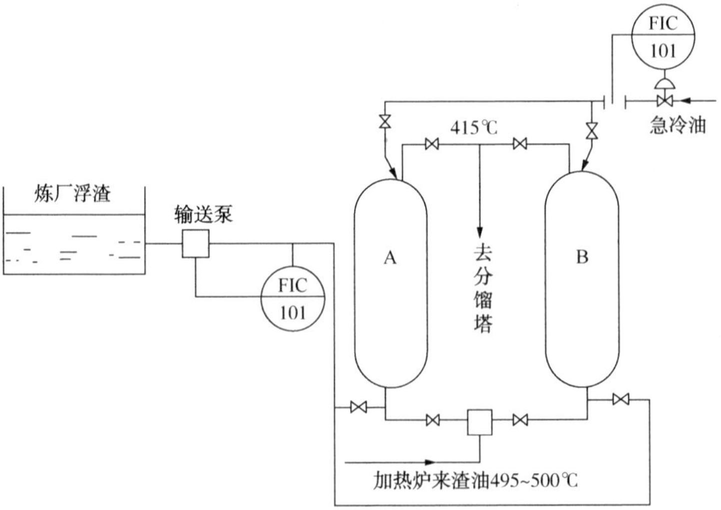

① 浮渣进入塔底处理时，老塔的塔顶温度必须高于350℃。

② 合理控制浮渣的处理量。

③ 浮渣处理时应在浮渣注入点少量注水(汽)保护。

④ 保持浮渣的流动性，浮渣必须是经过浓缩但未经脱水的。

五、稳定脱硫停工时的环保措施

☞ 1. 为什么稳定脱硫系统要进行除臭处理?

答：由于焦化装置的原料主要是重油和渣油，原油所含的硫及杂质大部分会富集在渣油中。在生产过程中，硫及其他杂质会生成各种化合物并沉积在设备中，停工吹扫时会产生恶臭污染环境，损害职工的健康。近年来随着环保要求的不断提高，各装置在停工时都要进行除臭处理。

☞ 2. 钝化剂的原理是什么?

答：硫化亚铁具有较强的活性和被螯合能力，基于这一原理用螯合剂加入适当比例的其他有效成分合成钝化剂，使用时与水以一定的比例混合，注入需要钝化的设备进行循环，能在较短时间内脱除硫化亚铁，并钝化金属表面。

☞ 3. 稳定脱硫部分的除臭步骤是怎样的?

答：对于带有稳定脱硫系统的焦化装置，在停工时还需对这一部分进行特别的除臭处理。由于原油经过处理后，大部分的硫会进入渣油，因此焦化原料的硫含量一般比较高。在经过焦化反应后，又会有大量的硫化氢、硫醇等聚集在稳定脱硫部分的设备中，因此如果停工时不进行除臭处理，会给周边环境带来很大影响。除臭处理的具体步骤如下：

① 退净系统内的物料。

② 管线、容器、塔等设备进行简单的蒸汽密闭吹扫。

③ 按规定配制除臭液注入系统。

④ 根据情况分段或全部进行循环，每台设备必须都循环到，并且要循环规定的时间。

⑤ 循环结束后，还应对除臭残液进行分析，达到要求后方可停止除臭循环。

⑥ 除臭残液应按规定进行处理，不得随意排放。

☞ **4. 脱硫部分停工时酸性气排放至什么系统？**

答：排放至低压瓦斯系统（气柜）进行回收，一般不排放至火炬系统。